最美中国古建筑

王其钧 编绘

THE MOST BEAUTIFUL ANCIENT CHINESE ARCHITECTURE

最美中国古建筑

NO.01850

限量编号

天津出版传媒集团

天津杨柳青画社 天津科学技术出版社

作者简介

王其钧

男，1954 年 7 月 3 日生于江苏徐州

中央美术学院教授

中国园林博物馆艺术顾问

中央美术学院城市设计学院人文社科中心原主任

中国美术学院绘画艺术学院东方壁画研究所研究员

中国艺术信息网总顾问

北京大学海外高级访问学者

泰国格乐（Krirk）大学博士生导师

中国圆明园学会园林古建研究会副会长

加拿大中国传统文化促进会副会长

教育背景

1974—1977 年，南京艺术学院美术系。

1987—1990 年，重庆建筑工程学院建筑系建筑设计与理论专业研究生，研究方向为壁画艺术，获硕士学位。

1993—1996 年，清华大学建筑学院建筑历史与理论专业博士学位研究生，获博士学位。

主要成就

出版了大量介绍建筑文化方面的书籍。

1993 年，《中国传统民居建筑》荣获台湾图书最高奖“金鼎奖”。1994 年，经国台办批准，成为大陆赴台领此奖项的第一人。

1995 年，10 册的《中国古建筑大系》荣获第二届国家图书奖荣誉奖，王其钧为第 6 册《民间住宅建筑》的作者。

以英文撰写的《中国古建筑》（*Chinese Architecture*）在美国出版。

其绘画作品入选第六届、第十二届、第十三届全国美术作品展览和第八届北京国际美术双年展等展览，多次获奖，并于 2015 年荣获“中国美术奖”。

赏析

总览

最美
中国古建筑
ZUIMEI ZHONGGUO GU JIANZHU

四川民居

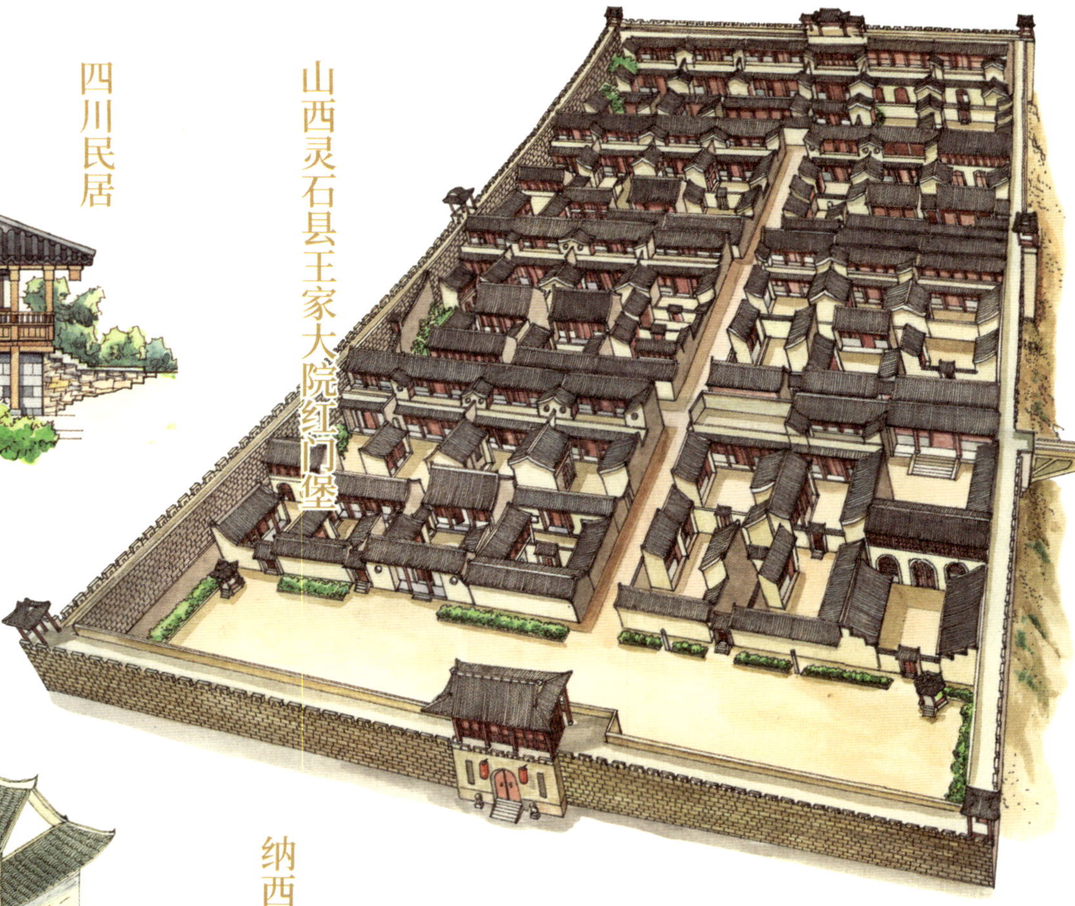
山西灵石县王家大院红门堡

赣南围屋

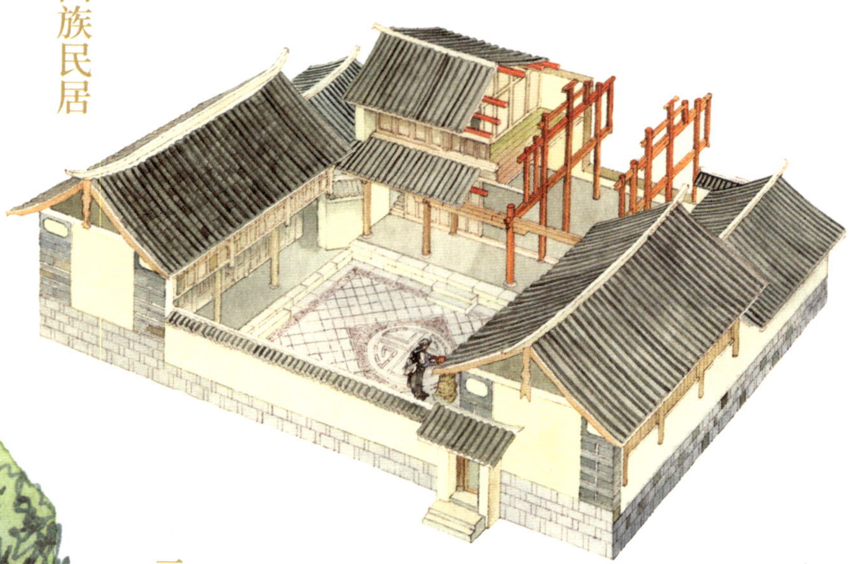
纳西族民居

金门顶堡

圆形土楼

云南大理三坊一照壁

泉州民居

欧厝村欧阳宅

皖南祠堂

前言

在当今的数字化时代，人们可以借助各种互联网媒体了解和欣赏各种建筑，甚至就像随旅行团参观一样观看某些视频，现场感很足。好的主播还能用激扬、华美的文辞赞美颂扬这些古代建筑。但对于我这样一个几乎走遍中国、参观过相当多著名古代建筑的老人来说，那些视频或是一般的图书介绍，都不能把中国建筑的美予以全方位呈现。于是，我着手撰写这本《最美中国古建筑》，把我个人对于中国古代建筑的理解，用文字、图片和照片来呈现。希望我的这本书给读者呈现出一种与众不同的视觉形象。

几十年来，我参观过诸多中国古代的著名建筑，每每回忆起来就按捺不住心底涌起的那股冲动，因为中国古代建筑实在太精彩了。中国古建筑，是中华优秀传统文化中极其灿烂辉煌的组成部分。中国古建筑形成了自己独特的艺术语言，而且这种语言形式十分成熟，语汇完整，谱写出无数璀璨瑰丽的建筑乐章。构成中国古建筑语言的元素种类包括城池、宫殿、坛庙、陵墓、寺庙、道观、文庙、衙署、祠堂、学宫、仓廪、园林、民居、牌楼、戏台等，其代表形式丰富多样、千姿百态。其中的每一个种类中，又包含了相当多的变化元素，由多变的单体建筑所构成。在不同的地区，这些建筑种类又有不同的方言表述形式，其地方词汇所涵盖的形式内容又与其他地区的词汇内涵不尽相同，因而更是包罗万象、博大精深。

中国古建筑非常重视造型与空间的变化，建筑形式无论从结构、功能、造型、组合、色彩等各个方面都尽量避免单调，就连店铺、作坊、旅舍、工场等旧时等级很低的建筑，在建造时，工匠也力避单调，积极地发挥自己的想象力和创造力，使中国古建筑从功能到形式都达到了完美的境界。建筑是一种实体的艺术语言，西方人将其列入美术的范畴。在中国古代，人们对于建筑文化认识领悟很深，对于建筑的艺术要求更全面、深刻，这使得中国古建筑语言具有浓郁、鲜明的文化特色，将上层建筑和经济基础的关系恰到好处地发挥到了极致。中国古代传统的建筑观念，将物质到精神、精神到物质相互转化、互为影响的理念与形式，构成与内容，抽象与现实这些概念之间的关系，体现得彻底，涵盖得广泛。在这种基础上，中国古建筑艺术语言形成虚与实、功能与寓意、结构与装饰、简约与华丽等丰富的语法，组成了众多华美的建筑文化篇章。

中国建筑文化之所以能自立于世界艺术之林，是因为中国古建筑有极多独一无二的特点，其中之一便是土木结构。黄河、长江是中华民族的母亲河，生活在这一区域的中华民族的先民们利用自然山洞和崖穴居住，其后挖掘穴居，形成土筑；或利用自然的树木枝干搭建巢居，其后支搭楼棚。无论哪种形式，材料主要为黄土或木材，因此中国古建筑将建筑营造称为“土木之功”，“土木”便成为中国古建筑的代用词汇。尽管后来人们掌握了石材、砖瓦、琉璃等其他建筑材料形式，但土木始终是国人最正宗、最喜好的建筑材料，并依此创造出许多不朽之作。

从建筑技术来说，中国人早在宋代就总结出了“侧脚”“生起”“举折”等使建筑造型变化的施工法则。这种看似晦涩的工程词汇，实则体现了将感性的视觉传达与理性的数字原理融于一体的营造规律，与古希腊的帕特农神庙檐口中部向上凸起，形成微微下垂的曲线有异曲同工之妙。即便是古代欧洲建筑，多数也并不像帕特农神庙那样微妙复杂，只用直尺、圆规就可以将建筑的立面图表现得精确无误。相比之下，屋面上几乎找不到一根直线的中国古代建筑则更加高深，其技术难度是相当高的。可见中国的古建筑语言是何等丰富生动，聚精集粹。中国古建筑历久而弥新，如翅如飞的屋面、精美华丽的建筑色彩、富丽典雅的装饰构件、跌宕起伏的群组方式等，完全进入了纯艺术的境地，多层次、多角度地阐释了深层次的文化艺术语言。

中国古建筑的审美实体存在于空间，也存在于时间之中。错落有致的空间结构，绵延醇厚的时间序列，使中国古建筑可观看、可品味，把古建筑语言发挥得神韵天成、气势磅礴，永远都充满了鲜活的生命力，散发着熠熠光芒。

中国古建筑集艺术兼技术之大成，与音乐、绘画、诗词等都相互契合，尤其是中国的园林建筑语言如流动的音乐旋律，或婉转低回，或高亢激昂，或淡泊傲视，让人探寻不止，余味不尽，联想深远。中国古建筑艺术语言如一幅浓墨的写意山水画，富有神韵，虚实结合，勾勒出超然不凡的建筑形式，让人去想象、领悟、会意、思而再思。中国古建筑空间形象具有无声的诗情之美，无数文人墨客有感于建筑所固有的诗情画意，写下了流传千古的文学作品，如《滕王阁序》《阿房宫赋》等，其蕴含的深刻哲理和审美情趣，情真意切，隽永高远。中国古建筑灵活多变的语言词汇在文学中从来都不曾丧失，檐牙高啄，雕梁画栋，琼楼玉宇……建筑形式各具形态，鬼斧神工，交相辉映，共同构成了古建筑艺术之路。意境是中国古建筑语言不可忽视的一个词语。王昌龄认为诗有三境，即客观的“物境”进入主观的“情境”，再引发出抽象的“意境”。中国古建筑追求的是寄情于景、情景交融的境界，通过外在的形象和深厚的文化内涵，激发人们去想象，营造出建筑语言的艺术空间。这种“意以象尽，得意而忘象”的境界，达到了物我同一的境界，实现了人心思绪的物化。

这本书的目的，就是使读者徜徉在中国古建筑的空间里，深刻感受到中国古建筑的华美和构成模式中显现出的韵律，感悟古建筑艺术那一抹不曾泯灭的华光。

目录

中国古代宫殿和王府建筑

壹

第一章

DI-YI ZHANG

贰

第二章

DI-ER ZHANG

中国古代城池

中国古民居

叁 第三章

DI-SAN ZHANG

肆

第四章

DI-SI ZHANG

中国古代陵墓

中国古代礼制建筑

伍

第五章

DI-WU ZHANG

陆

第六章

DI-LIU ZHANG

中国古塔建筑

中国古代寺庙道观

柒

第七章

DI-QI ZHANG

捌

第八章
DI-BA ZHANG

中国古代公共建筑

索引

后记

第一章
DI-YI ZHANG

中国古代宫殿和王府建筑

宫殿建筑是中国古代建筑中成就最高、规模最大的建筑类型，是古代皇帝处理政务和日常生活起居的地方。宫殿建筑以其磅礴的气势、宏大的规模和巍峨壮丽的外观，突显了古代帝王至高无上的权力和威严。几千年来，历朝历代的皇帝不惜财力、人力、物力，为自己建造宫廷。

宫，原指『圣人』的房屋。据史料记载，夏代就出现了供帝王、诸侯居住的宫室，也是他们处理政务之地。『宫』字最早见于殷墟出土的甲骨文，当时用来指各类房屋，并非专指帝王所居建筑。

夏代宫室建筑目前已有遗址被发掘，这就是河南偃师二里头夏代宫室遗址。遗址北临洛水，南近伊河，遗址范围内有大小宫殿基址数十个，宫殿平面主要为方形和矩形，但仍然没有脱离原始的『茅茨土屋』的简单形式。

从秦始皇开始，宫成为皇帝及皇族居住的地方，宫殿是皇帝处理朝政的地方。秦始皇统一六国之初修建的阿房宫直到秦朝灭亡都没有全部完成，可见规模之宏大超乎想象。汉长安城里的建章宫、未央宫、长乐宫合称『汉三宫』，其中未央宫规模最大，是由当时的丞相萧何主持所建。未央宫建在一个高台上，由数百个殿宇、台阁组成，建造极为豪华。隋朝有仁寿宫、大兴宫，唐朝有太极宫、大明宫。隋唐时期的宫殿按『三朝五门』布局，而且还形成了外朝内廷的模式：朝、廷之间以横街划分，前部的外朝是朝会和举行典礼等的场所，后部的内廷则是帝王和后妃的生活起居处。这种布局模式一直延续到明清时期。北京明清故宫和沈阳清故宫是我国保存最完整的古代宫殿建筑群，代表着中国宫殿建筑的最高艺术成就。

王府是封建社会等级最高的贵族府邸。清代王府的产权属于朝廷，并非是个人财产，王爷只有使用权，而没有所有权和继承权。如果王爷的某个儿子袭封，自然可以在王府里续住下去；如果王爷过世，但无子嗣，或者是被废黜王爵，王府就要被收回，再由皇帝分给其他王爷居住。清朝的亲王和郡王都是皇子，他们在未成年时都住在紫禁城内，成年时才移居城内的各王府中。

壹

河南偃师二里头夏代建筑复原图

河南偃师二里头夏代建筑复原图

壹

商代建筑

商是继夏代之后我国历史上第二个奴隶制国家。它是商汤推翻了荒淫无道的夏桀之后建立起来的王朝，其时约在公元前16 世纪。商代的建筑也很少有文献记载，实物就更不用说了。这一时期的建筑，虽然还处于极低级的阶段，但它们对于后世建筑的发展与一些模式的形成的影响却是不容忽视的。其后在世界建筑之林独树一帜的中国建筑就是在它们的基础上逐渐发展起来的。

商代建筑复原图

壹 西周建筑

周代约建于公元前11世纪，从建立至灭亡共历经约800年。在这漫长的岁月里，建筑营造可谓空前活跃。特别是在东周时期，由于诸侯割据，每一个诸侯国都在竭力建造自己的建筑，尤其是防御系统，大大地促进了周代建筑的发展。周代建筑的类型与夏商相比更为丰富，建筑与营造的范围也更为广阔，城市、宫殿、陵墓、坛庙、苑囿、民居、水利、边塞等，可谓面面俱到。虽然周代建筑现今早已无实物留存，但是相关的周代建筑记载却比夏商多得多，如《尚书》《周礼》《尔雅》《左传》《史记》《战国策》《后汉书》等文献中都有一些相关记载。

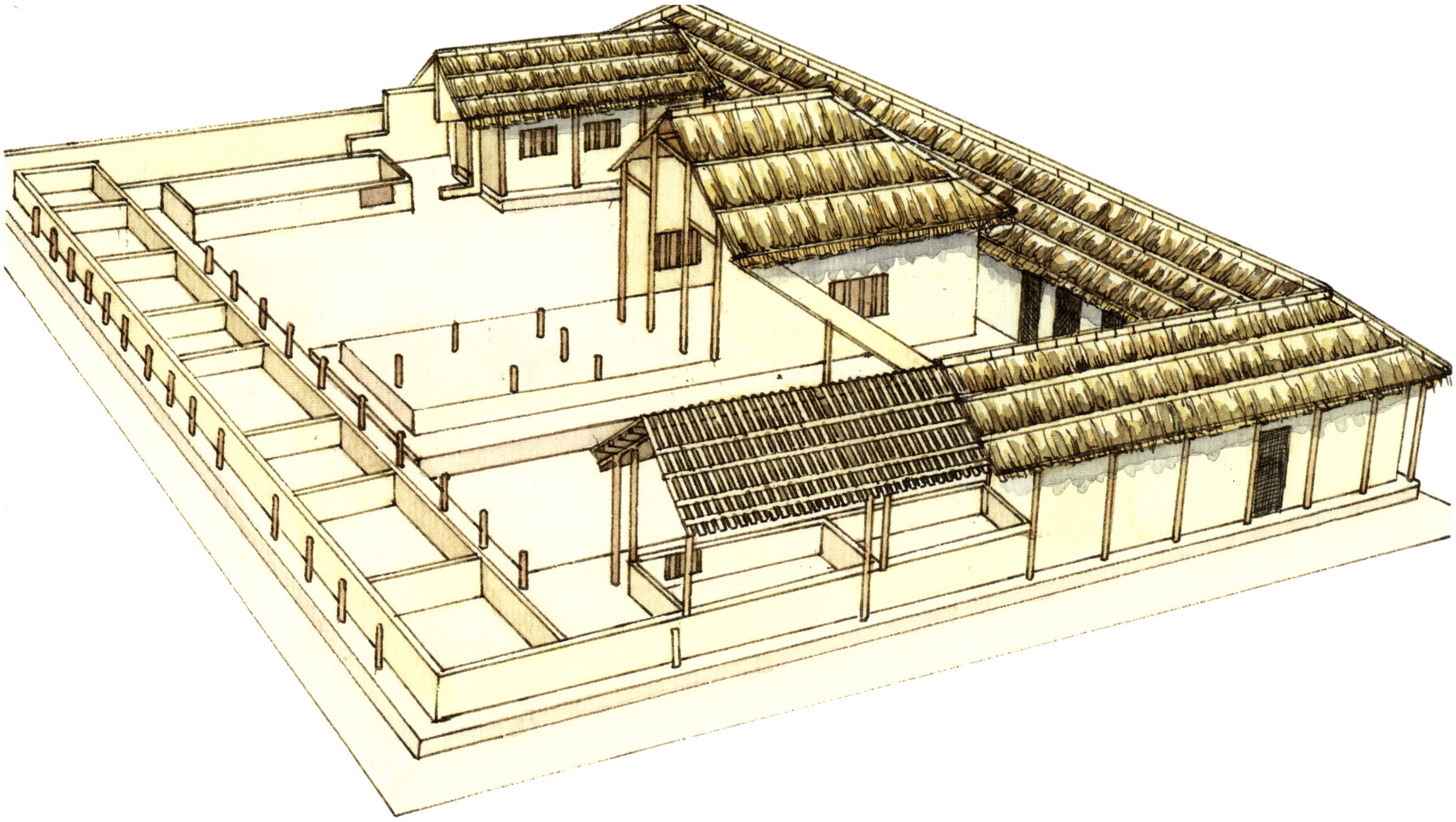

陕西岐山凤雏西周建筑复原图

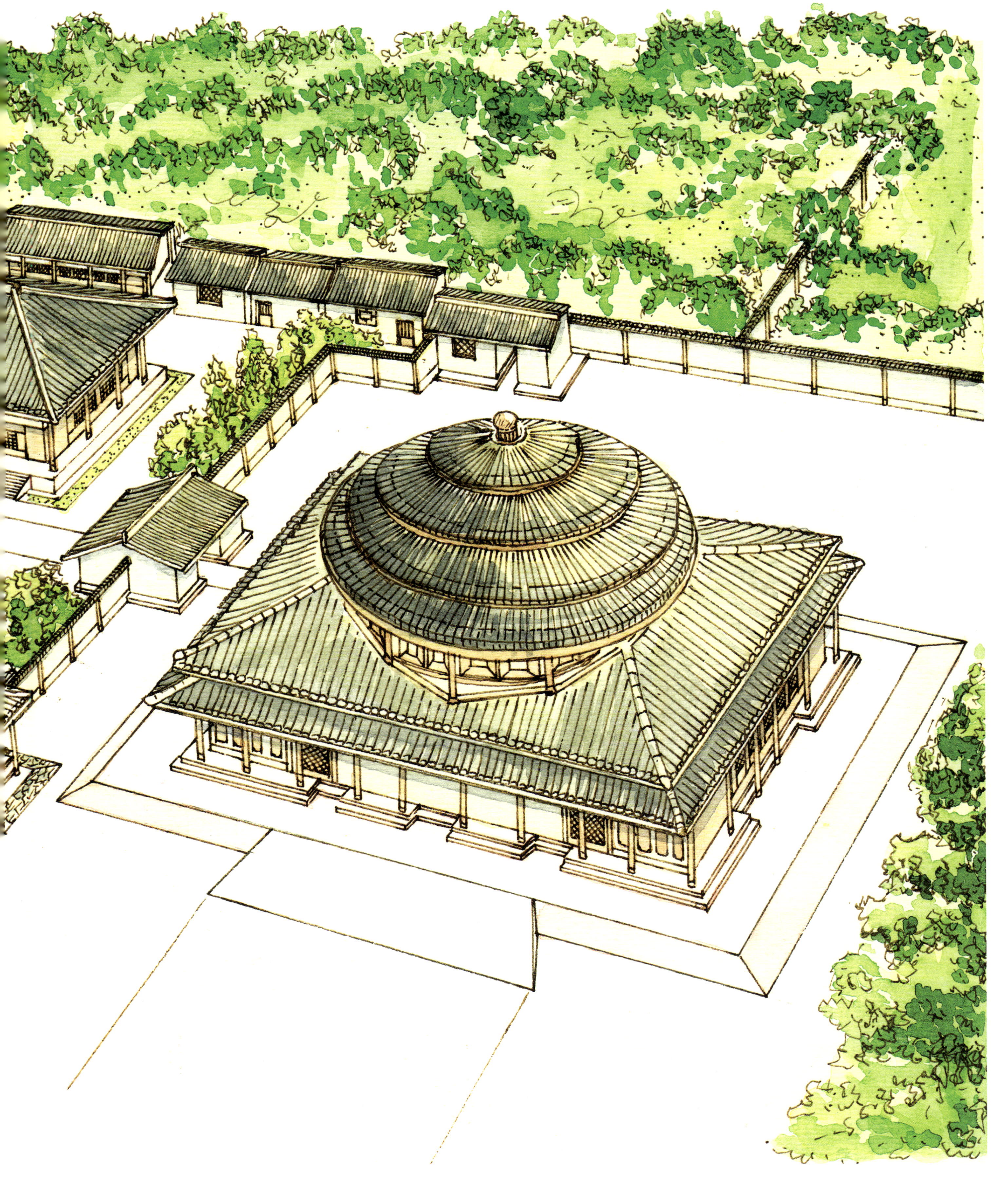

陕西扶风召陈建筑复原图

汉建章宫想象复原图

建章宫是上林苑中规模最大的宫殿建筑群。太初元年（公元前104年），长安城内柏梁台失火，汉武帝采纳越巫之言，建大屋以压之。但因长安城内的宫殿已十分拥挤，于是就在西城墙外筹建建章宫。建章宫与城内的未央宫隔城墙和护城河相望，两宫之间以飞阁相连，既方便两宫来往，又将王宫建筑连为一体，增强了气势。

建章宫规模方圆三十余里，从功能和布局来看，可分作三部分。东南部为以建章宫为主的宫殿建筑区，以阊阖门、圆阙、前殿和建章宫宫殿为轴线，左右对称布置殿堂，宫殿区周围以阁道相隔，自成一体。宫城西南为唐中殿和唐中池，北部造太液池，池中有蓬莱、瀛洲、方丈三山，象征海中仙山。

汉建章宫想象复原图

唐大明宫内有朝、有寝、有苑，基本仿照太极宫而建，但因为是附属宫，又加之地理条件等原因，具体建筑多寡与布局又有所不同。大明宫的外朝以宣政殿为主，寝区以紫宸殿为主，寝区后部是以太液池为中心的苑区。宫殿位置的前后相延与太极宫相同，其功用也完全一样，只是具体建筑与规模略有差别。而宣政殿前部的含元殿的建置与太极宫相差较大，太极宫在此位置建的是承天门，含元殿却是一座和主殿宣政殿相仿的大型宫殿，这是由高敞的地势决定的。含元殿虽然为宫殿形式，但还是门楼的规格，体量狭长，两翼又各建一阁相当于门阙，整体形成倒凹字形的平面。这种凹字形的平面直接为明清宫城正门午门所继承。

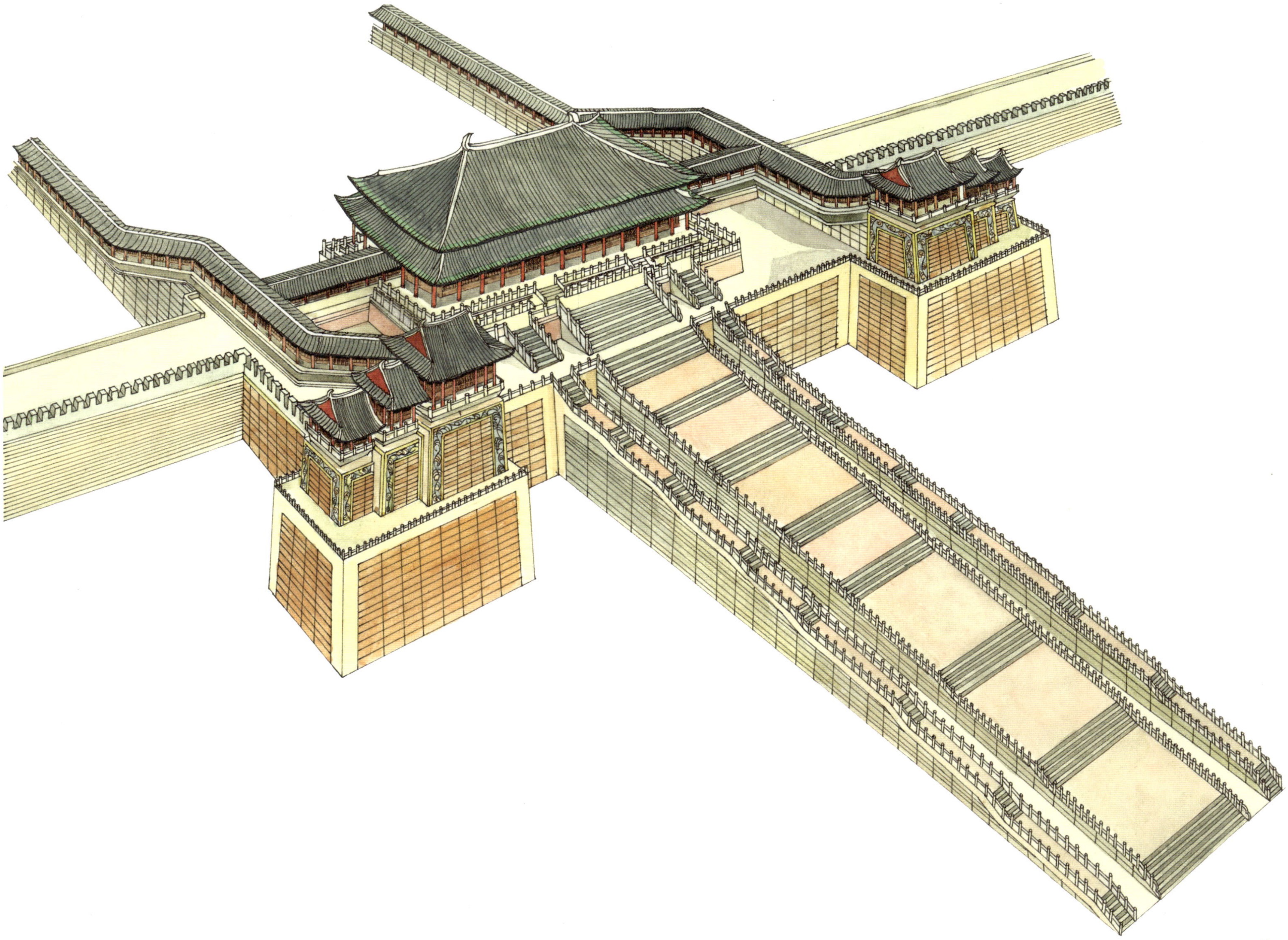

唐大明宫含元殿复原图

唐大明宫麟德殿复原图

壹 唐李思训《悬圃春深图》中的建筑

唐是继汉以后一个伟大的朝代，在唐代近300年的历史中，疆域不断扩大，对外贸易日益发展，经济繁荣。唐朝文化在继承南北朝发展水平的基础上，又吸收了外来文化因素的养分，是中国封建文化中光辉灿烂的篇章。经济的繁荣昌盛和长期的安定局面是产生唐朝伟大文化的基础。唐朝在宫室建筑上有所发展，但在宫苑内容上没有多大变化。而山居、园池方面，受当时文化思想、社会风尚和山水画的影响。

《悬圃春深图》中的宫室建筑

壹 宋式建筑

以木构建筑为特征的中国古代建筑，在世界建筑史上独树一帜。中国古代建筑的影响力，遍及东亚各国。在古代建筑的学术层面，中国古代建筑大致分为唐宋建筑与明清建筑两大类。唐、宋、辽、金是中国木构建筑的高峰期。

公元12世纪初由李诫撰写的《营造法式》一书，是中国古代建筑学的巨著。在《近新修〈营造法式〉序》中提到："宫室宗庙的营造，需要斗拱梁柱的相互支撑与架构；起建房屋之前，先要使房屋的设计与布置中规中矩；同时，还应保证将房屋建造得方正平直。营建宫室庙堂，需要用到土木、砖石、铁器、颜料等材料；唯有材料齐备，才能保证规模恢宏的宗庙宫室能

够兴建完成。唯有不失时机地聚集工匠与材料，才能使如同《诗经》中描绘的‘如鸟斯革，如翚似飞’一般飞举的殿阁楼榭矗立于宫苑之中。”（王贵祥《营造法式》）

宋朝的木构建筑构造与造型技术达到了很高的水平，绽放出成熟的风格，外形的艺术性很高。梁柱上硕大雄厚的斗拱铺作层数增多，建筑物的屋脊、屋角起翘，建筑一圈的柱子上端向里倾斜，建筑的屋檐两侧生起，屋面产生一种轻柔的感觉。油漆得到大量使用，建筑的色彩十分丰富。窗棂、梁柱与石基座的雕刻注重变化。这些共同形成优美的立面构图。

宋式建筑立面示意图

宋式建筑

宋真宗牌楼立面想象复原图

南宋李嵩画中的一组宫苑建筑

宋代统治者从建国之初即强调以文安邦，而停止武力，即所谓“偃武修文”，至南宋时更是偏安南方一隅。繁华之地让人们，特别是让统治者和贵族们生了苟且偷生之心，渐渐沉湎于享乐，有人称当时之景象为病态的繁华。在这种追求享乐、奢靡生活的社会风气影响下，上自帝王、下至百姓，有条件者都大肆建筑园林以供游玩享乐。宋代的皇家园林在北宋、南宋时均有营建，不过以北宋为最。北宋皇家园林以都城东京为盛，园林主要分为大内御苑和行宫御苑两种。

南宋佚名《宫苑图》中的建筑

宋代壁藏

壹

山西岩山寺壁画

壹 北京故宫

明初期定都南京，建造宫城。元大都宫城被略事改建，作为当时燕王朱棣的王府。朱棣登基后迁都北京，对其府邸进行全面改造，在轴线不变的基础上将宫城南移。同时，朱棣仿南京都城形制在城北堆土为镇山，山成后赐名“万岁山”，又将皇城向外扩展，南部左右建太庙和社稷坛。

明永乐十八年（公元1420年），北京宫殿建成，依照中国古代星象学说，紫微垣（即北极星）位于中天，乃天帝所居，天人对应，故称紫禁城。紫禁城为内外三重城的格局，即外城、皇城、宫城。外城有九门：丽正门（正阳门）、顺城门（宣武门）、文明门（崇文门）、平则门（阜成门）、齐化门（朝阳门）、东直门、彰仪门（西直门）、安定门、德胜门。皇城有四门：承天门（天安门）、东安门、西安门、北安门（地安门）。宫城也设四门：午门、玄武门（神武门）、东华门、西华门。宫城内按前朝后寝形制建奉天、华盖、谨身前三殿和乾清、坤宁后二宫。可惜前三殿和乾清宫在建成一年后即毁于火灾，朱棣便以奉天门为正朝。直到英宗正统五年（公元1440年），才重建前三殿和乾清宫，同时，又将城墙内侧全部改用砖砌筑，建九门城楼和都城四角的角楼。

角楼

明嘉靖年间是明代北京宫城与宫殿改建、增建最多的时期。首先是在城南增建外郭，使原有外城变为内城，但其外城增建并未完成，而只有南面一段，整体形成了特别的品字形平面。这里的外城门有七门，即永定门、右安门、左安门、广宁门、广渠门、东便门、西便门。自此，北京城内外城的格局也就定了下来。其次，嘉靖年间的改造还包括很多殿门等的更改，如奉天、华盖、谨身三殿被改为皇极殿、中极殿、建极殿。

中和殿

清初很多宫殿已毁于明末农民起义。据记载，清军进入主紫禁城时，只有紫禁城角楼、皇极门、武英殿、建极殿、御花园钦安殿、南薰殿、英华殿等不多的建筑仍存，其他多被焚毁不存。因而，清顺治初入紫禁城时只能以皇极门作为临时的常朝，同时，依原有宫殿基址逐步恢复各个宫殿。

紫禁城宫殿沿南北轴线排列，前三殿、后三宫和御花园都在轴线上，并向两旁展开，左右对称。太和殿、中和殿建在工字形的巨大平台上，气势雄伟，巍峨壮观。太和殿，俗称“金銮殿”，是现存中国古代建筑中最高大的建筑，是封建皇权的象征。这里是明清两代皇帝举行大典的场所。皇帝登基、大婚、册立皇后和每年的春节、冬至节、皇帝生日，以及公布进士黄榜、派将出征、宴会等大型庆典活动，都在这里举行。

中和殿是皇帝在太和殿举行典礼前休息和接受官员跪拜的地方。每年春季祭先农坛，也先在此阅视祭文。祭祀地坛、太庙、社稷坛的祝版，也在此阅视。北面的保和殿则是皇帝赐宴和举行殿试的地方。

中和殿殿内

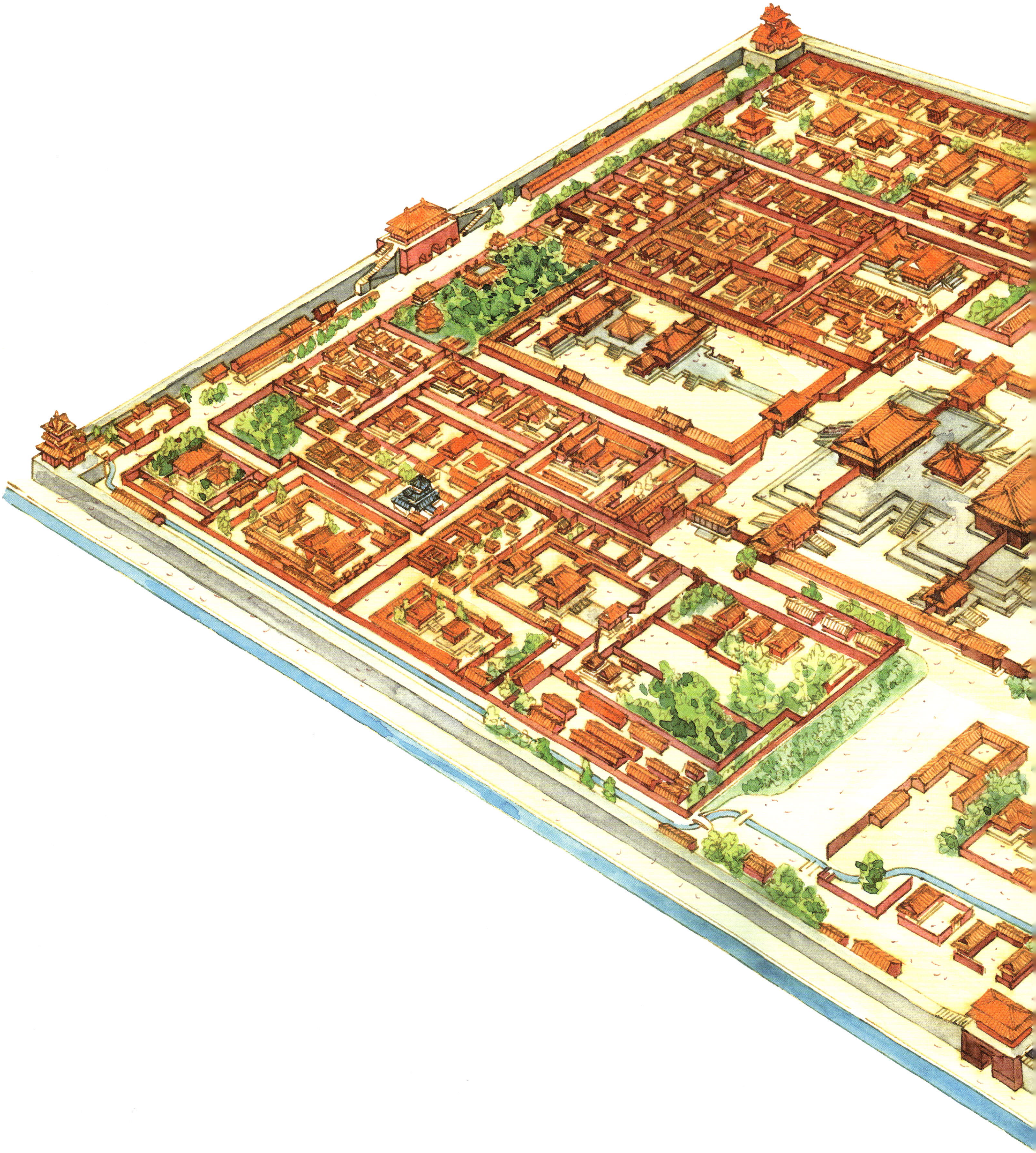

北京故宫全景鸟瞰图

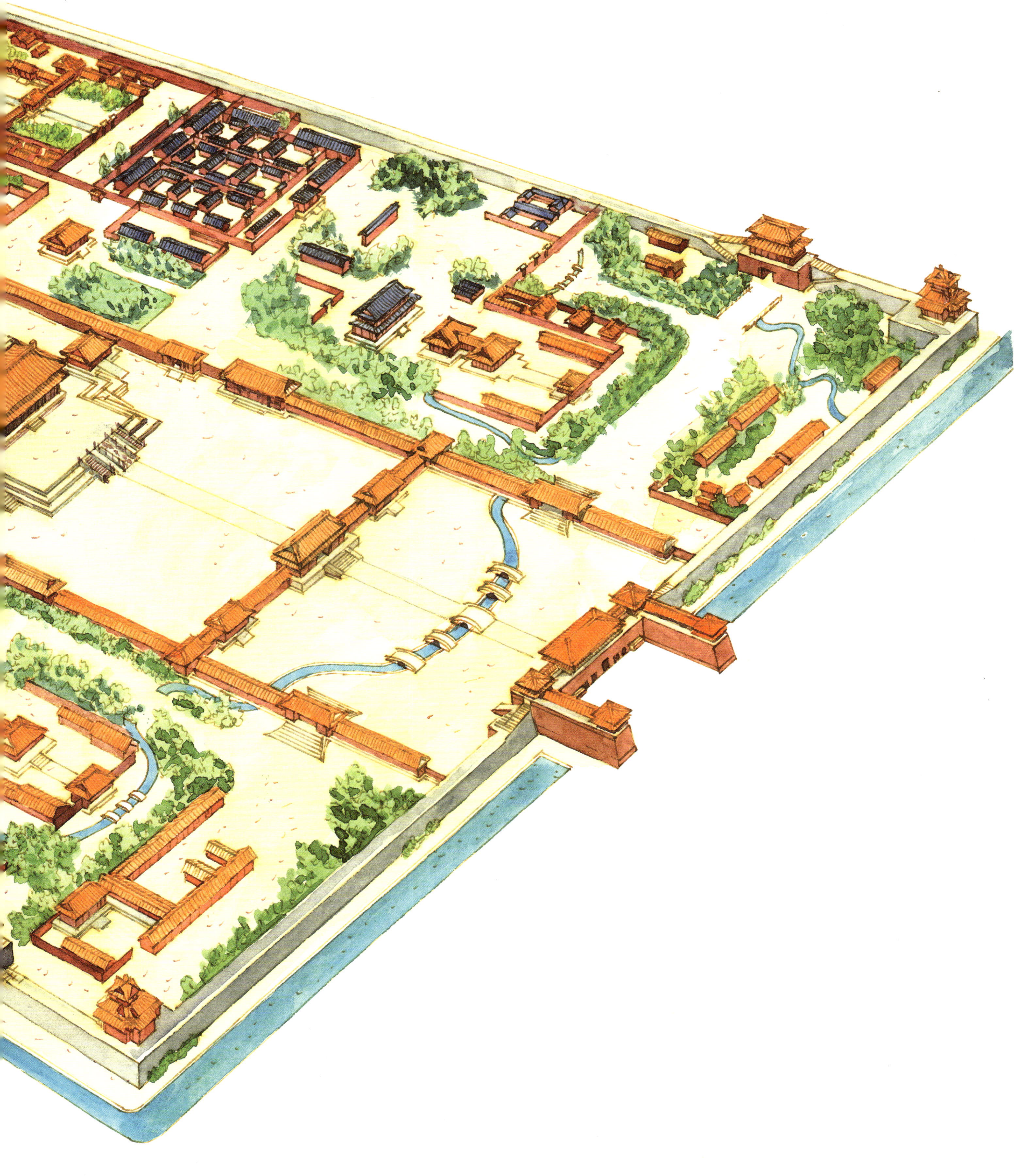

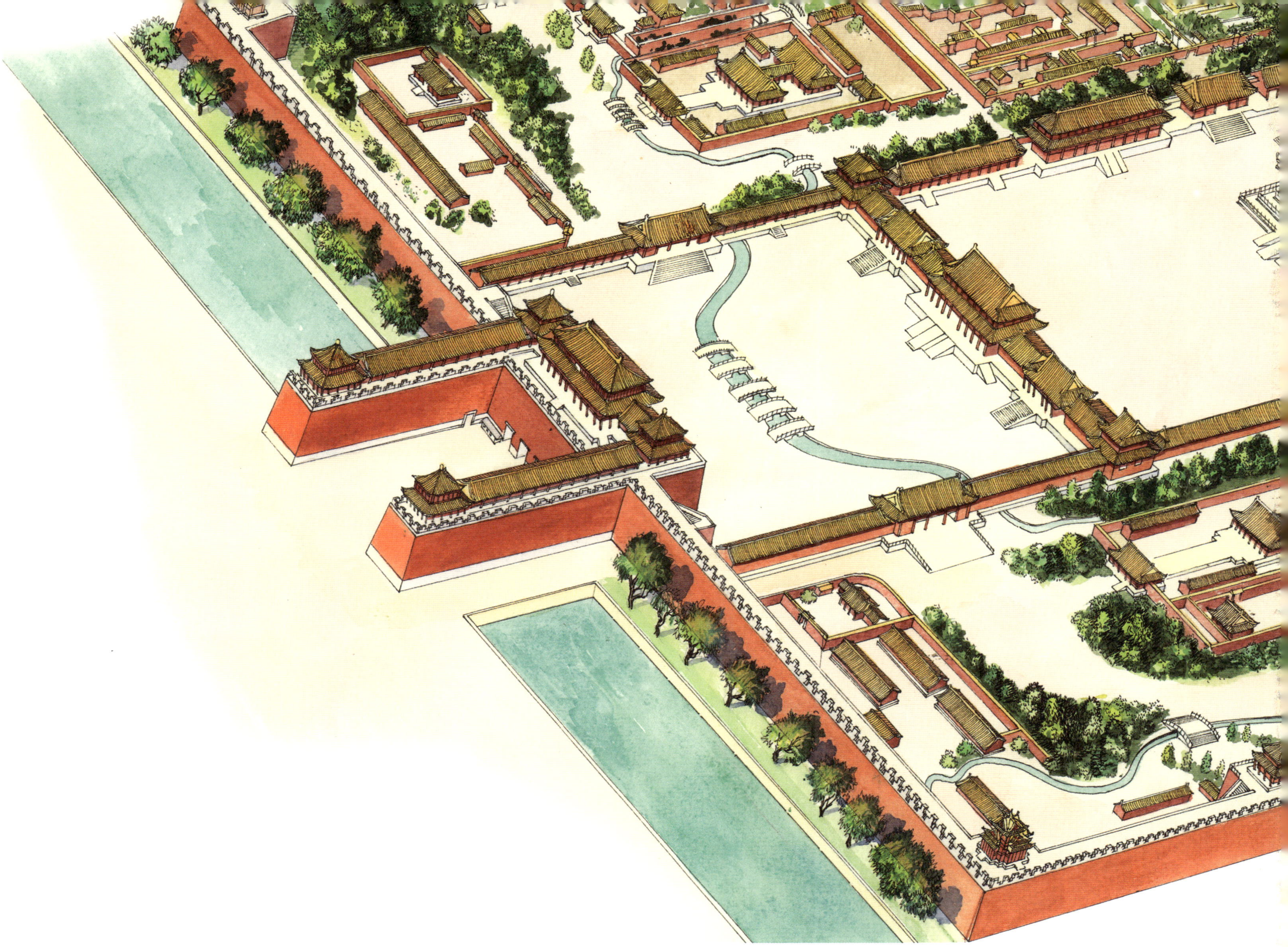

北京故宫午门鸟瞰图

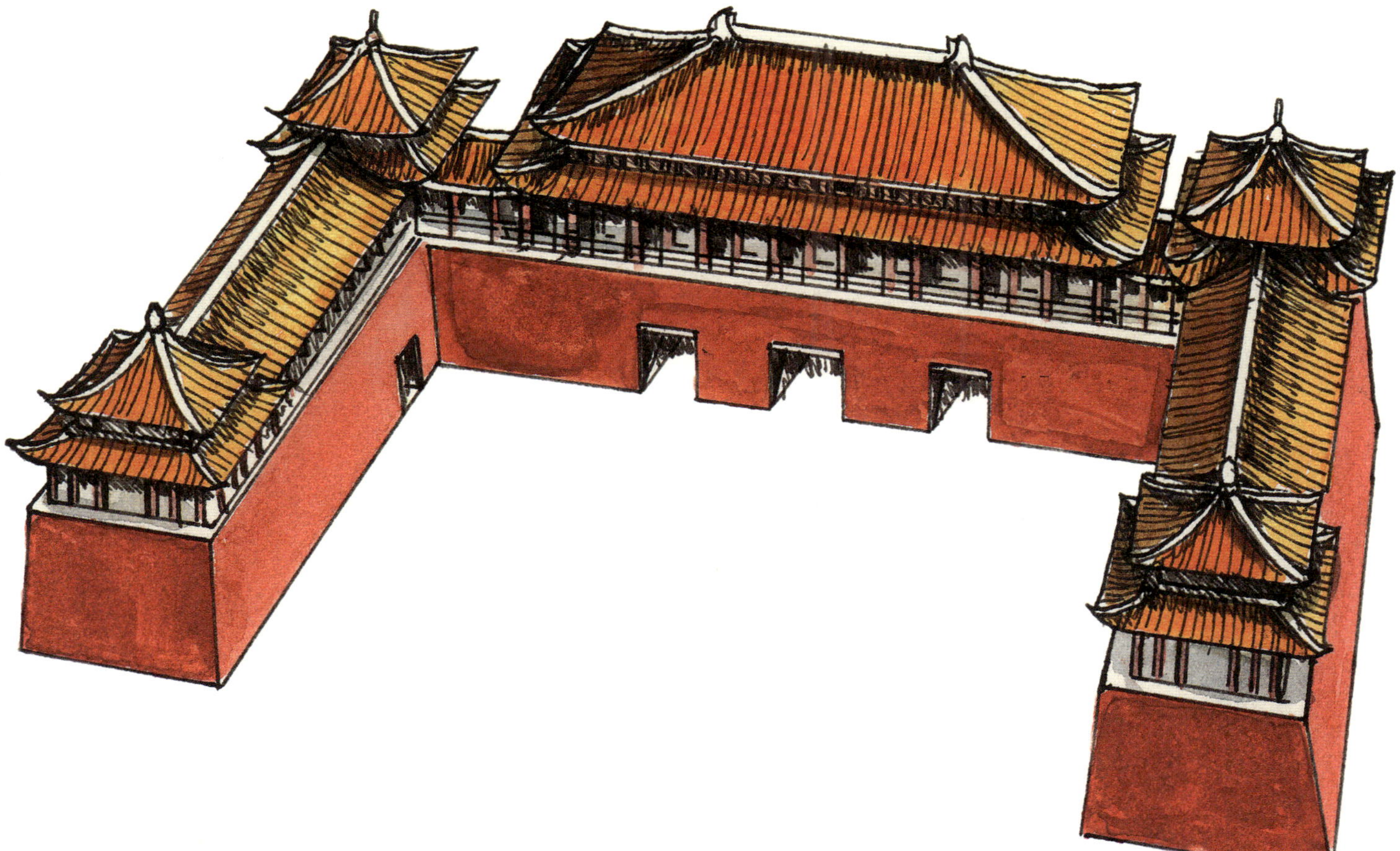

北京故宫午门两侧凸出在外的廊庑是阙形式的延续

乾清宫、交泰殿和坤宁宫，以及东西两侧的东六宫和西六宫，是皇帝和嫔妃们居住的地方，俗称“三宫六院”。居住区以北是供皇室人员游玩的御花园。明初和清初的皇帝均住在乾清宫，皇后住在坤宁宫。交泰殿则是皇后的活动场所。清朝中后期皇帝和皇后都搬至东西六宫，最著名的是养心殿。从雍正起，这里就成为帝王理政和寝居之所。慈禧太后也在这里垂帘听政，时间长达40余年。

乾隆在位时，在宁寿宫区内添建宁寿宫殿、皇极殿、养性殿、乐寿堂等主要殿堂，以及主戏台和花园等，新建文渊阁、雨华阁、寿康宫等，还在景山上添建了五亭和绮望楼，进一步加强了紫禁城的轴线布局与空间艺术效果，更适应宫廷使用的需要。

宁寿宫是清代紫禁城中一处比较特别的所在，也是清代在紫禁城内建筑的改建状况相对于明代比较大的地方。宁寿宫为一纵长形平面，这里原来是明代仁寿殿、东裕库，以及居住老年宫妃的哕鸾宫、喈凤宫等的旧址，明末尽毁。清代康熙时将之改建为宁寿宫，作为太皇太后、皇太后的寝宫，其建筑情况在《国朝宫史》中有所记载：“宫正殿二重，前为宁寿门，列金狮二，门内东为凝祺门，西为昌泽门，再西为履顺门，门外即夹道直街也。”

北京故宫宁寿宫西侧门

乾隆时期，清高宗爱新觉罗·弘历对宁寿宫进行了再次改建，准备作为自己做太上皇时的居住处所。乾隆帝改建之后，宁寿宫的情况基本如现存。中轴建筑和主体殿堂有九龙壁、皇极门、宁寿门、皇极殿、宁寿宫、养性门、养性殿、乐寿堂、颐和轩、景祺阁；东路有畅音阁、阅是楼、寻沿书屋、景福宫、梵华楼、佛日楼；西路即是乾隆花园。

乾隆帝对宁寿宫的改建可谓是工程浩大，花费也巨大。虽然说是改建，其实相当于是新建。因为是乾隆帝拟定作为太上皇的居住地，所以建筑布局与规制大体仿紫禁城，堪称是一座紫禁城的微缩版：前朝后寝，左为佛事游宴之地，右为园林。

乾隆帝虽然说建宁寿宫是作为自己养老之地，但实际上宁寿宫的使用时间很少，仅于其退位后在这里举行过两次千叟宴，招待朝中60岁以上的文武大臣。其后宁寿宫直到光绪时重修作为慈禧太后的寝宫，之间一直未被使用。

清代帝王尊佛、崇佛也在紫禁城宫殿的营建上有所表现。在紫禁城西路的延庆殿和寿安宫之间有一组佛教建筑，包括雨花阁、昭福门、宝华殿、秀云亭、中正殿等几座殿阁亭台，各殿阁亭台内都供奉有佛像，并且主要是藏传佛像。建筑群的主体为雨花阁。这一组佛教建筑兴建于乾隆年间，是在明代隆德殿旧址上建成的。乾隆帝接见蒙古、西藏王公时，大多在距离这一组佛教建筑较近的建福宫，以示他对于蒙、藏和蒙、藏宗教信仰的重视。

雨花阁是一座非常精美的建筑，平面近似矩形，上下三层、实际四层，阁外四周带围廊。下层还带四面出抱厦，丰富了建筑平面与造型。楼阁的顶部为四角攒尖顶，中心为藏传佛教塔式宝顶，四条垂脊上各塑一条金龙。黄蓝琉璃瓦覆顶，红色隔扇门窗，青绿和玺彩画，富丽堂皇。楼阁内供有藏传佛教尊神和坛城等。从建筑等级上看是显著的皇家殿阁。但从总体造型和内部所供佛像来看，它又是一座典型的藏传佛教式楼阁。

乾隆时，为收藏编纂的《四库全书》共建了七座楼阁，即沈阳故宫的文溯阁、承德避暑山庄的文津阁、圆明园的文源阁、扬州的文汇阁、镇江的文宗阁、杭州的文澜阁，还有一座就是建在北京紫禁城中的文渊阁，它位于紫禁城宫殿东路的文华殿后部。

故宫房屋有9999间，每个门上的铜门钉也是横竖九颗。中国古人认为九字是数字中最大的，皇帝是人间最大的，所以必须对应九。九的谐音为久，所以又寓意为江山天长地久。

故宫一共住过24位皇帝，第一位是明永乐皇帝朱棣，最后一位是清宣统皇帝溥仪，见证了明清两朝400多年的风云变化，承载了24位皇帝及众多嫔妃的悲喜人生。

北京紫禁城经过明清两代建造修整，建筑种类丰富，功能完善，是中国现存最大、最完整的古代宫殿建筑群。

北京故宫昭德门北立面图

北京故宫昭德门南立面图

北京故宫协和门东立面图

北京故宫协和门及南北庑西立面图

北京故宫东南崇楼东立面图

北京故宫东南崇楼北立面图

北京故宫东南崇楼西立面图

北京故宫东南崇楼南立面图

北京故宫体仁阁北立面图

北京故宫体仁阁西立面图

北京故宫体仁阁东立面图

北京故宫宁寿宫花园衍祺门内实榻大门上的铺首

北京故宫宁寿宫门内实榻大门上的铺首

北京故宫太和殿前铜龟

北京故宫太和殿南立面图

北京故宫太和殿毗卢帽

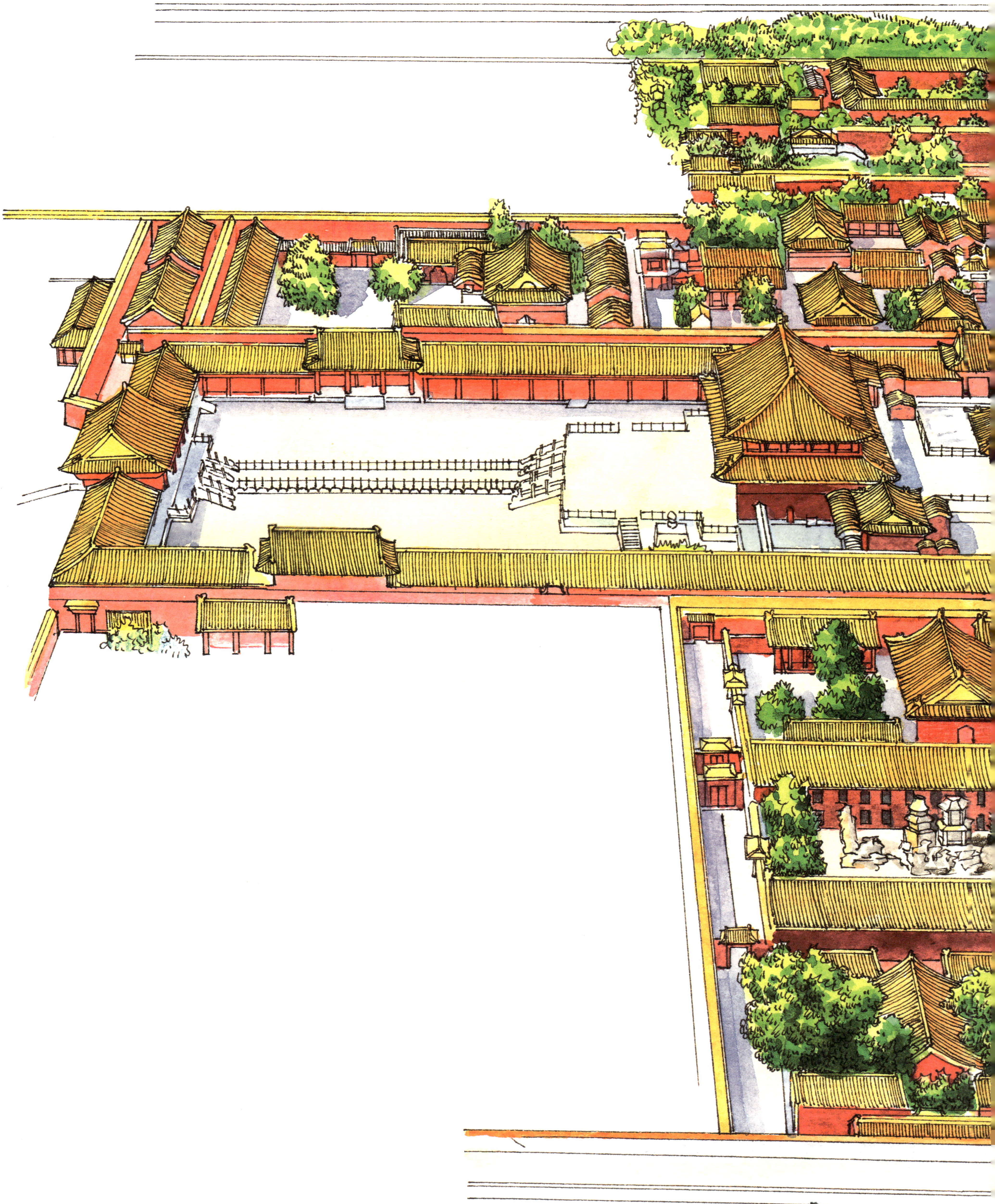

北京故宫后三宫

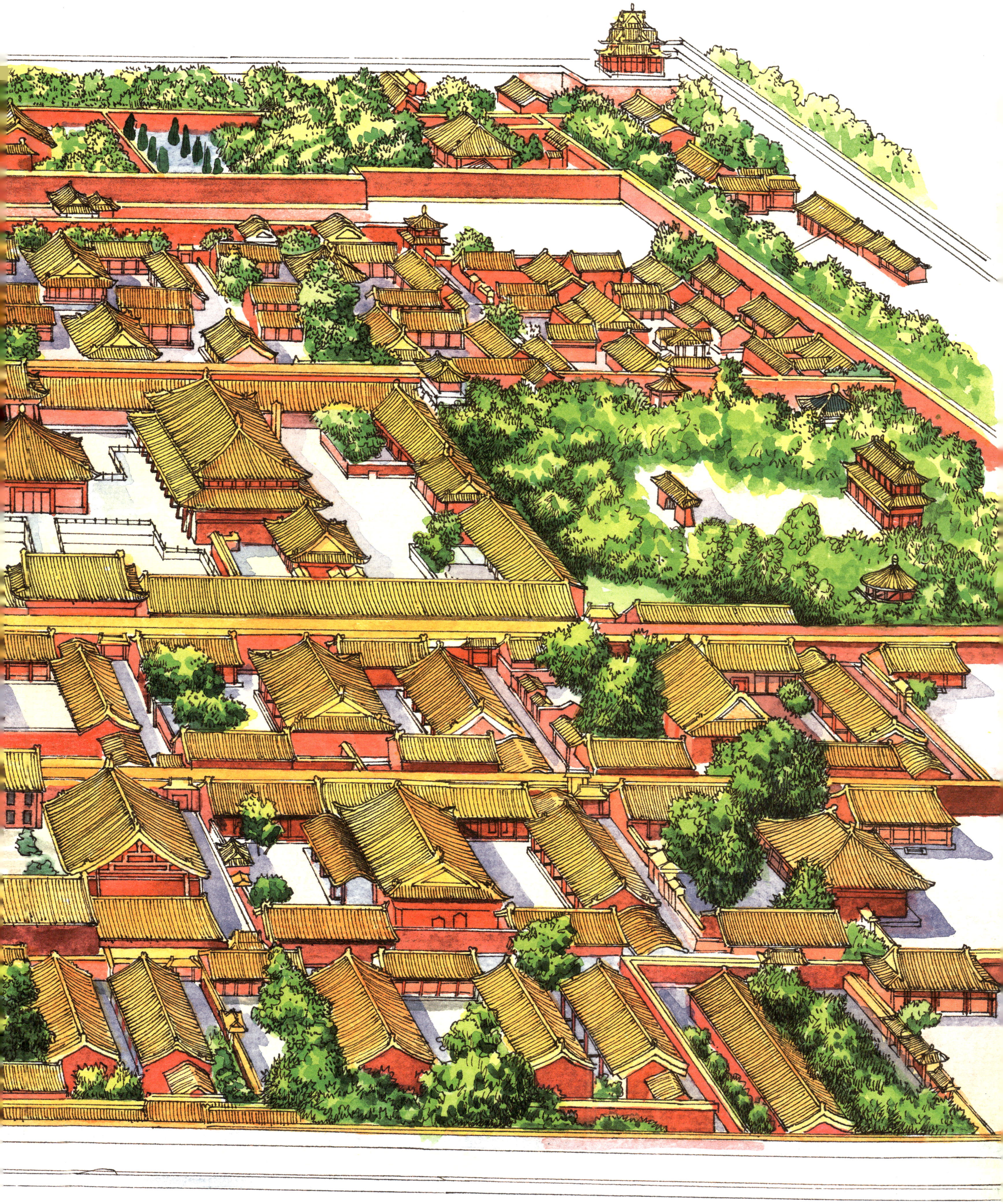

北京故宫后三宫

北京故宫太和殿内景

北京故宫太和殿内景

北京故宫钦安殿北立面图

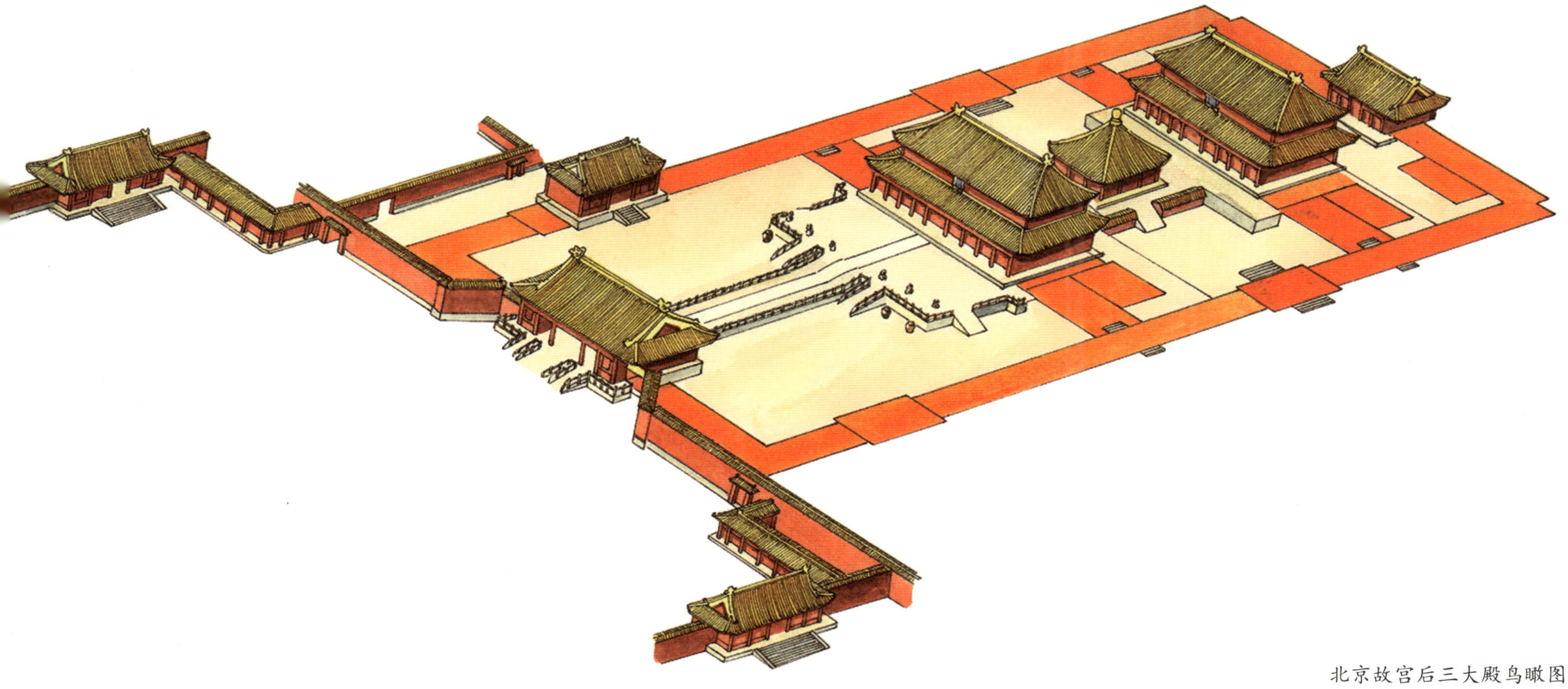

北京故宫后三大殿鸟瞰图

北京故宫前三大殿

北京故宫午门内金水河太和门广场

沈阳故宫

天命十年(公元1625年),清太祖努尔哈赤把都城迁到沈阳中卫,并着手修造皇宫。天聪八年(1634年),清太宗皇太极尊沈阳为“盛京”。盛京是清代的早期都城,是由满族统治者自己设计建造的,受汉族建筑的影响相对较小,因而具有较为浓郁的满族特色。

盛京宫殿也就是今天的沈阳故宫,其建筑分三个时期由三位帝王建造,三个时期的建筑群分三路建置,东路是努尔哈赤所建,中路是皇太极所建,西路是乾隆帝所建。东路建筑最早,始建于后金(努尔哈赤初建国时定国名为“后金”)天命九年(公元1624年)。东路建筑主要包括大政殿和十王亭,大政殿位于建筑群轴线尽端,前部两侧呈八字形分列着十王亭。

大政殿是努尔哈赤的金銮宝殿,重檐八角攒尖顶,坐落在高一米多的须弥座式台基上,殿体外围一圈回廊,整体气势威严雄伟,是盛京早期宫殿建筑中唯一具有完善的斗拱系统的宫殿。十王亭名为亭实为殿,由大政殿近处开始,分别名为左翼王亭、右翼王亭、镶黄旗亭、正黄旗亭、正白旗亭、正红旗亭、镶白旗亭、镶红旗亭、正蓝旗亭、镶蓝旗亭。

这组东路宫殿群中的宫殿主次分明,空间组合简练,是努尔哈赤时政治体制的建筑写照,也是清代早期宫殿布局中最精彩、最具特色的实例。而且在其建筑细部装饰上,具有一种原始的、粗犷的美,以及少数民族建筑的意韵。

沈阳故宫大政殿顶部

中路宫殿群为皇太极创建,也是一处独具匠心的建筑群。后金天聪五年(公元1631年),皇太极开始重建沈阳城与宫殿,这一次建造的主体即是后来的沈阳故宫的中路建筑群。它是皇太极在做王子时的王府的基址上改扩建而成,由前至后依次排列着五进院落,轴线殿阁主要有大清门、崇政殿、凤凰楼、清宁宫等。此外,在清宁宫的左右又各建有后宫,包括关雎宫、麟趾宫、衍庆宫、永福宫等。

这组由皇太极创建的宫殿建筑群成为沈阳故宫的主体部分,而这组主体建筑群中最重要的一座殿堂是崇政殿,是皇帝听政、理事之所。大殿面阔五开间,单檐硬山式,殿顶覆盖黄色琉璃瓦带绿剪边。大殿前后带走廊,廊内安装红色隔扇门。大殿前部外侧檐柱做成两根角柱式的墀头,与砖砌墙体紧密相连。墀头表面用黄色、蓝色琉璃砖包贴,中部四面各凸雕一金色蟠龙。这种墀头装饰是沈阳故宫建筑的一大特色。

沈阳故宫崇政殿

凤凰楼建在崇政殿的后面,是一座高三层的楼阁,面阔进深均为三间,每层四周都带有回廊,上为歇山顶,覆黄色琉璃瓦。底层中央开间为穿堂形式,即前后相通。除了门楼性质外,凤凰楼还是全城的制高点,具有防御功能,同时也是当初皇太极赐宴大臣与赏景之处。“凤楼晓月”是如今沈阳城有名的美景之一。

清宁宫又在凤凰楼之后,是皇太极和他的大福晋(相当于皇后)所居的正宫。它与前面的崇政殿的组合,正是前朝后寝式布局的表现。

西路建于乾隆时期,时间上比东路和中路要晚。它是乾隆皇帝以建造收藏《四库全书》的文溯阁为契机而建,实际上是一组供皇帝读书与娱乐所用的建筑群,主要建筑有嘉荫堂、仰熙斋、戏台、文溯阁等。

盛京三路宫殿群的建筑与布局特点的变化,反映了清代帝王接受汉文化的过程,也就是说,盛京早、中、晚三期的宫殿营造,是满、汉文化逐渐融合的物质呈现。在建筑艺术的表现上,以满、汉为主,又兼具蒙、藏特色。

清帝入主北京紫禁城之后,以北京为国都,便将盛京改为留都,盛京宫殿便被称为“留都宫殿”或“奉天行宫”。

大政殿南立面图

沈阳故宫东路全景

从东南方向鸟瞰沈阳故宫中路与西路建筑

壹

北京王府建筑

清顺治帝进关定都北京后，所封诸王和以后各朝所封的亲王、郡王所建立的王府达 30 多座。清代北京内城只有满洲八旗分住，按规定，镶黄旗居安定门内，正黄旗居德胜门内，并在北方；正白旗居东直门内，镶白旗居朝阳门内，并在东方；正红旗居西直门内，镶红旗居阜成门内，并在西方；正蓝旗居崇文门内，镶蓝旗居宣武门内，并在南方。所以北京的王府大多建在东西两城。

清朝政府对房屋的建制基本上沿袭明朝的制度。明朝的王爷们分封于全国各地，他们的府邸建在自己的封地，所以在北京城内也没有多少王府。不过像明朝的一些权贵，他们的府邸也成了清王府的模板，很多的王府本身就是在一些私宅基础上扩建而成。

清代爵位的继承有两种方式。第一种是“世袭罔替”，即亲王、郡王的后代袭封爵位。袭爵的人如果犯了罪，爵位仍然可以由其他人袭封，这就是“铁帽子王”。铁帽子王府为礼亲王府、睿亲王府、豫亲王府、顺承郡王府、庄亲王府、郑亲王府、肃亲王府和克勤郡王府。

第二种继承方式是“世袭递降”，即儿子的爵位比父亲的爵位要低一等，父亲如果是亲王，儿子就袭封郡王，孙子袭封贝勒。但最初封为亲王的，降到镇国公就不再降了，最初封为郡王的降到辅国公也不再降了。皇帝的儿子既有封为亲王的也有封为郡王的。只有亲王、郡王的住宅可以称为“王府”，贝勒、贝子、辅国公的住所称为“府”，高级官员的住所只能称“宅”称“第”。

北京王府的建筑规模、样式、布局都是严格按照封建礼制建造的，等级差别明显，不能逾制。清朝的亲王府大门为五间，正殿为七间，后殿五间，寝宫两重，各五间。公侯的宅邸从明朝起规定为前厅、中堂、后堂共七间，大门三间，梁栋、斗拱、檐角用彩色绘饰，门窗仿柱用黑漆油饰，门上有金漆兽面锡环。

在布局上，东、西路可以自由配置，中路一律相同，主要有府门（又称宫门，亲王府五间，郡王三间）、影壁、大殿、二府门、神殿等。通常我们将皇帝称为九五之尊，九五数是只有皇家才可以用，亲王要比皇帝低一档，因此他们的府邸就用七五数。

京西海淀礼亲王府花园示意图

北京恭王府鸟瞰图

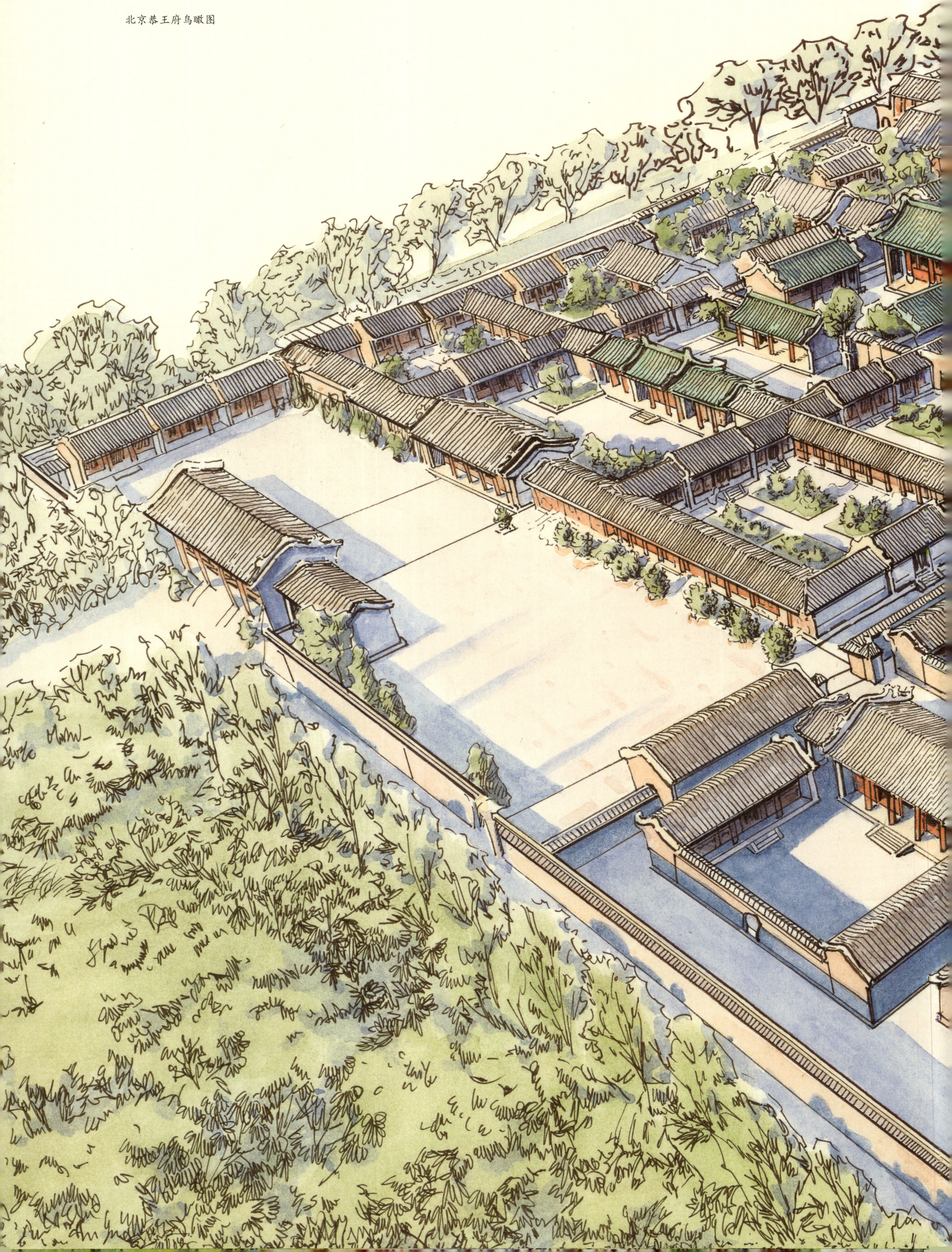

北京恭王府花园妙香亭

中国

古代城池

中国古代的城市体现出一定的政治性，是规划性城市。中国城市的建设原则是整齐，特点是棋盘式布局，突出政治需要，高大的城楼突出城池的威严。

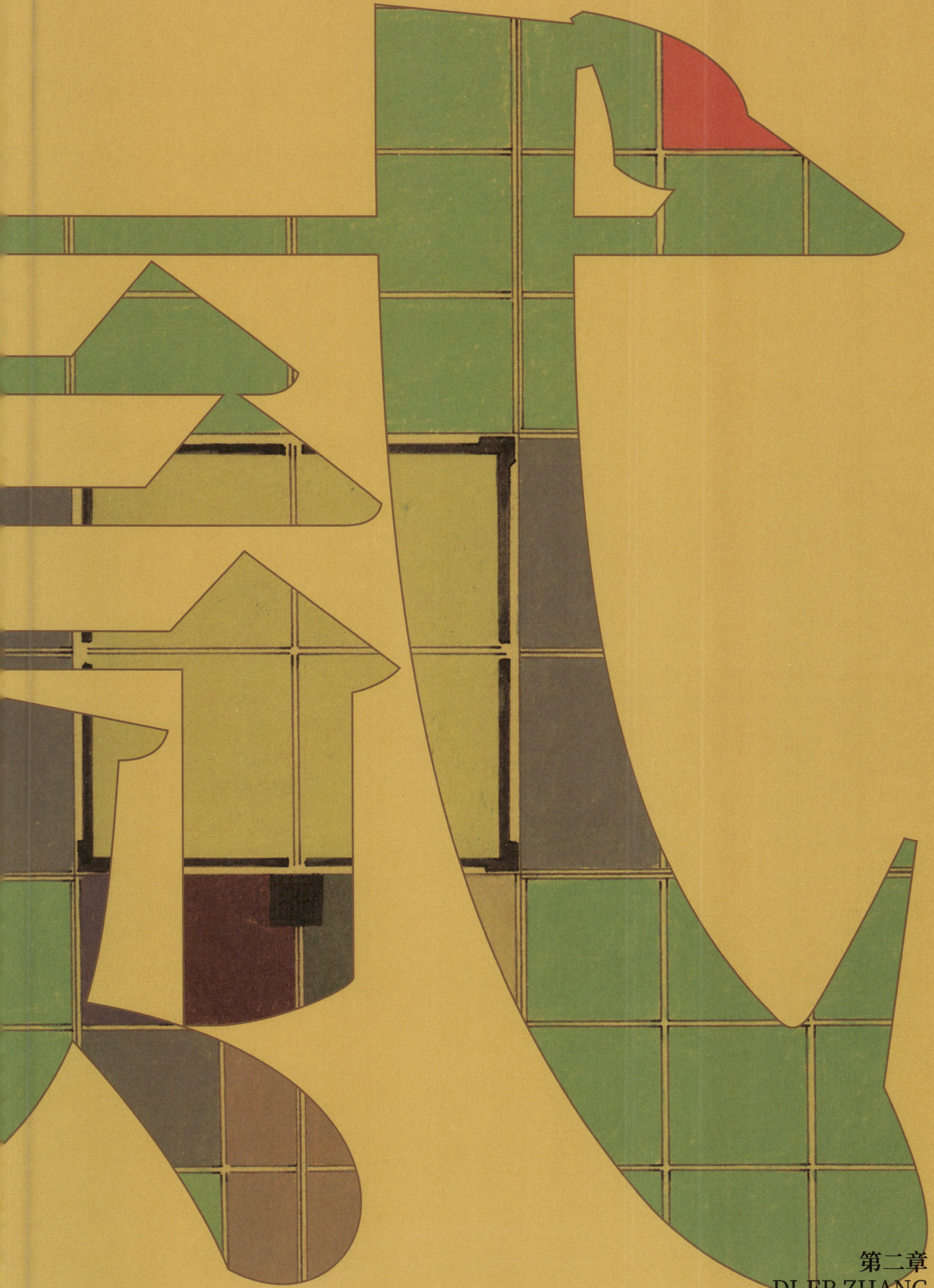

第二章
DI-ER ZHANG

贰 王城基本规划示意图

王城基本规划示意图

贰 周代都城

周代是我国奴隶社会发展的高峰时期，曾出现过两次城市建设的高潮，在其各种建筑类型中，对后世影响最为深远的是周代的都城。周代都城形制的影响一直延续至封建社会的末期——明清。关于周代都城形制的记载，《后汉书》注引《博物记》："（周）王城方七百二十丈，郛方一十里，南望雒水，北至陕山。"而对都城内的布局更为详细的记载，则主要见于《周礼·考工记》："匠人营国，方九里，旁三门。国中九经九纬，经涂九轨。左祖右社，面朝后市。市朝一夫"。同时又有："经涂九轨，环涂七轨，野涂五轨"和"（宫）内有九室，九嫔居之；外有九室，九卿朝焉"的记载。

这些记载不但较清楚地记述了周代王城的城郭大小，而且还清楚地说明了城内的建筑与街道布局以及高低等级，其中最为重要的就是左祖右社的形成和内寝外朝制度的确立。在一座大城内，有纵横的街道直通城门以供来往，有宫城居中而建以供帝王所用所居，有太庙和社稷坛左右对立以供祭祀天地祖宗，这是以后各朝代一直继承的都城模式。

周王城

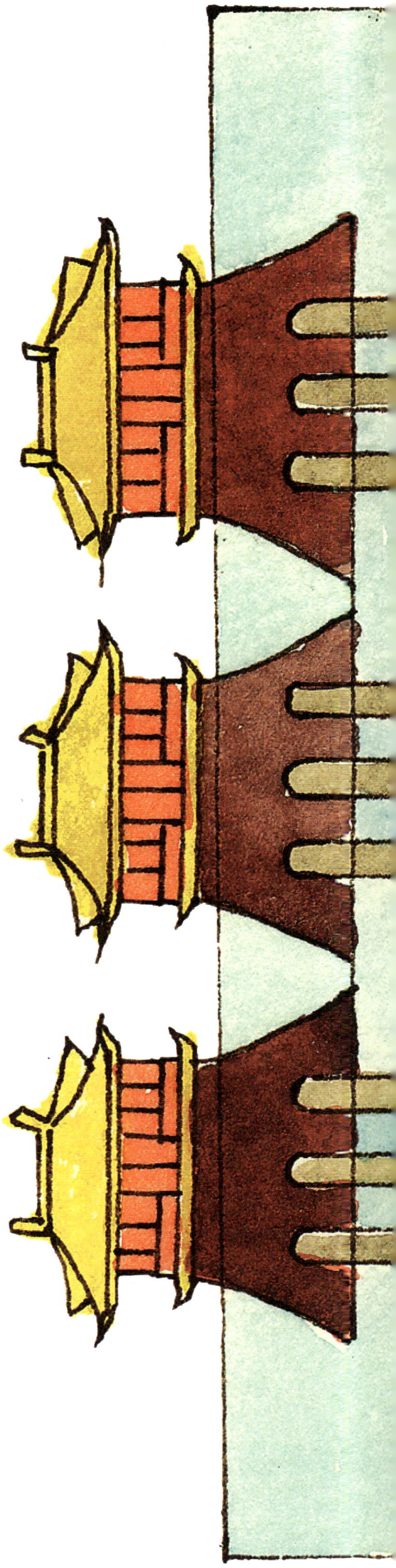

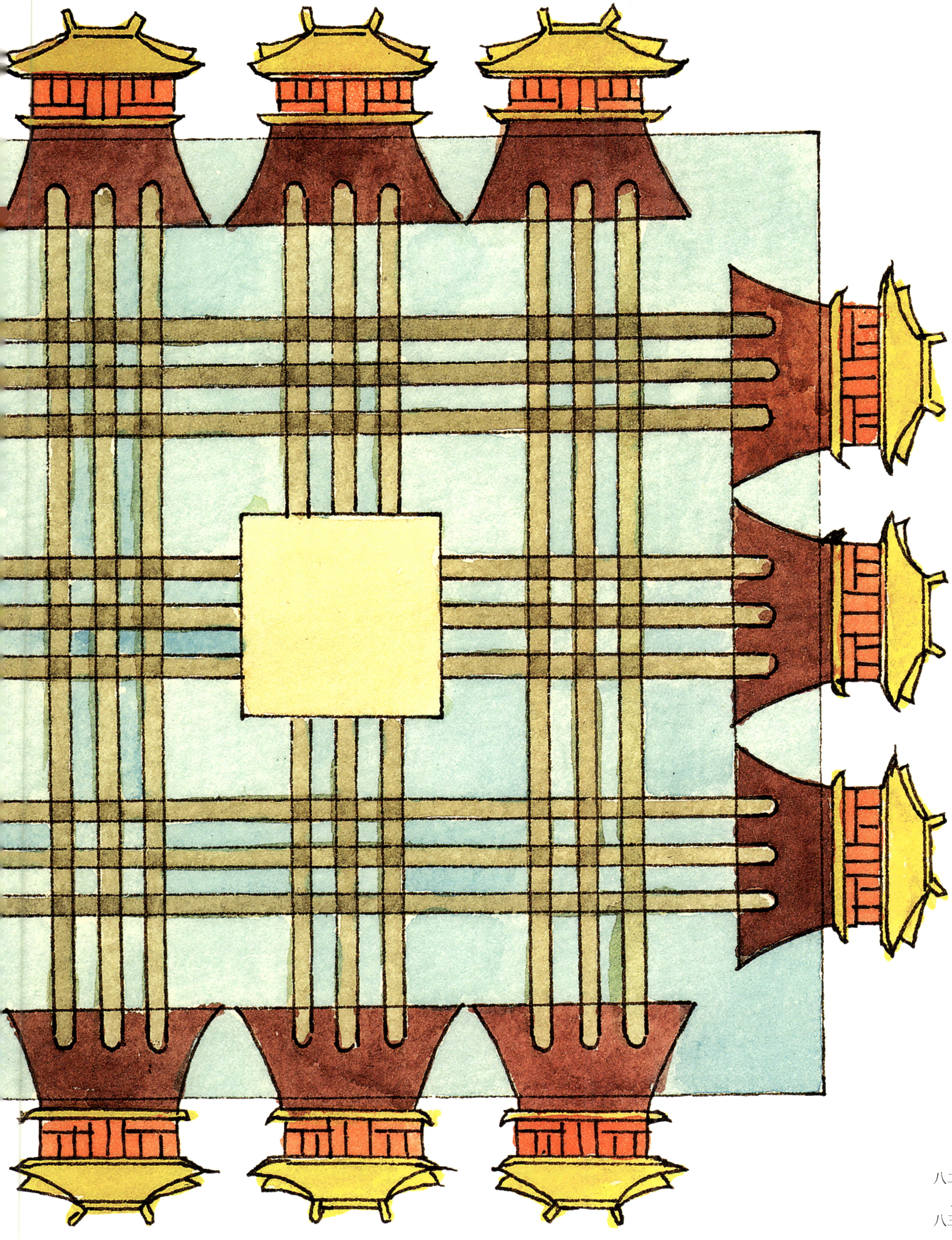

贰

齐国故城复原图一角

齐国故城复原图一角

贰 唐长安城

隋唐是我国古代城市建设的大发展时期，而隋代大兴城的营建就是它的开端。大兴城选址在汉代长安城的东南，隋文帝为建这座新都下了一道诏书，其中有“龙首山川原秀丽，卉物滋阜，卜食相土，宜建都邑。定鼎之基永固，无穷之业在斯”等语，言明了新都的具体营建位置。

这座经隋文帝亲自过问而建成的大兴城，在李氏建立唐朝政权之后依然沿用，只是城的名称与部分殿堂名称做了改变。隋时因为文帝在北周被封为大兴公，所以都城被称为大兴城，城内宫城名为大兴宫，主体殿堂则名为大兴殿。唐代时将城名改为长安城，改宫城名为太极宫，改正殿名为太极殿。此外，这座都城有两处最明显的变化：一是，唐高宗时在原城的东北角增建了一座大明宫；二是，唐玄宗时将他做王子时居住过的位于皇城东面的兴庆坊改建成了兴庆宫。除此之外，都城原有的其他部分几乎没有改变。

长安城在《唐六典》《旧唐书》《新唐书》《长安志》等史籍中有较清晰、详细的记载，结合近年的考古发掘，其大体的布局与形象已能基本窥知。城的整体布局规整、严格，街道纵横、对称，建筑设置井然有序。城的最外围是一圈城墙，是为大城，也称外郭。关于外郭的大小，典籍记载略有出入，现经考古实测，其南北长约 8600 米，东西长约 9700 米，是一座长方形的城。

长安城郭城的四面城墙上各开设有三座城门，即北城墙有玄武门、芳林门、兴安门，南城墙有明德门、安化门、启夏门，东城墙有春明门、通化门、延兴门，西城墙有金光门、开远门、延平门。这几座主要城门基本是南北、东西两两相对，在城内形成纵横交错的六条主要街道。

长安城内的太极宫（隋大兴宫）宫城紧贴北面城墙而建，东西宫墙止于兴安门和芳林门。宫城南面建置与宫城东西同宽的皇城。除这部分中心城外，其余则为排列整齐的各个里坊，坊主要是居民区，市集中于东西两市。

郭城有城墙，皇城有皇城墙，宫城有宫墙，里坊之间也各有坊墙，从郭城到皇城再到宫城，城墙由低而高，建筑布置由疏而密，建筑体量由矮小而高大，建筑规制由简单而繁复，建筑色彩由素淡而浓艳，节奏越来越紧凑，气氛越来越庄重，这正强烈显示出帝王所居之处在城中至高无上的地位。

从长安城的整体布局和建筑设置来看，它基本上全面反映了我国隋唐时代城市的重大特点，是当时城市建设的代表形态。

大兴城（长安城）虽然是隋代时新建的都城，但它对其前面一些朝代都城的继承性也极明显。这种继承性有建筑自身发展的规律因素，也有人为因素。

隋文帝在营建大兴城的诏书中说：“王公大臣，陈谋献策，咸云羲、农以降，至于姬、刘，有当代而屡迁，无革命而不徙。曹、马之后，时见因循，乃末代之宴安，非往圣之弘义。此城从汉，凋残日久，屡为战场，旧经丧乱。今之宫室，事近权宜……”这段话清楚地说明了隋文帝建新都要遵从汉代之制，这表明了隋文帝希望能建立一个如汉代一般强盛统一的国家，那么，这样的国家自然要有与之气势相应的城市作为都城。

此外，都城建设的继承性还来源于实际参与都城营建的营

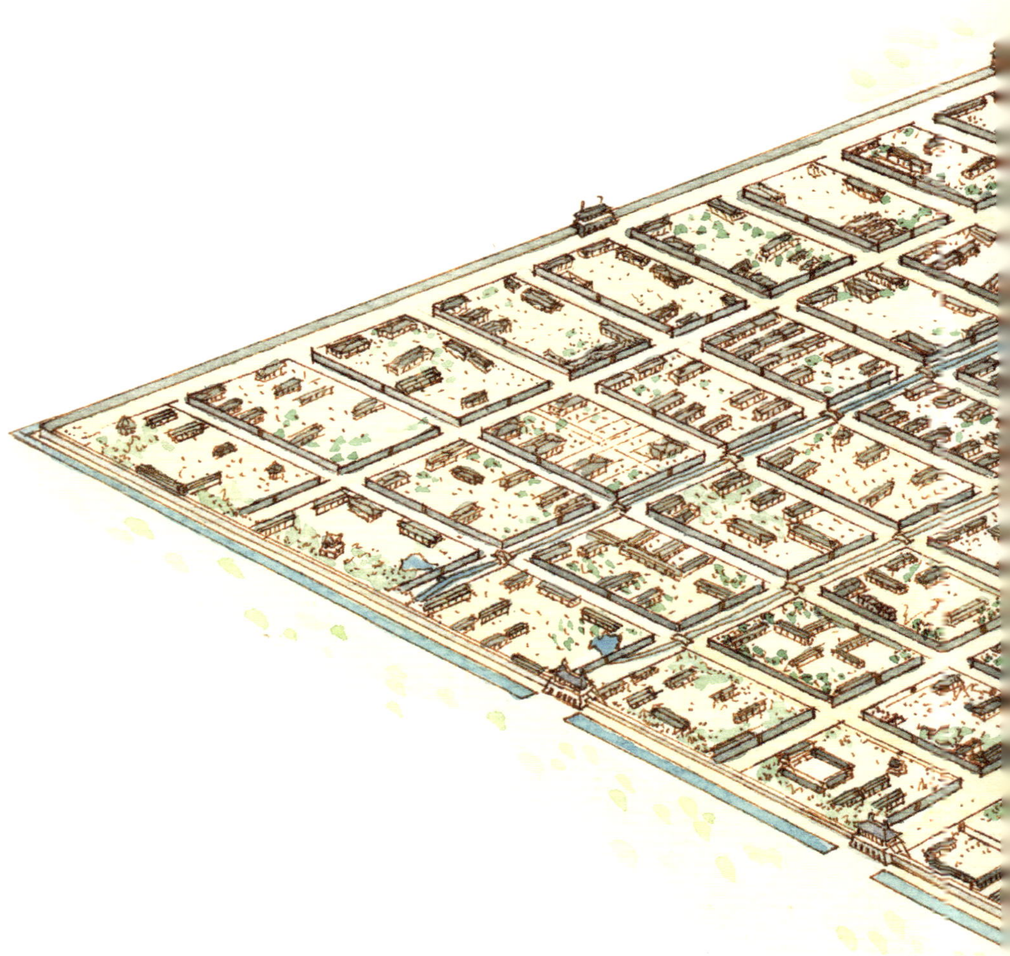

造者。隋大兴城的实际规划者是宇文恺，而主要参与建设者是将作大匠刘龙。宇文恺是北周旧臣，熟悉历代宫室制度；而刘龙是北齐旧臣，在齐时即是为帝建室的著名工匠。两人在合作营建大兴城时，按新城的要求结合北周、北齐、中原等多地的建筑技术与文化，最终创建出了这座规模、气势空前的都城大兴城。

中国宋代以前中国城市长期实行里坊制，目的是对城市居民进行严格的束缚，便于管理。即便是在以开放和文明著称的唐朝，长安城也是高度封闭的，分成了100多个里坊，每一个里坊的街区都用高大的夯土墙围起来，如同一个小城，只在四方开四个门，居民想要上街必须经由四门。长安城内绝大多数地方不开设商店，整个巨大的城市之内只有两个市场，即东市和西市。

为了便于控制，唐代还实行夜禁，也就是宵禁制度。每天黄昏街鼓响起，每个里坊的四门都要关起，禁止人们出入。夜禁期间，城中禁军整夜在城内巡逻，捉拿违反夜禁的人。

北宋时期的城市在布局与功能等多个方面，都较唐代有所突破，主要体现在城市内部突破了封闭的里坊制，向开放的街巷制转变，以及城内街道与建筑分布更加密集等方面。此外，在居民区与商业区的设置方面最大的变化，是居民区与商业区的界线不再明确，而是随建筑混杂在一起。

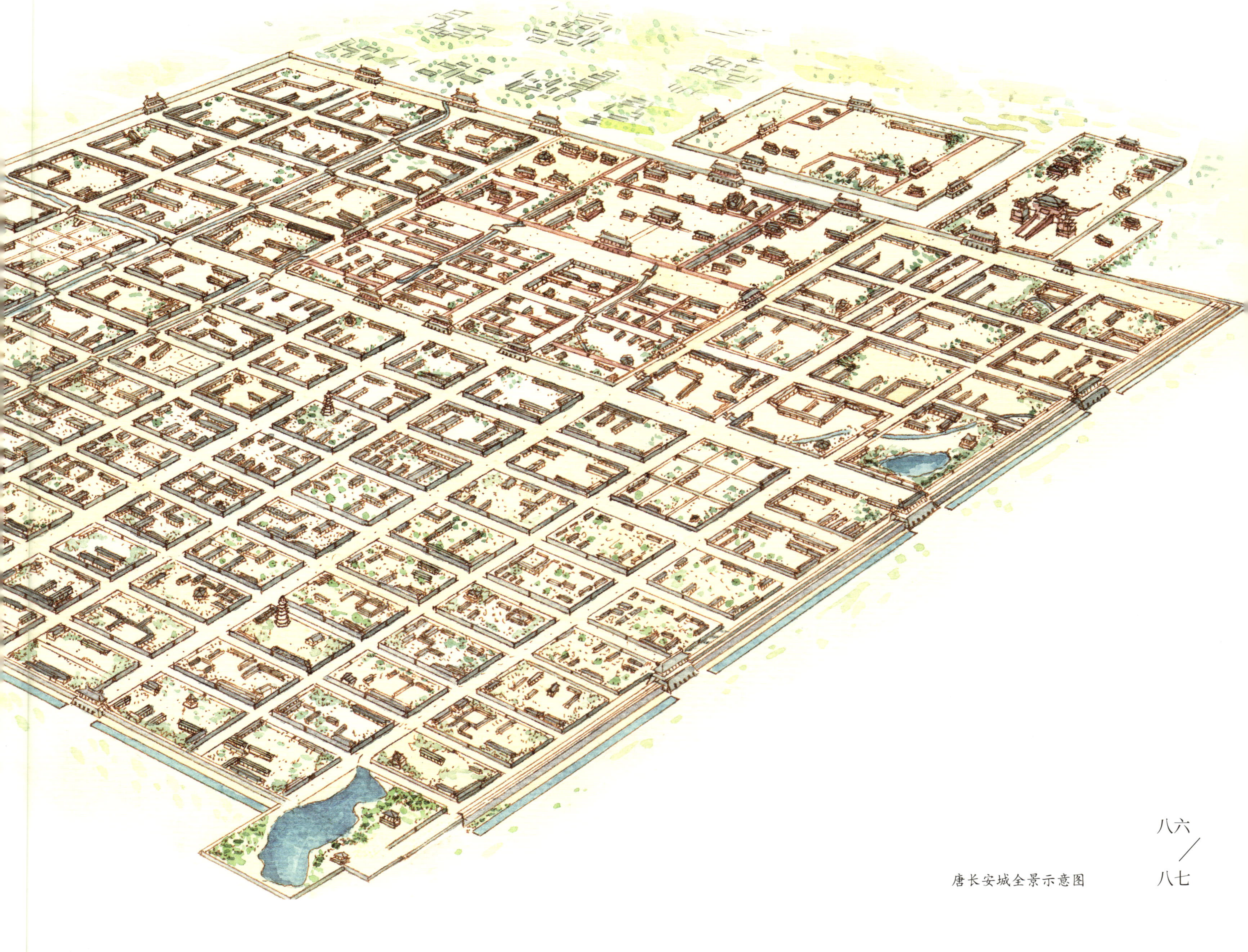

唐长安城全景示意图

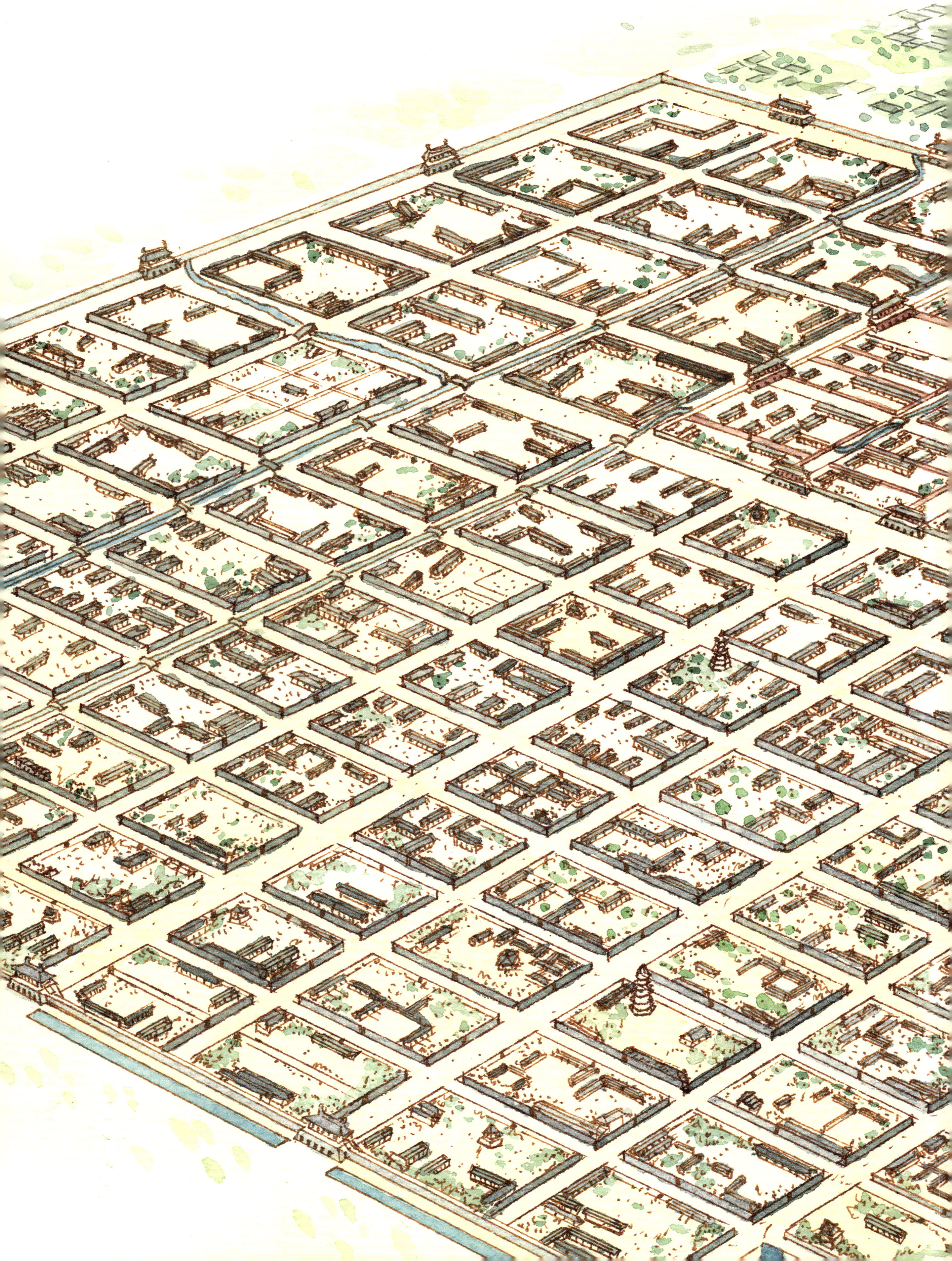

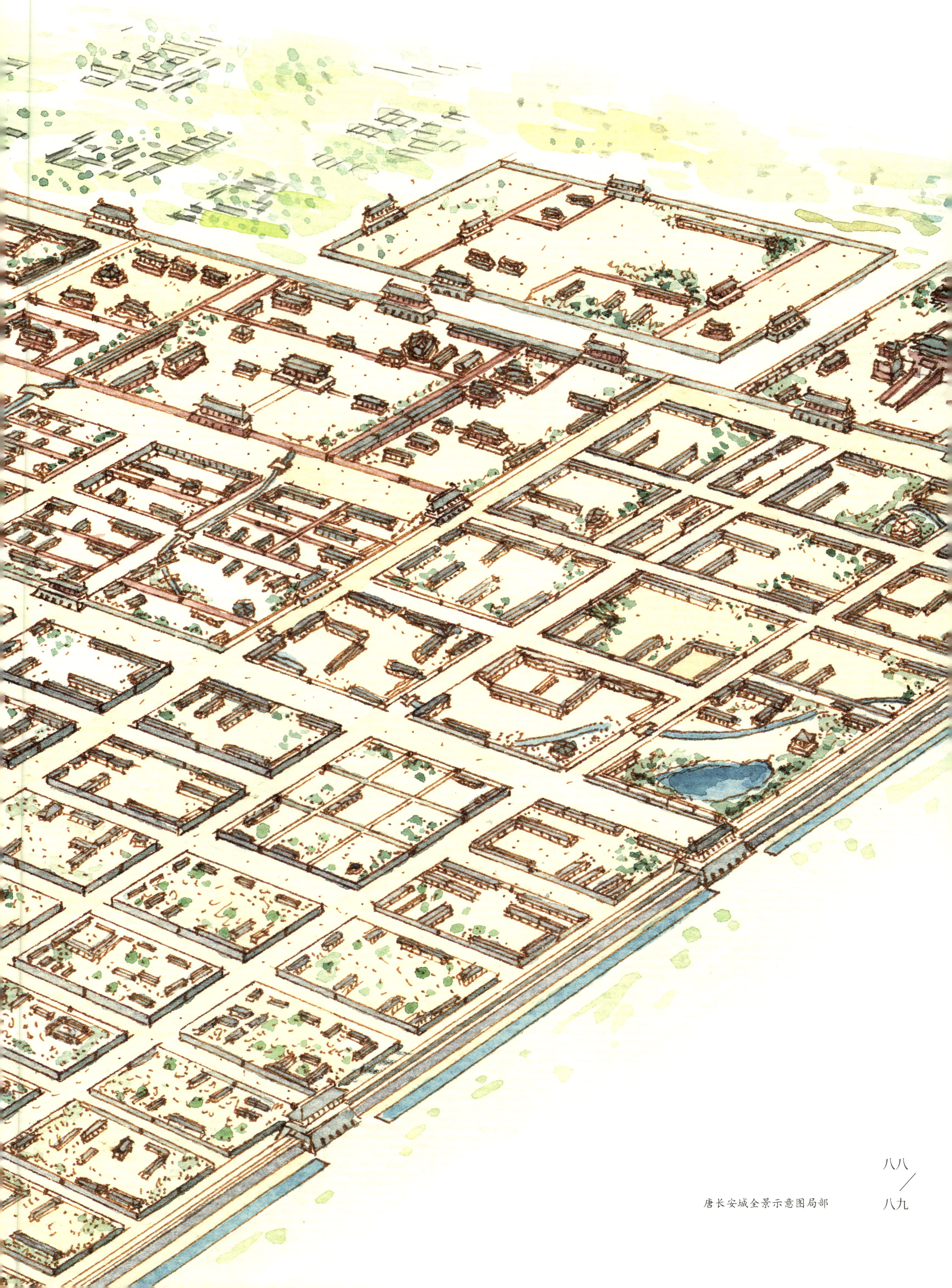

唐长安城全景示意图局部

贰

元大都

元大都是一座新城，但它的规划与设计也受到了其前面的一些都城、宫殿的影响。其直接影响者主要有元上都、辽南京和金中都。元上都是元代统一北方后所营建的都城，辽南京是辽统治者在唐代幽州城基础上所建的都城，金中都是金统治者在北京所建的都城。因为受战争与自然灾害等破坏，元代统治者进入中原之后，辽南京与金中都都已是废墟，所以元大都基址并没有依附在任何一座旧都城之上，而是避开旧都城的废墟，选择已有的未遭破坏的风景优美之地重新规划与建设。

元大都的营建完全依照儒家都城营造的理想模式，也就是说它完全使用了汉族都城建设的古制，这也恰恰显示了这个由少数民族统治的王朝的霸气与雄心。元大都有内外三重城，即外城、皇城和宫城，三城均近似方形，其中，外城南北略长呈长方形。城墙由夯土砌筑。

元大都外城共有11门：南面三门为丽正门、顺承门、文明门；东面三门为崇仁门、光熙门、齐化门；西面三门为和义门、肃清门、平则门；北面与东、西、南三面不同，只有两门，分别称健德门、安贞门。城门外另建有瓮城，挖有护城河，城墙角上都建有角楼，整体的防御性极强。

外城内的第二重城即为皇城，元大都的这座皇城并未居于外城中部偏北位置，而是建在了外城南部中心的位置。因为在元大都规划设计前，被包括在外城内的海子区绿化已形成，所以，元大都的设计者对其进行了很好的利用而不加以破坏重整，最终建成了具有高度艺术性的都城。

皇城内中部为琼华岛与水面，西面为兴圣宫和隆福宫，东北面为御苑，而其中部略偏东南位置则为宫城，也称大内。宫城有四门：南为崇天门，北为厚载门，东为东华门，西为西华门。其南、北门连成宫城的中轴线。宫城的主要宫殿正建在中轴线之上，共有两组，一为大明殿，一为延春阁。大明殿建筑群以大明殿为主殿，延春阁建筑群以延春阁为主殿。两座主殿之后都各带有一座寝殿和一座附带的香阁，主殿与寝殿之间以柱廊相连。两

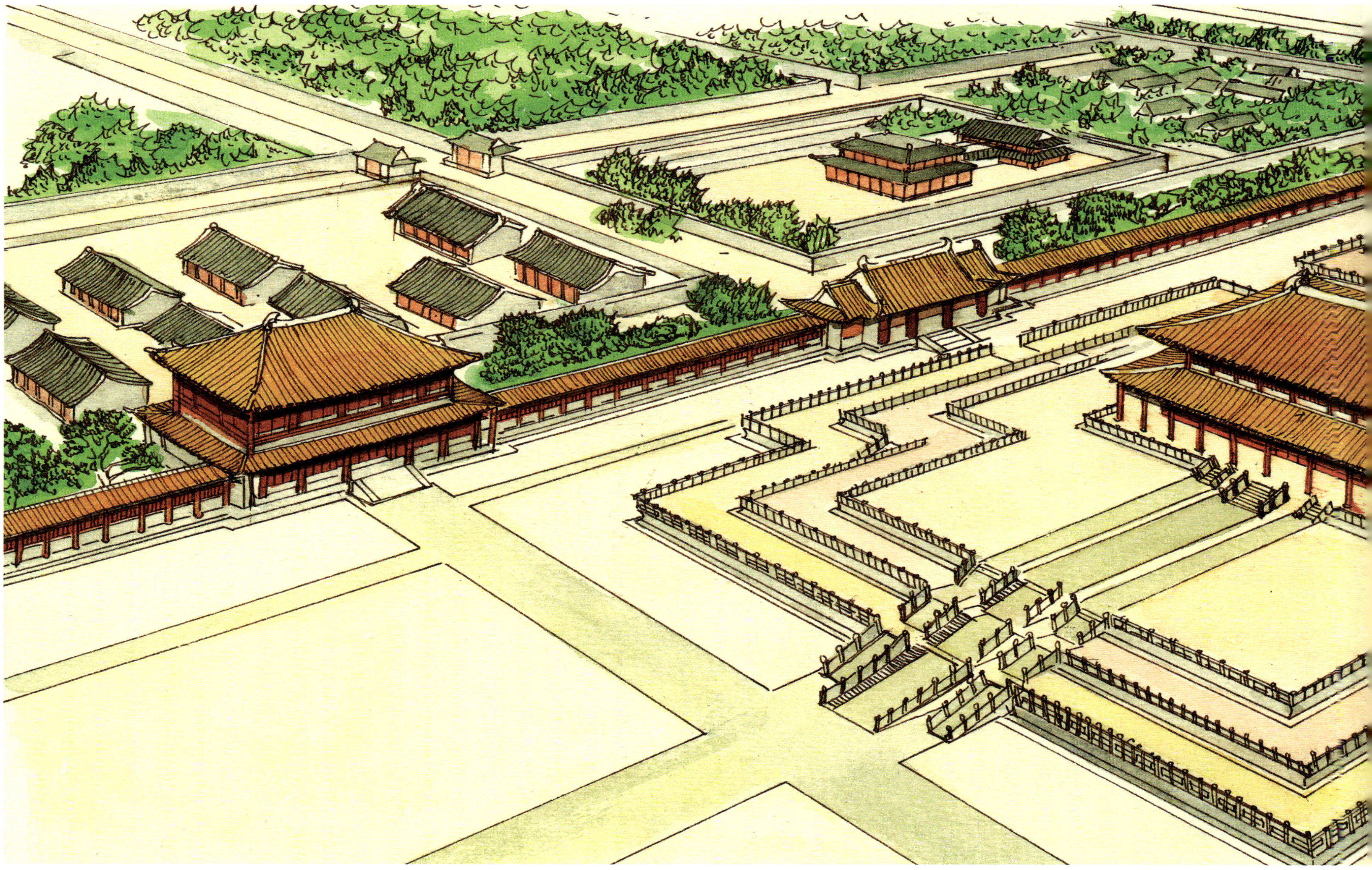

组殿堂各呈一个“工”字形，各为完整的殿寝组合。而在功能上，大明殿为正朝，延春阁为常朝。

元大都“大内”主殿大明殿的布局形式，即工字殿，是对宋代宫殿形式的继承，同时它又对其后的明清宫殿形式产生了一定的影响。也就是说，元大都宫殿布局在宫殿发展的历史中起到了承上启下的作用。

明代的都城有三处：一为江苏南京，一为北京，一为安徽凤阳。

明代第一座建置的都城是安徽凤阳的中都城。它是一座由朱元璋下令营建，又由朱元璋下令停建的未完成的都城，推测其原因是地理条件不合帝都要求。朱元璋当初之所以决定在这里建都只是因为凤阳是他的家乡。中都城虽然未完成，也从未作为明都城使用过，但它却是明代都城的仿样，对后来的南京城和北京城都产生了一定的影响。

南京被誉为六朝古都。除了六朝（东吴、东晋、南朝时的宋、齐、梁、陈）外，五代时的南唐等，也都以南京为都城。明代朱元璋建国后也定都南京。南京也就是今天的江苏省南京市。朱元璋去世后以其孙朱允炆继承皇位，靖难之役后朱元璋四子朱棣夺得了皇位，并迁都北京。因此，南京作为明代都城，其营建也只在朱元璋为帝时期。

明南京都城结合地形和城池防御的需要，都城形制一改传统的规整与对称，而形成不规则格局。全城分为三大区域，即宫城区、市区和军营区：宫城区在东，市区在中部，军营区则在西北部。三区外围以城墙围合，城墙大部以条石为基，上用砖或条石两面砌筑，这道坚固的墙体周长近34公里。城墙上设有13座城门，名称分别为聚宝门、三山门、石城门、清凉门、定淮门、仪凤门、钟阜门、金川门、神策门、太平门、朝阳门、正阳门、通济门。每座城门上部都建有城楼。主要的几座城门，如正阳门、朝阳门、神策门、聚宝门、通济门、三山门等，还另设有瓮城，以增强防御能力。

元大都大内大明殿建筑复原图

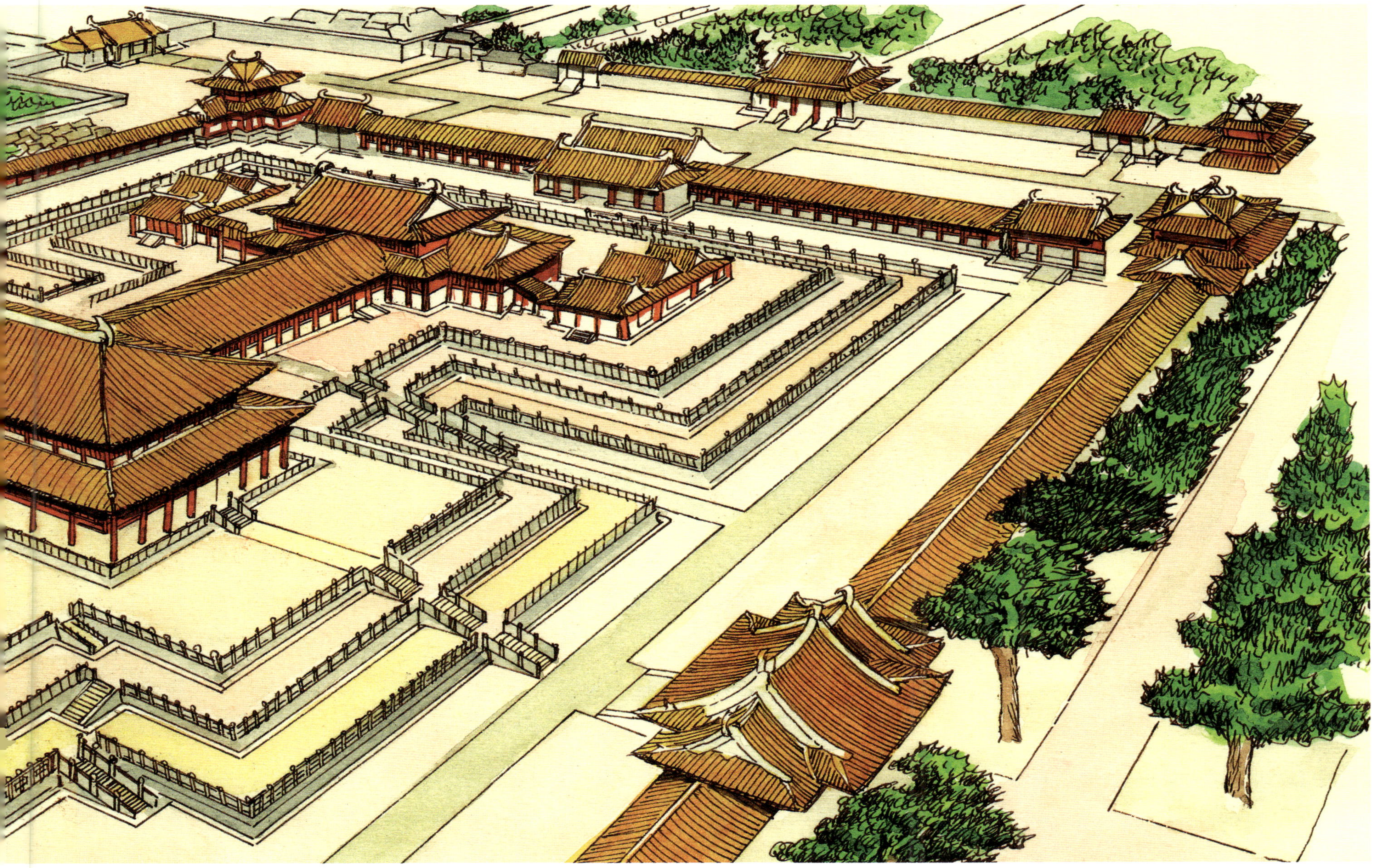

元大都大内大明殿建筑复原图局部

贰 明南京城聚宝门鸟瞰图

明南京城聚宝门鸟瞰图

贰 甘肃嘉峪关城楼

嘉峪关，被誉为“长城第一雄关”，位于甘肃省嘉峪关市西南七公里处，是万里长城西端终点。嘉峪关建于明洪武五年（公元1372年），因城在嘉峪山下故名，自古为军事要地。历经多次修缮和重建，如今的嘉峪关城楼建于清乾隆年间。嘉峪关城楼是我国保存最完整、最为壮观的古代城楼之一。城楼呈方形，城楼内部由七层楼梯式结构组成，上下共有24个房间，每个房间都有窗户。城四隅有角楼，南北墙中段有敌楼。两门内北侧有马道达城顶。

城楼四周建有城墙，上面设有护栏和箭垛，可供守军观察敌情、放箭射敌。嘉峪关城楼建于险要之地，是西北地区的重要军事要塞。历史上，这座城楼曾经经历了多次战争和历史事件。明代时期，嘉峪关曾经遭到蒙古军队的攻击，城墙被攻破，但是嘉峪关守军凭借坚实的城楼和勇敢的战斗，成功地击退了蒙古军队。清代，嘉峪关曾经被少数民族叛乱分子攻击，但是守军英勇抵抗，最终保卫了关隘的安全。

城门是城池的进出口，是军事防御的要塞之一。城门一般由两扇门组成，外门又称桥门，内门又称护城河门。城门通常由重木板制成，表面铁皮镶嵌，门钉为铜或铁制。在我国历史上，城池的城门与城楼是每个城池必不可少的。为了城池的安全以及百姓出入安全，城池在建成之后必须设立城门。有了城门自然就会有城楼。一座城池的东南西北城墙都会设立城门，有的一面会设立好几个城门，每个城门上都会建城楼。

古人在城池建成后，一般会在四面的每个城门都建筑瓮城。瓮城相当于一座小型城池，人们在进入城门之前，都要经过这个瓮城，瓮城设立的最主要目的就是保护城门。

瓮城的防御能力很强，它的设计可以说是中国城池史上的宝贵财富，无论是防御还是进攻，对城池都起着重要作用。

敌军想要攻击城墙，一般需要先进入瓮城，使自己陷入一个四周都是高墙的密闭空间里，会遭受城墙上的守城士兵各个方向的夹击，在这种情况下攻击城门十分艰难。

城楼是城池中高大的建筑物，通常建在城墙角落或重要位置。城楼有观察和指挥作战的功能，同时还可以用于防守和攻击。城墙四面开设城门，城门上建城楼。城墙的转角处建立角楼，用于观察四面八方的动静。大多城池都会设置角楼，角楼的设置主要由城池所处的位置、周围的环境、防卫方式以及战略要求等方面决定。角楼建立在城墙的转角处方形或圆形的平台上。

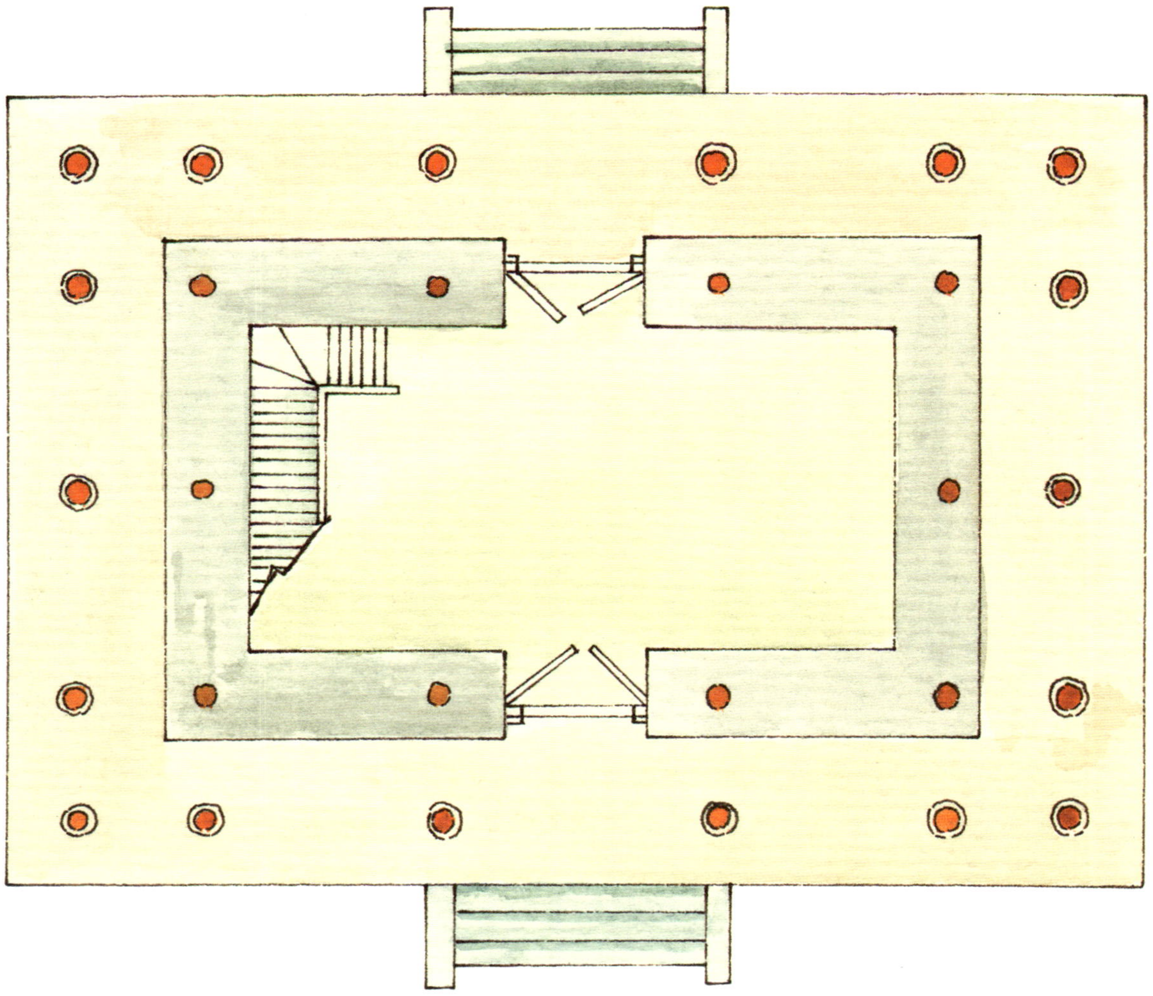

甘肃嘉峪关城楼复原示意图

嘉峪关城楼正立面图

嘉峪关城楼侧立面图

嘉峪关城楼剖面图

贰 北京城东南角楼

明清时期北京内城开设九座城门：北面的德胜门、安定门；东面的东直门、朝阳门；南面的崇文门、正阳门、宣武门；西面的西直门、阜成门。清代设置“九门提督”一职来管理京城九门内外的守卫和门禁，还负责巡夜、救火等。城门除建城楼、瓮城、箭楼外，为加强防御能力，于城四角各建箭楼一座，名曰城角箭楼，简称“角楼”。北京城东南角楼，位于明代内城的东城墙和南城墙接合处（现北京市东城区崇文门东大街），建成于明正统四年（公元1439年），是北京仅存的一座角楼。

北京城东南角楼

北京城东南角楼建于突出城墙的方形台座上，台高12米、底边长39.45米、上边长15米、楼高17米，建筑面积700余平方米。楼沿城台外缘转角建起，平面呈曲尺形，四面砖垣，重檐歇山顶。两条大脊于转角处相交成十字，灰筒瓦绿琉璃瓦剪边，绿琉璃列脊饰兽头。楼体外侧辟箭窗，上檐一排，下檐三排，共

北京城东南角楼剖面图

计 144 孔。楼体内侧随主楼各出抱厦，亦相连成转角房，辟二门。一西向，一北向，门上设直棂窗。楼内金柱 20 根，支撑梁架，设射孔，铺设楼板三层。北京城东南角楼是中国古代都城城防体系中角楼的典范，角楼高大峻拔，形式特殊，是明清城防和城楼建筑的独特例证。

此外还有敌楼，供各段守城部队指挥瞭望传令、放置器械物资等，平时则供守城军士巡逻者遮风避雨休息之用。敌楼一般分为两种：一种是在城墙之上，城台也不突出；另一种是单独在城外二三十米的地方建立。

护城河是城池的重要防御措施之一，通常围绕在城池外围。护城河可以起到隔绝敌军、阻断攻城器械等作用。

角楼内部木构

北京城东南角楼立面图

贰 北京德胜门箭楼

北京德胜门箭楼侧立面图

北京德胜门箭楼正立面图

北京德胜门箭楼剖面图

贰 北京故宫角楼

故宫是按照周礼的王城规划建造的，平面呈长方形。故宫四面城墙环绕，四正方位各开一门：正门为午门，东门为东华门，西门为西华门，北门为神武门。门上建有城楼，四隅方位各建一个角楼，八方稳定。角楼素有九梁十八柱七十二条脊的说法，它由六个歇山顶交叠而成，三层屋檐共有 28 个翼角。

角楼坐落在须弥座之上，周边绕以石栏。中为方亭式，面阔进深各三间。角楼从墩台下地面至角楼宝顶高 27.50 米，由多个歇山式组成复合式屋顶，覆黄琉璃瓦。上层檐为纵横相交四面显山的歇山顶，正脊交叉处置铜镏金宝顶。梁枋饰以龙锦枋心墨线大点金旋子彩画，三交六椀菱花隔扇门和槛窗极为精致。

故宫角楼轮廓优雅，造型独特，玲珑绚丽，翘起的檐角层层叠叠，蔚为壮观。从它的外面观看，三重檐飞翘的屋檐，共计有 28 个翼角，16 个窝角，28 个窝角沟，10 面山花，72 条房脊。但是进入角楼的里面，就会发现，屋内干净利落，没有一根落地的柱子，更没有楼梯、楼层。

北京故宫角楼立面图

北京故宫角楼透视图

贰 北京钟楼

北京钟楼位于北京市东城区地安门外大街，鼓楼北面。钟楼通高 47.9 米，重檐歇山顶，上覆黑琉璃瓦，绿琉璃瓦剪边。钟楼始建于明代。清代重建钟楼时，为防火，整个建筑采用砖石无梁拱券式结构。钟楼内的报时铜钟铸于明永乐年间，钟通高 7.02 米，下沿直径 3.4 米，重 63 吨，堪称“古钟之王”。钟楼报时自有规律，俗称“紧十八，慢十八，不紧不慢又十八”，反复两遍，共计 108 声。那么，撞钟为何定为 108 声呢？原来古人用 108 声代表一年。明代《七修类稿》有载：“扣一百零八声者，一岁之意也，盖年有十二月、二十四气、七十二候（古代五日为一候，六候为一月，故一年七十二候），正是此数。”

北京钟楼

北京钟楼山墙绶带纹装饰

北京钟楼剖透视图

第三章
DI-SAN ZHANG

中国古民居

民居是中国古建筑数量最多、分布面最广的一个门类。在旧时的城镇集市、乡野村庄之中有着大大小小的民居。中国最早出现的建筑就是民居，现今发掘出土的河姆渡文化遗址的干栏房和西安半坡文化遗址都证明了这一点。

在漫长的历史长河中，勤劳智慧的劳动人民根据当地的气候条件、地理环境、自然资源等因素创造了多种多样的民居建筑。在黄土高原，人们开挖窑洞，冬暖夏凉；在江南水网地带，人们创造出枕流、跨河等建筑形式，向水面发展，节省空间；在山区崖地，人们向空间发展，建造了吊脚楼；在东南沿海地区，为了防范沿海敌寇或土匪黑帮的侵袭，出现了防御性的民居土楼、围龙屋和广东开平的碉楼等。这些异彩纷呈的民居建筑如一颗颗珍珠一样散落在中国广袤的土地上，是中国古代建筑中重要的历史遗产。

叁 湘西民居

北京四合院

元代在北京定都后开始了大规模的城市规划建设，在北京城内盖起了一座座的院落。院落与院落之间形成了通衢，这些街道就是我们今天所说的胡同，而胡同与胡同之间的街区就坐落着一座座的四合院。这也是北京最早的四合院住宅。

北京四合院内的房屋大都较低矮，房屋的设置也都十分朴素。青灰色的屋瓦面、门窗上的棂格花框都装饰得体，并不过分。早期人们大都使用糊纸的方式做窗子的风挡，而现在人们已经安装上了既透明又美观的玻璃，和红色的隔扇棂框相配，十分典雅。四合院院内的空地让人感觉舒服，不大的地面上留有空地种植花木，既绿化了院景，树下又是人们夏日乘凉的好地方。

北京四合院

在过去，门的形制是有严格的等级区别的，这就像四合院的等级是不能和王府的等级相比一样。王府中最低等级的大门在普通四合院中也不能使用，因为就这等级最低的大门都比四合院里的堂屋还大。

大多数北京四合院的大门就是在倒座（院子最前边临街的那一排房子）中间拿出一间当作大门。当大门的这间屋，屋顶要比别的房间高一点，大门两边的墙也向外边凸出一点，当作装饰。门的地基是被垫高的，这样大门的地面会比门外的街高。房主人从四合院里面出来，居高临下；外人要进四合院，步步登高。

北京四合院的大门分为好几种，而且不同身份的人家使用不同的大门。所以从前，人们只要一看大门，就能知道房主人的身份，大门真的成了人家的脸面。北京四合院大门的基本形式是广亮大门，别的几种大门都是在广亮大门的样子上再略加变化。

北京四合院外墙立面图

广亮大门是将门扇装在屋脊的正下方，也就是说，大门的过道在门扇里外各有一半。大门是两扇的，门扇下面是能抽出来的门槛，门槛是插在门两旁门枕石的凹槽里面的，平日房主人坐轿子出入毫无问题，要是有车进入的时候可以把门槛拔出来。古时国人常以门槛作为家庭地位的一种象征，但北京四合院的门槛一般不怎么高，以免小孩爬进爬出。广亮大门的门额上面有一对门簪，地位高的人家，有的装四个门簪。门簪上面是平的木板，北京人称为"走马板"。走马板一直向上通到顶部，走马板上面还绘有彩画。门簪的上方是悬挂牌匾的地方。

广亮大门的门扇外边摆一对抱鼓石。抱鼓石是从古代仪仗的形式中发展出来的一种放在大门两边的装饰物。北京四合院大门外两边山墙前部（靠大街的一边）的上面，靠近屋檐下边的地方，墙头呈微凹的样子，这个地方叫作"墀头"。墀头上边一般都有砖雕，有欢迎神仙的祈福图案和吓唬鬼怪的避邪图案。

多数的广亮大门里面都不吊天花板，这叫作"彻上明造"。也就是人们抬头向上可以直接看到屋顶下的木头结构。也有的人家装一半吊顶，常见的是在门扇里头的屋顶下边装天花吊顶，门扇外头的一边不装吊顶，俗称"半吊顶"。大门外边更有看头。北京四合院大门的屋顶一般都是硬山式，就是两边的山墙是一直平平地砌到屋顶的，屋顶就到山墙为止，并不伸到墙外来。屋顶上铺筒瓦或者一垄反一垄正地铺小青瓦。大门外边是台阶，台阶的两边是斜坡的石板。一般的广亮大门都是这个样子。

比广亮大门的等级略低一点的是金柱大门。比金柱大门的等级略低一点的是蛮子门。大体上，蛮子门与金柱大门、广亮大门也差不多，不一样的地方在于蛮子门的门框、门扇是装在大门的最外边屋檐的下边。这样，门的气势显然比前两种要略逊一筹，而且门框与门扇也容易被雨水淋坏。不过蛮子门过道里面的空间却大了，和一个房间相似，所以，尽管气势不够，但也实用，过道内可存放一点东西。

广亮大门、金柱大门和蛮子门是北京四合院最常见的几种大门。比前边谈的这三种大门等级更低的是如意门。如意门其实和蛮子门差不太多，不同的地方在于，如意门的大门正面用砖墙遮挡起来，只留出中间的两扇大门。因为砖墙里面仍然是木结构的门框，所以外面的砖墙砌到屋檐下边时，有意在最上边露出一点

里面的木结构，这样墙面感到轻盈、透气，还能叫人觉得外面的墙像是后加上去的。可能想让人知道，他们家的这个门原来就是蛮子门，只不过自己谦虚了一下。如意门门楣的上边是用砖向外凸出地砌出几行，就像是反着的台阶。这种用砖砌，一行一行向外挑出的手法叫作“叠涩”。如意门一般都在这个地方装饰上砖雕。砖墙的最上边，也就是屋檐的下面一点，用砖雕做成石头栏板的式样。简单的只是几块平素的栏板，复杂的就叫人看得眼花缭乱，因为雕绘满眼，不细心看，真不知是什么。

为啥会有如意门？据老工匠说，从前有许多无官职的富豪，歆羡广亮大门的气势，但又不敢逾制，于是便建了如意门。也有人认为，清末外国人几次入侵北京，使四合院里的居民防御心理增强，许多人出于防范需求，便用砖将门两边遮挡，于是如意门成为随处可见的形式。其实有的如意门原来就是广亮大门，因为广亮大门的宅第卖给一般平民后，平民不敢逾制，只得将门框朝前移，用砖遮挡门框。无论怎么说，如意大门还是与广亮大门的形式大同小异的，因为大门都是占据了一个开间的房屋。从总体上来说，属于一种类型。

比如意大门等级再低的就是随墙门了。如果是平民百姓，而且经济能力有限，那么往往直接在墙上开门洞，有的装饰有小门楼。小门楼是没有过道、不占房间的一种大门。大门设在院落一隅，从院墙上开个门洞，门洞墙上做一个小屋顶作为装饰，这便是小门楼，是北京四合院中等级最低的一种大门。

北京四合院如意门

走进北京四合院的大门，正对着的就是影壁。不论有钱人家还是没钱人家，都少不了影壁。影壁就是南方人说的照壁，古代称为“萧墙”，成语“祸起萧墙”，意即指此。以前的人家为什么要建影壁呢？原来，人们认为自己的宅子中，老是要有鬼来访。如果是自己祖宗的鬼魂，回家来寻觅食物，那是应该的。但如果是孤魂野鬼溜进宅子，那么就要给自己带来灾祸。尽管外面有一些吓唬鬼的装饰，有时大门还是挡不住鬼的，鬼可以从门缝进来。据说如果有影壁的话，野鬼就能看到自己的影子，因而被吓走。除了防御鬼以外，影壁在平常也有实际作用，那就是遮挡住外人的视线，即使大门打开，外人也看不到宅内；影壁还可以烘托气氛，增加住宅的气势。

北京四合院的影壁式样也不少，最常见是在大门里面专门建一堵墙来当作影壁，这叫作“独立影壁”。独立影壁的下边一般是“须弥座”，也就是一种上下宽、中间窄，有点像束腰的一种装饰，与宫殿、宝塔等建筑的台基一样。影壁的顶上是窄的屋顶，挡着墙头上边，防止雨水溅到墙上。

北京四合院独立式影壁

有不少北京四合院的占地面积并不是很大。譬如大门设在东南角时，一进大门就是东厢房的南山墙，如果再建一座影壁，人简直就无法向西拐弯进院子了。在这种情况下，人们就利用东厢房的南山墙，在山墙上用砖出挑成影壁的形状，上面也有影壁的屋顶，不过只有半边屋顶，雨水向前流，这叫作“跨山影壁”。跨山影壁的优点是节省土地，不单独建影壁。由于利用了厢房的山墙，也省去了不少费用。

过去的北京四合院是为一户人家设计的，所以也只能一户人家使用。垂花门是院落中间的一个门，即民间所说的“一宅分为两院”。它将四合院的院落分为里外两部分。里面为正方形院落，是正院。而外面为一东西长、南北狭的长条形院落，是倒座院。垂花门内是正房与东西厢房，垂花门外是倒座房。

中门之所以叫作垂花门，是因为中门外面的檐柱不落地，檐柱只有一尺多长，垂吊在中门屋檐下，而最下面的柱头，做成吊瓜的形式，有圆有方，有的髹饰五彩，作为装饰。两个不落地的檐柱之间，全是镂空的木雕装饰，也饰以艳丽的色彩。正因为如此，才被人们称为垂花门。

为什么中门还有檐柱？这是因为中门上也有屋顶，支撑屋脊的柱子叫中柱，而支撑屋檐的柱子叫檐柱。北京四合院中门的屋顶很小，所以檐柱不用落地支撑，人们将檐柱的上段保留住一点点，作为装饰。尽管中门的屋顶很小，但绝大多数北京四合院的中门，都是两个屋顶前后相连，外观看上去很复杂，因为有两个屋脊，前后四个屋檐。中间两个屋檐是相连的，形成天沟。下雨时，雨水从天沟向两侧流出，这种两个屋檐相连的形式，在传统建筑中叫作“勾连搭”。

从外面看中门只是一个不大的门，但进到里面才会感觉到这门楼屋顶下的空间不算小，也有一个小房间那么大。中间的门有两层，外面一层是垂花门的双扇门，里面一层是屏门。

屏门由六扇或八扇组成。屏门多漆成绿色，或在绿底上洒金。人们还常在中间的门扇上各写一字，连起来为一句四字横幅，如“福禄寿禧”“四季平安”“中正和平”等。两层门之间是一个较大的、左右两侧开敞的空间，左右两边通往游廊。中门后部的这几扇屏门，平日是不打开的，这样，前面的垂花门打开后，在前院的人看不到内院的情况，因为垂花门内还有屏门遮挡。只有重要客人来时，才打开屏门，以示对贵宾的尊重。另外，屏门的拆卸也十分方便，家中遇有红白喜事时，只要拆下屏门，花轿、棺椁等都可以很方便地出入。

日常不开屏门时，人们怎样出入呢？适才谈到，中门像一个小房间，垂花门在南侧，屏门在北侧，东西两侧没有任何遮挡。人进了垂花门后，只要向左（东）或向右（西）拐，都可以沿着游廊进入中庭。

游廊在北京四合院中分为四种：中门东西两侧转弯通向东西厢房的是抄手廊；东西厢房向北然后拐弯通向正房的是窝角廊；东西厢房和正房前都有檐廊，与抄手廊和窝角廊相连接后，形成一个回合，人可以在走廊里走一圈而不用担心雨天被淋湿；还有一种穿廊是纵深或横向的，用来连接两个以上的院落。

北京四合院游廊的房顶一般都是弧形的鞍子脊，游廊的尺度不大，一般也就一米宽左右，一人多高。在游廊的柱间下部有三四十厘米高的栏杆，栏杆的上部是 12 至 15 厘米宽的木板，可以作为坐凳使用。游廊是开敞的，但游廊的外侧被墙遮住。有些人家在墙上安不透明的盲窗，外形有宝瓶、葫芦、八角、梅花等

在尺度上都大于其他房间。正房的开间一般为三间，中间一间为祖堂，东侧的次间往往住祖父母，西侧的次间住父母，而且老房子正房左边（东边）的次间、稍间比右边（西边）的略大，这是受“左为上”传统习俗影响的结果。旧时人们有尊左的习俗，我们常说的“左祖右庙”“文左武右”“男左女右”都是尊左的反映。如面南时，左侧为东。在故宫，东路的建筑从规模上大大优于三大殿西侧的建筑，皇家的宗庙——太庙也设在故宫的东侧。在四合院中，除中轴线上的堂屋外，东屋被认为是次好的房间，人们把主人称为“东家”“房东”，就是为了表示对主人的尊重。

北京四合院的厢房一般都是三开间。尊左的习俗反映在厢房上，就是东厢房的尺度略大于西厢房，东厢房住大儿子、三儿子，西厢房住二儿子、四儿子。

正房两侧大都再建耳房，耳房与正房一样也是面南的，只不过尺度较小。也就是后墙与正房齐平，而前墙比正房向后退缩。由于进深窄，因而屋顶的高度也矮。如果将正房比喻为人的脸，那么，耳房就像是人的双耳。两侧的耳房有各一间的，也有各两间的。两侧的耳房各一间的被称为“明三暗五”，也就是看上去正房是三间，但事实上正房为五间。两侧的耳房各两间的，则被称为“明三暗七”。这种做法，主要是为了不超越旧时的宅制。耳房前面正对的是东厢房或西厢房的北山墙，这个小空间的东西两侧又各被院墙和游廊所隔挡，恰好形成耳房前的一对小院子。由于这个小院子不铺砖石，因而被称为“露地”，常常种植一些房主人喜爱的花木。一些文人也将书房设在耳房，阳光可以直射房中，而窗前的小空间又十分私密。日影斑驳，轩窗静寂，可以说是极好的读书环境了。耳房的室内一般都有门与正房的次间相通。在构造上，正房耳房各自都有独立的山墙，但民国以后建的四合院往往将构造简化，两个山墙合二为一。耳房与正房是相通的，在相连的山墙处开有小门。

正房后面的一排房屋叫作后罩房，后罩房的开间很多，由于不是正房，故不受宅制之制约。后罩房一般是女儿及女佣所居住的地方，因为后罩房位于院落的最后，所以最为私密。女儿居住在这里，进出都要经过父母亲居住的正房，所以行动上受到父母的监视。后罩房的等级低于厢房，房屋的尺度也小于厢房。如果四合院的后面临街，那么还可以将西北角的一个房间空出来留作后门使用。

后罩房院的面积一般都不大，就和最前面的倒座房院窄窄的情况差不多。但有些人家的四合院是几进院落，所以后面的院子与前面的正院一样，也是方的。

后罩房后面临街的一侧墙壁，大多不开窗或开小的高窗，街上的路人看不到房间内的活动。北京四合院中使用较多的是露檐。

后罩房位于院子的最北端，与之相对应的是院子最南端的一排回门朝北的房间，被称为倒座。倒座房的使用分配一般是这样的：最东面一间为私塾，前面有墙，南北向的从东厢房的南山墙到倒座房的北墙分隔出一个一开间的小院，称为私塾院。从东数第二间的倒座房为大门。第三间为门房或男仆居室，正对垂花门，也就是隔墙正对正房的三间为来访客人的居住场所，有时也作为会客间。倒座房最西头的一间为厕所，与东头私塾院的情况类似，也是用一堵南北向的墙从西厢房至倒座房相连，将厕所与前院隔开，留一小门，有时门还做成月洞（圆门）的形式。因为旧时人们认为，西南角是“五鬼之地”，在那里建厕所，可以用秽物将“左青龙、右白虎”中的白虎镇住，免得白虎进宅捣乱。

四合院的排水系统也很讲究，过去称为“水法”。尽管四合院的人口在东南角，但污水并不从东南角流出，因为东南角是“左青龙”的位置，青龙是管水的，万万不可得罪。因此，北京四合院的地坪尽管北高南低，但所有的水都从西南角，也就是厕所的方位流出，不然就会犯“桃花水”，这被视为很可怕的事。有些简易一点的四合院，进大门后就有一条由东向西的明沟作为排水之用。

倒座房的后墙，也就是四合院前面临街的外墙，处理方法也与后罩房的后墙一样，分露檐和封檐两种，窗子也是开得很小，而且很高。少数的四合院在墙面上留有拴马环，拴马环的安装很有意思，是将墙面的砖留出一个半尺高、半尺宽的洞口，拴马环就在这个洞口里，洞口的里面是柱子，但柱子又被砌到了墙的里面，外面是看不到的。这种房屋的最大优点是木构架为一个整体，民间“墙倒屋不塌”的说法，就是讲的这种情况。

北京四合院的房间里面用方砖铺地，而墙面顶棚都用白纸裱糊。清初康熙时柴桑的《燕京杂记》记载：“京师房合，墙壁窗牖，俱以白纸裱之。屋之上以高粱秸为架，秸倒系于桁桷，以纸糊其下，谓之‘顶棚’。不善裱者，辄有皱纹，京师裱糊匠甚属巧妙，平直光滑，仰视如板壁横悬。”裱糊匠将顶棚、墙壁、窗户全部用“大白纸”裱好后，四壁有如白色的提花府绸，有泛光花纹，人称此为“四白到底”。

北京四合院房间的窗子为支摘窗，这与南方民居普遍使用的槛窗是不一样的。槛窗就是类似于门的那种窗子，只不过将门槛

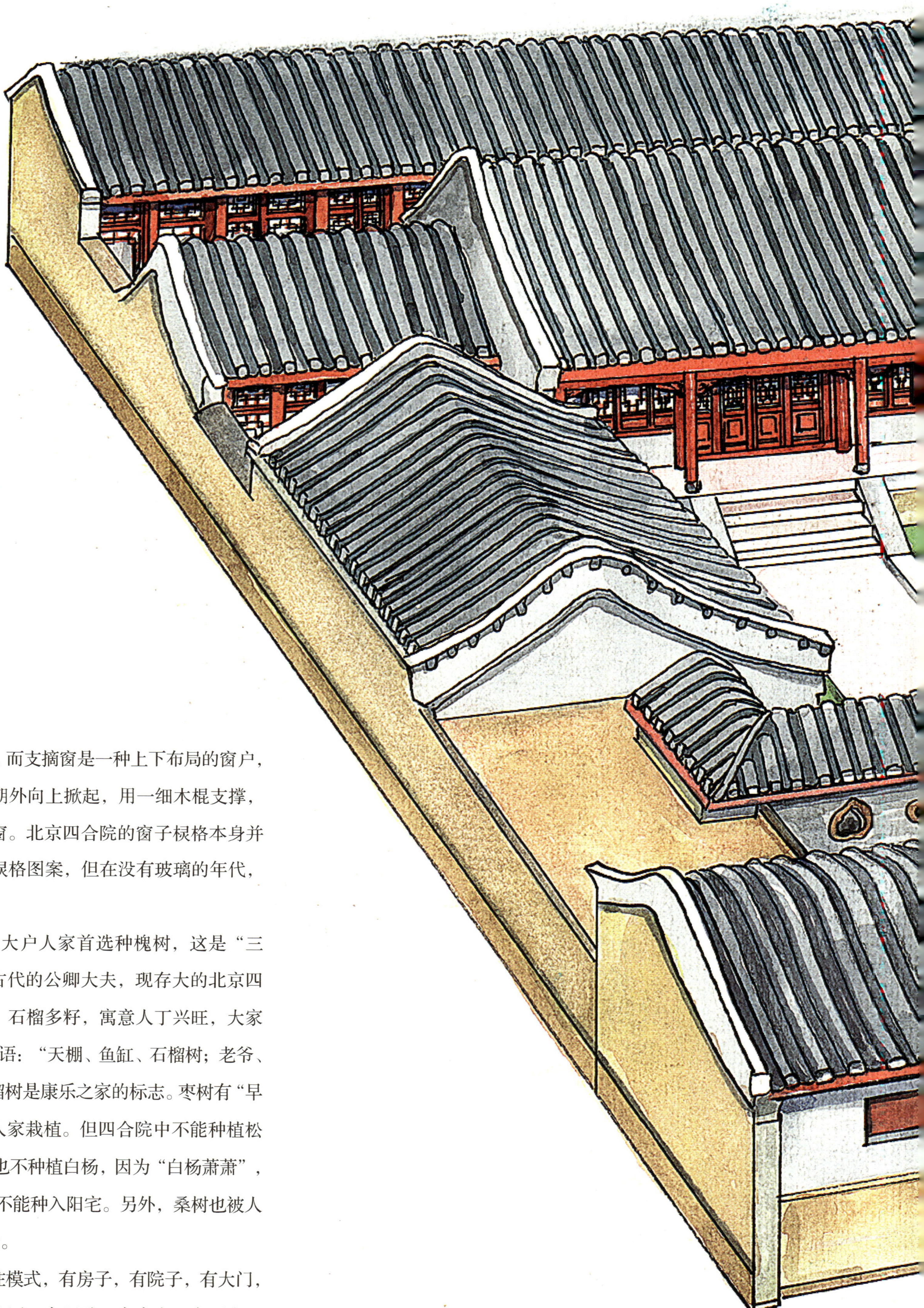

提高，变成窗槛，因而称为槛窗。而支摘窗是一种上下布局的窗户，窗扇不是平推开来，而是窗扇朝外向上掀起，用一细木棍支撑，窗扇也可以摘下来，故称支摘窗。北京四合院的窗子棂格本身并不复杂，不像南方有那么多的棂格图案，但在没有玻璃的年代，窗花便成了重要的装饰品。

四合院中植树也有讲究，大户人家首选种槐树，这是“三槐”“槐棘”的意思，比拟为古代的公卿大夫，现存大的北京四合院后面都能看到古老的槐树。石榴多籽，寓意人丁兴旺，大家喜在庭中种植。旧时北京有句俗语：“天棚、鱼缸、石榴树；老爷、肥狗、胖丫头。”这就说明了石榴树是康乐之家的标志。枣树有“早生贵子”的意思，也常被普通人家栽植。但四合院中不能种植松柏，“耆年宿德，但见松楸”；也不种植白杨，因为“白杨萧萧”，这都是阴宅（坟地）上种的树，不能种入阳宅。另外，桑树也被人忌讳，因为“桑”与“丧”谐音。

四合院是中国人理想的居住模式，有房子，有院子，有大门，有二门，有游廊，有私塾，有客厅，有照壁，有库房，有厨房，大户人家连园林、车马房一应俱全。关上大门，自成一统。“闭门而为生之具以足”(《颜氏家训·治家篇》)是中国传统的居住概念。生活在四合院中的人们，能够充分发挥尊老扶幼、晨昏定省的和睦共处精神。四合院的寓意是不言而喻的，从中可以看出稳定而端庄的轮廓、均衡而严肃的格调。四合院的四周，由围墙和各座房屋的后墙封闭，房屋对外多半不开窗，为实墙，因此院内没有市声尘嚣的干扰，家居安全也有保障。四合院建筑，不仅和中国人的伦理观念契合无间，而且表达了中国人中正平和、变通有则的处世态度。尽管四合院方正规矩，但仍不失变化，各家院落都有自己的特点。中国传统的大家庭制度，以人口繁衍兴盛为荣，人们都把四世同堂当作一种福气，这样的大户人家，往往需要更多的院落。

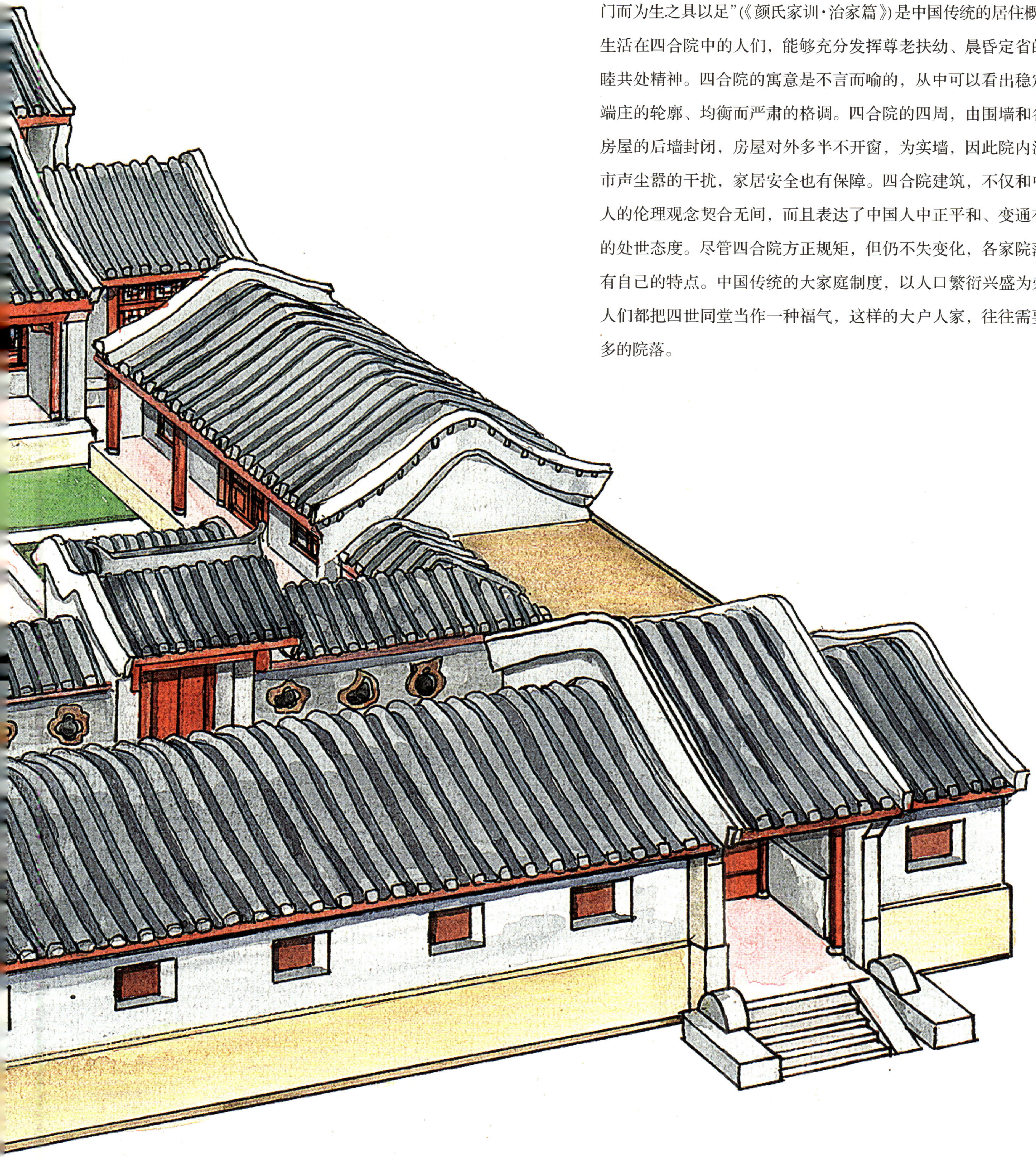

叁 蔚县古堡

蔚县位于河北省西北部，在古代被称为蔚州。明属山西大同府，清康熙年间改隶宣化府。民国时期先后隶属直隶和察哈尔两省，州改为县。1952 年改隶河北省。

古代蔚州是边境要塞与中原之间的主要交通枢纽，也是守卫北方的军事战略家的战场。这里经常发生战争，居民们常被洗劫一空，所以村庄被连接起来以防战乱。为了军事防御，官方在蔚县境内修建了大量的堡垒，用于屯兵守备。这些官堡大一些的称“州堡”，小一些的称“垦堡”。时至今日，蔚县仍保留有 300 多座相对完好的古堡。放眼全县，从南山脚下到北部丘陵，再到壶流河两岸，随处可见古老雄浑的城堡。堡中堡、穿心堡、独门堡、堡连堡……一座座风格迥异、大小不一的古堡，凝聚着生存智慧，也浓缩着生活味道。

蔚县仍然有 300 多个保存相对较好的城堡，以暖泉镇和岱王镇为代表，这些城堡的数量和分布是如此之大，以至于它们确实是一个奇迹。大多数古堡平面为方形，外围是夯土城墙，长的边长一二百米，短的五六十米，中央一条南北走向的主街，沿街分布城门、四合院民居建筑。

蔚县暖泉镇西古堡称“寨堡”，坐落于暖泉镇西南。建筑布局灵活多变，结构严密而复杂，庙宇高度参差不齐。南北设两座堡门，并配有两座瓮城。整个古堡的构造显出其军事防御能力较强。该堡始建于明嘉靖年间，扩建、续建于明末清初，集“古城堡、古寺庙、古戏楼、古民居”四大文化奇观于一体，是蔚县现存最完好的古堡。

蔚县古堡全景

蔚县古堡全景

叁 晋中民居

晋中是指山西省一片地势平坦、土地肥沃、交通便利、富饶美丽的中部地区。区域主要包括太原、太谷、祁县、平遥一带。华丽宝贵的民居早在明清时期就很有名，其中最具代表性的要数祁县。自明以来，许多祁县人也像皖南人一样外出经商，这在历史上是很有名的。经商发财后便回乡大兴土木，建造房屋，所以这里的住宅是远近闻名的。那种单坡屋顶、纵长方形院落是典型的山西民居的特征。

晋中民居鸟瞰图

晋中民居立面图

山西碛口镇民居

祁县乔家大院

祁县最出名的要数位于乔家堡村的乔家大院了，它是晋中黄土地上一座最严整、最豪华的大宅院，被誉为北方民居建筑史上一颗璀璨的明珠。

说起乔家大院，不得不说一个人，就是乔致庸，山西乔家第四位当家人。他活了 89 岁，是清末晋商代表，弃文从商，经营家族生意，历经众多磨难。至清末，乔家在中国各地有票号、钱庄、当铺、粮店 200 多处，资产达数千万两白银。我们从乔家大院的规模上也不难发现曾经的晋商辉煌一时。

从高处看，乔家大院整体为双喜字形布局，城堡式建筑。城堡中间有一条巷道，巷道的一头是大门。与大门相对着的另一头是祠堂。巷道的左右两侧分别有三个大门，一共是六个院落，每个院落内又包括两三进小院子，院子的左右两侧还有侧院。这样一个复杂多变、丰富多样的建筑群，形成了乔家大院的建筑特色。

从外面看，乔家大院三面临街，大院四周的砖墙是全封闭的。高有十多米，上层是女墙式的垛口，还有一个个的更夫楼、眺阁点缀，仿佛是城墙的炮楼，显得很有气势。

乔家大院的大门坐西朝东，这跟北京四合院的坐北朝南不同。高大的顶楼与城门洞式的门道显示出了主人非同一般的身份和地位。顶楼正中间蓝底金字匾高悬。黑漆的大门上有一幅椒图兽衔大铜环，整个门景气势庄重。与大门相对的是一面照壁，上有 100 个遒劲有力、字体各不相同的篆体寿字，名为“百寿照壁”。

乔家大院北面的三个大院都是庑廊出檐大门，暗棂暗柱，三大开间，宽敞大方、出入方便。门外有拴马柱和上马石。从东往西数，三个院落都是三进院，这就是祁县典型的“里五外三穿心楼院”。

紧靠大门的是一号院，也是乔家大院中建筑最早的院落。进入院子，前面是一个横向的长方形的倒座院。倒座院的房顶是平的，沿中轴线死胡同的一侧设有女儿墙，整体和谐又别有韵味。正面与倒座院相对的是一座雕有“福、禄、寿”字样的高浮雕的砖砌的照壁。照壁上刻有松鹤精美图案，照壁上还设有一个神龛，使整个照壁不仅高雅瑰丽，更添有神秘的色彩。

院门是左右对称的，在门楼内设有一对石狮子，造型生动，气势十足，使这个院门看起来井然有序，威严庄重。由此门向里建筑层层升高，到最后面的正屋还要上好几层的台阶，采取前低后高的形式。

整个院落是院中有院，院中套院，院落是正偏的结构，正院为主人居住，偏院是给客人或是佣仆住的，灶房和杂房都设在偏院。正院都是瓦房出檐，而偏院则是平房，偏院相对来说比较低矮。这不仅显示了伦理上的尊卑之分，也使整个建筑错落有致，达到美观的效果。

正院也就是前院。进入前院，东西两侧是厢房，厢房檐下的木结构都暴露在外面，这种处理方法称作露檐。如果不暴露木结构，而是用砖一直砌到屋顶的话，则叫作封檐。

由于中国的民居一般是木构建筑，所以外面的砖砌墙可以起到保护的作用。房子的正立面没有前廊，窗子是支摘窗，门和窗的面积都不大。而砖墙却占了很大的空间。这与北京四合院的游廊和南方民居正面的一排隔扇窗是不一样的，这一点也是晋中民居的地方特色。

乔家大院还有一个最突出的特点就是人能上房顶。在总入口大门的一侧设有一个小暗间，暗间内设有楼梯，人可以由此登上房顶。上去之后你会发现，整个院落的屋顶都是连着的，每个房顶都可以过去。原来房顶上的道路是专门为更夫设计的，而且有的道路很狭窄，要小心翼翼才能过去。当屋面的高度不一致时，中间还设有踏步以方便更夫行走，还比较安全。不仅如此，为了方便更夫的生活，乔家大院的房顶上还设有更夫楼。更夫楼虽然面积不大，但设计很细致。更夫在楼上巡视的时候，不但可以看到外面的情况，还能看到整个院落内部的情况。对于我们来说，房顶道路弯弯曲曲，在上面行走时不免会有些心惊，但对于更夫来说，却是上上下下，行动自如。因为除了平房顶外，单坡顶上都留有一条窄窄的道路，外侧还设有女儿墙，人是不易摔落下去的。

从房顶上不仅能去各个观景的眺阁，还可以去另外几个院落的二楼，因为二楼和其楼下是不相通的，所以只能从房顶才可以进入二楼。站在乔家大院的房顶上，放眼望去，排排房顶高低起伏，抑扬顿挫，起承转合，反复交错，变化中求和谐，间歇中求平衡，仿佛置身于音符般的韵律空间。房顶上袅袅的炊烟才让你感到这是乔家大院的宅顶。说到炊烟，你会发现，几十个小房子似的烟囱错落地点缀在房顶上，犹如花园里的小亭子一样，精致小巧，各式各样。仔细看，你会发现烟囱上的砖雕都是那么细致，惟妙惟肖，技艺实在难得。

乔家大院之所以远近闻名，不仅在于它外观威严端庄，整齐高大，而且内部富丽堂皇，井然有序，更重要的是它精湛的建筑艺术。

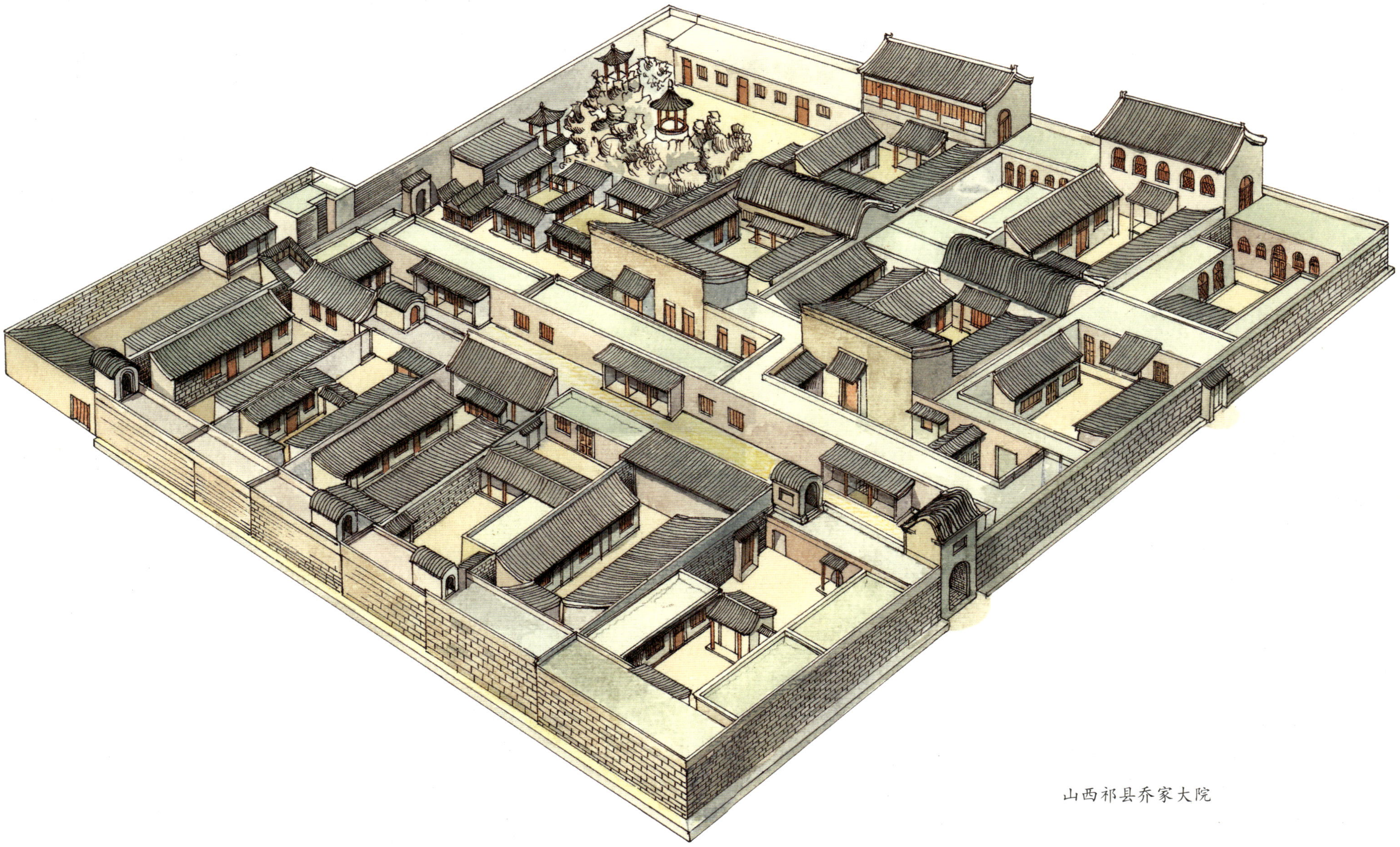

山西祁县乔家大院

令人称奇的还有砖雕、木雕技艺。整院的雕刻比比皆是，令人眼花缭乱。房顶上有脊雕，女儿墙内有扶栏雕，院门内侧有对称的壁雕，院门对面则有神祠雕或屏雕，还有刚才我们谈到的屋顶烟囱上不同形状的雕式。其中艺术价值最高的要数大门外的百寿图和位于新院院门正面由赵铁山书写的隶书书法雕刻，真是书雕结合，精美绝伦。另外，还有老院和东南院的大型神祠雕。其砖雕题材非常丰富，有三星高照、四季花卉、五蝠（福）捧寿、鹿鹤（六合）通顺等，还有出将入相、花开富贵、文房四宝等。这些砖雕不仅内容丰富，而且都有很好的寓意。

五彩缤纷的木雕艺术更是令人赞不绝口。

各院的正门上都有木雕人物，有天官赐福、和合二仙、招财进宝等形式。柱头上雕有八骏、松竹、葡萄，表示蔓长久远，雕有垂莲，是希望生贵子。还有大门横木的四个门档上也刻有形态各异的四头狮子，寓意四时如意。就连过厅的隔棂上都刻有造型优美、栩栩如生的“八仙献寿”浮雕。这样精美的木雕艺术在乔家大院随处可见，每个雕刻品都有其民俗的说法，每一个画面都有一个有趣的故事。

乔家大院始建于清乾隆年间，后又在清同治、光绪年间及民国初年多次增建修葺，时间虽然跨越了两个世纪，却保持了建筑风格的浑然天成。电影《大红灯笼高高挂》和电视连续剧《乔家大院》的所有场景都在乔家大院拍摄，因而其引起了全世界的高度关注。

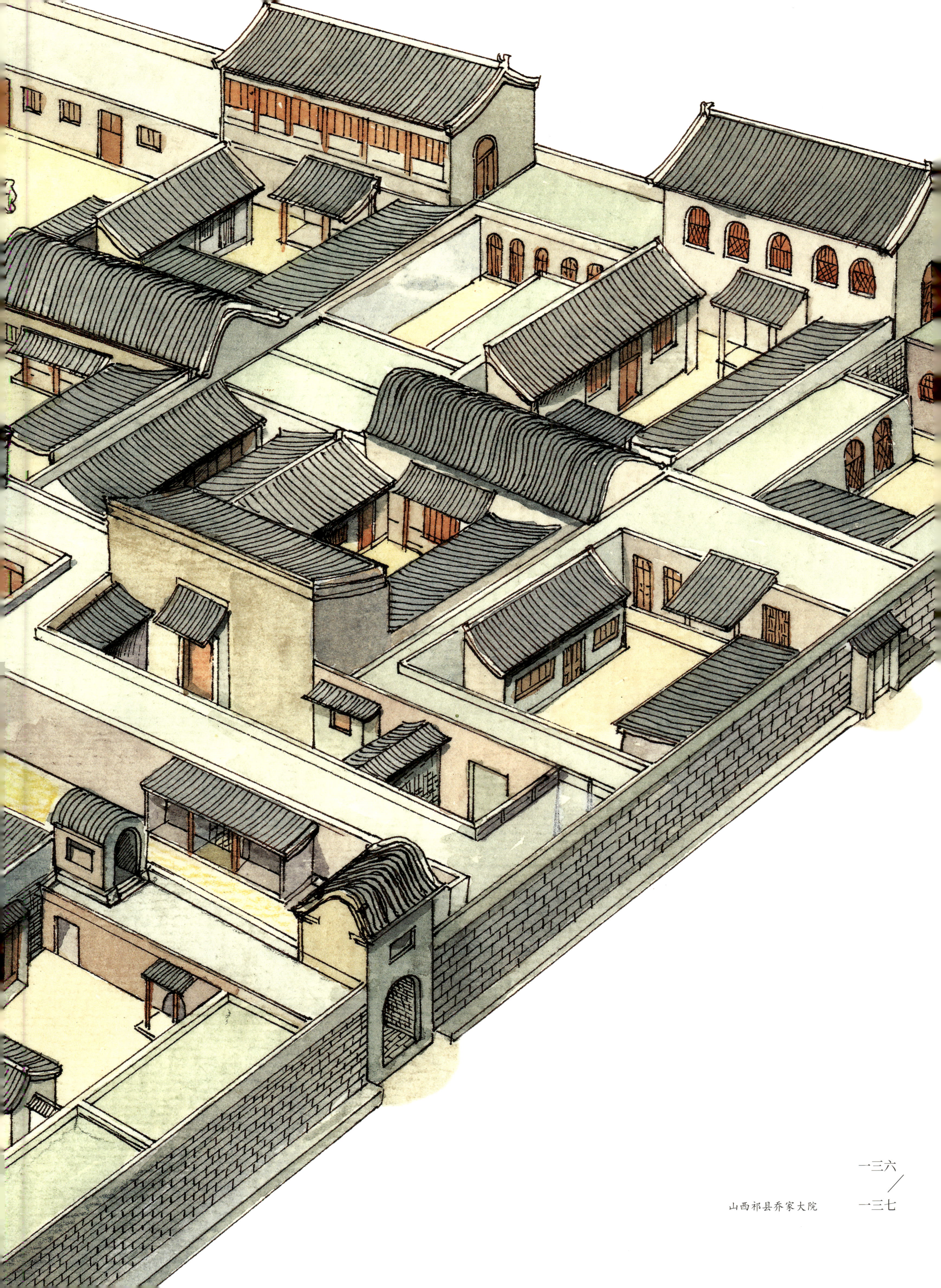

山西祁县乔家大院

灵石王家大院

在山西省这片人杰地灵之地，除了乔家大院这座著名的民间住宅外，还不少著名的民居，王家大院就是其中之一。王家大院所在的灵石县静升镇是晋商的发祥地之一，方圆百里商贾云集，也是街巷宅院密布的文化阵地。

王家是太原王氏的后裔，据说元仁宗皇庆年间王实在静升定居，在从事耕作的同时，他还卖豆腐。因为豆腐做得特别好，性格敦厚，所以很受大家的欢迎。就这样靠着豆腐生意，王氏家族由农及商，由商到官，家业渐大，声名渐高。王氏家族鼎盛时期在清康熙、乾隆、嘉庆年间。彼时，他们大兴土木，兴建宅邸，开设店铺。此外，还蓄水开渠，筑桥修路等。

可能也是因为这些善举，王氏家族鼎盛时期入宦者从五品到二品就有 12 人，但这些荣华富贵，从道光年间开始逐渐衰败，后人甚至把高家崖一万多平方米的宅邸全部卖掉。虽然王氏家族已经衰败，但王家大院在中国建筑史上却有着举足轻重的地位。

王家大院依山而建，气势恢宏。几座大型院落就如一个庞大的建筑群，院内由六座古堡、五道深巷和一个祠堂院等院落组成，总面积达 25 万平方米以上。每组建筑都有高墙环绕，大都以中心主体建筑为中轴，形成院中有院，门内有门的建筑布局。

王家大院最有代表性的是红门堡（恒贞堡）和高家崖（视履堡）两组建筑群。红门堡和高家崖一桥之隔，东西相对，其布局和布置最能体现王家大院的总体气势。

高家崖又称东堡院，全院 35 座院落按照东、中、西并列组合而成，四边大门互相通透，内部空间统一多变。高大的门楼位于高家崖建筑群的东南角，大门上有各式的木雕和砖雕，突出华贵庄严的气势。按照晋中民居的传统习俗，大门内便是一堵大型的砖雕影壁。从雕刻精美的影壁向西，就是前院。

前院是进行日常活动的公共场所，倒座的南房和东西厢房是家丁和高级仆人住的地方。三间七架式结构，明间稍大。每间房屋的隔扇门窗的外面都另外加有帘架，架心上还雕有“指日高升”“岁寒三友”“玉堂安居”的花纹图案。另外主大厅前的三层高浮雕是一组精彩的艺术作品。三层雕刻内容各不相同，但层层玲珑剔透、精美迷人，而且都有吉祥美好的寓意。正面的大厅白墙灰瓦，色调淡雅，配以厅内的辉煌装饰，更显其庄严肃穆。

高家崖内没有花园，只有花院。院内房屋造型小巧，房上的门、窗、梁、柱都是玲珑别致，具有浓郁的花园气氛。花院内南面有一个地窖，是冬天存放花卉的地方，这个地窖从外面看起来像一座房子，不过下面有暗道可以直接通向院外面。所以这个地窖不仅是个花窖，在某种情况下这里又是一个紧急的隐形出口。也体现了王家大院的防范意识。

与高家崖东西隔峡相对的红门堡建筑群整体呈长方形，随地势由前面斜坡而上。整个红门堡的占地面积达 25000 平方米，站在高高的红门顶上向内望去，整个红门堡布局呈现一个大大的“王”字形。据说红门堡的“王”字布局是王家人为使其祖姓流芳百世所设计的建筑模式。但当地人还说，红门堡的布局是龙的象征。高高的堡门像是扬起的龙头，院落前东西两侧的水井像是两只龙眼，堡内中间的那条通道，也就是“王”字形中间的一竖，

山西灵石县王家大院红门堡

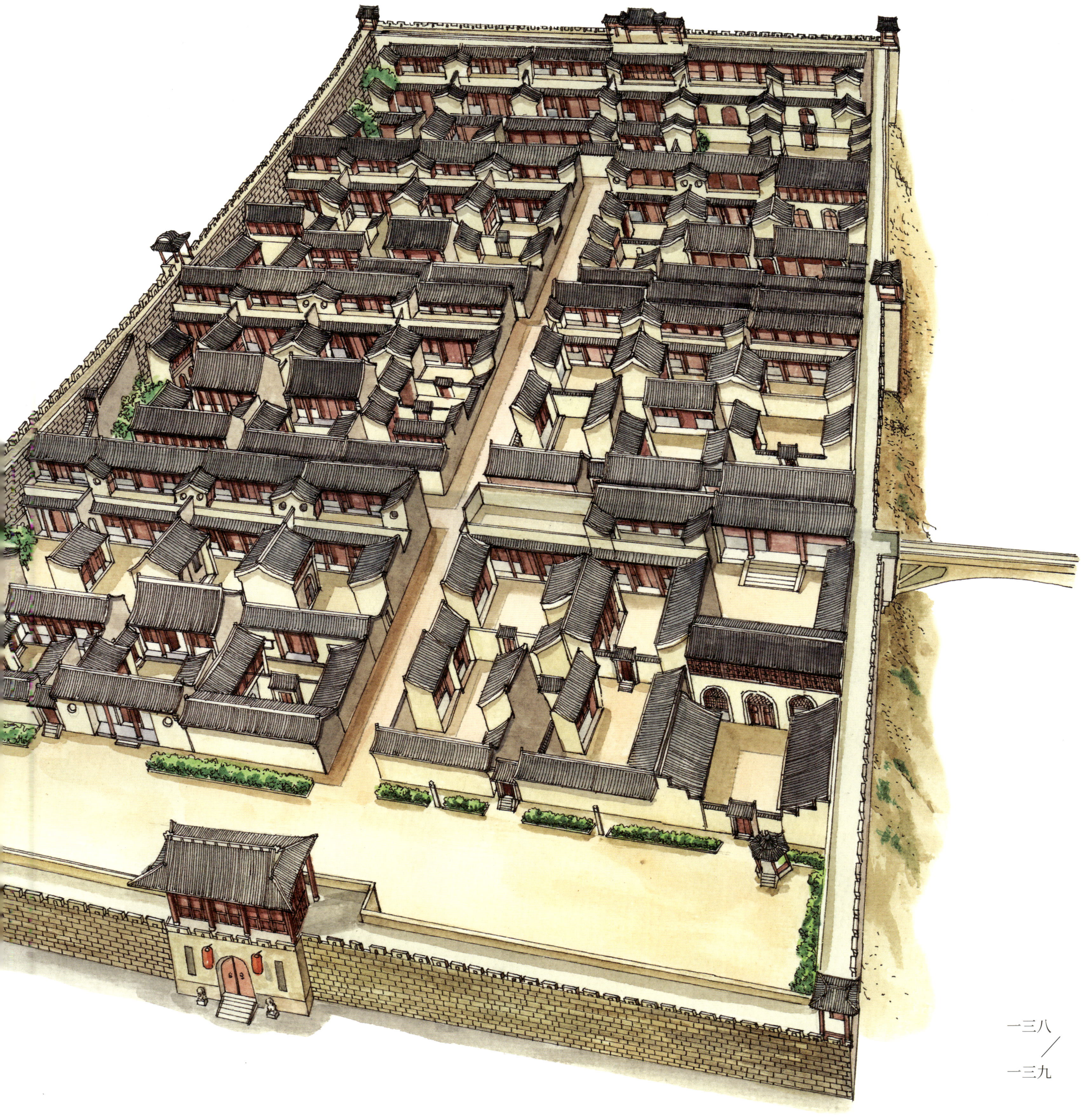

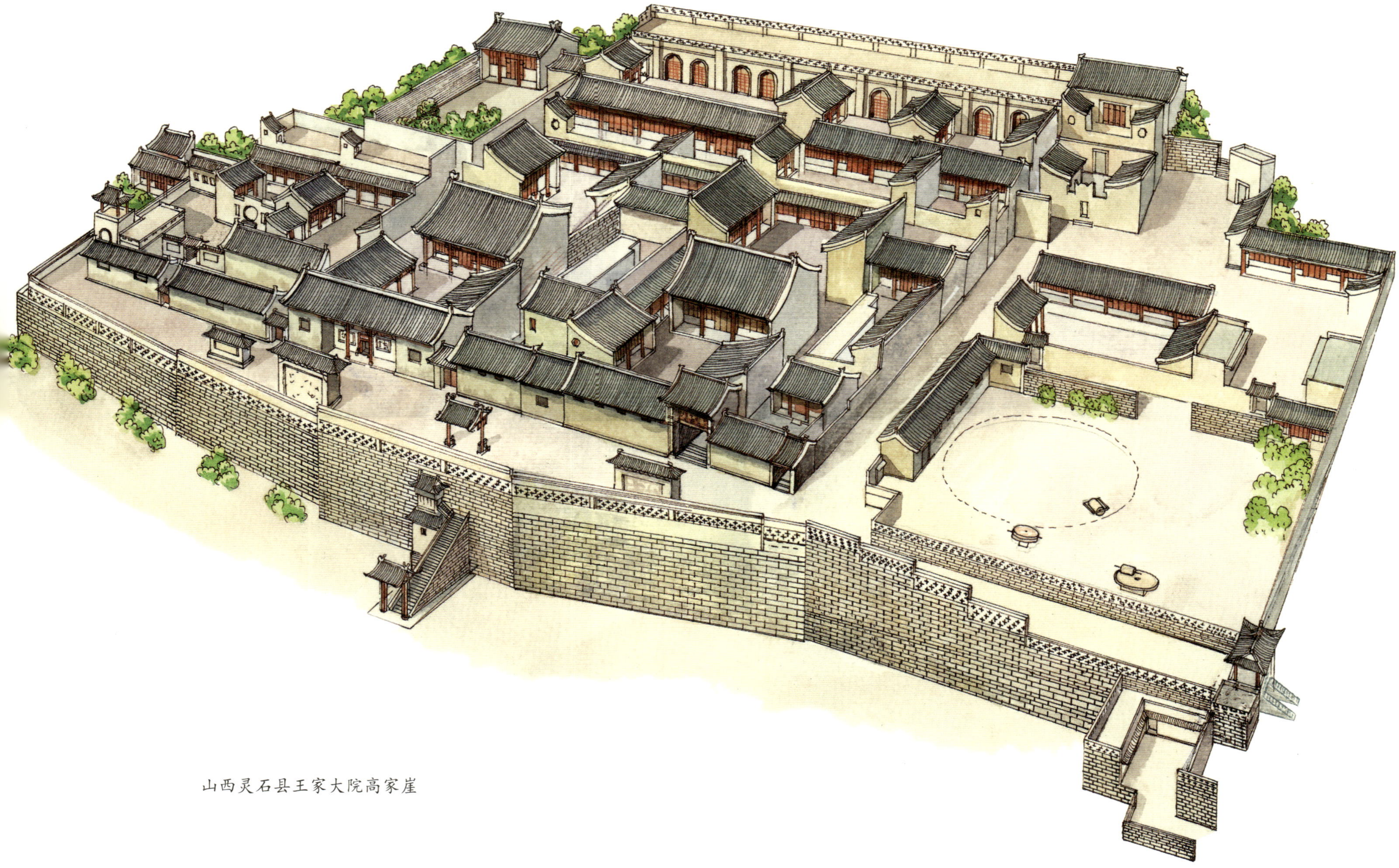

山西灵石县王家大院高家崖

是龙的长长的身体，而通道上奇形怪状的河卵石则是龙身上的鳞片，通道两旁院落前的小巷像是龙爪，另外还说堡的墙后面那棵曾经与堡门相对的柏树是龙尾。描绘得有声有色，形象生动。这些都从侧面体现了王家大院的非凡气势。

红门堡内中间长180米的主干道和三条横巷道两旁，坐落着88座面积不等、风格各异的院落。当地人又习惯地将这些院落称为“甲”，从下到上也就是底甲、二甲、三甲和顶甲。这些院落布置和功能又有很多不同之处，大都是二进三进、厅堂楼阁的四合院形式。

依三甲东巷的绿门院来看，各巷院落几乎都有明显的中轴主线和左右对称的布局，主次分明、井然有序，使居住上下长幼有序，男女尊卑有分，内外远近有别。

绿门院原是王氏十六世王中极的宅院。王中极位居高官，被封为中宪大夫，曾受清乾隆、嘉庆两帝的嘉奖和恩宠。如此显赫的家庭建造宅院时便不由得要有所表现，所以当时此院建成后为图大吉大利便将大门涂为红色，可是又怕与朝中礼仪不合，造成大祸，遂将大门改为绿色，而将红门堡漆成红色。绿门，在清代只有一品和二品官员才能享用。这也是绿门院的由来。

绿门院内由东西两面、前后两进或是四进的大小八个方合院组成。所谓方合院就是按照周王时以中土为中心向四方辐射的四路诸侯方位形势而制定的礼的秩序，这样不仅反映了等级地位的差别，而且还按照方位的不同排列出上下前后左右的顺序。绿门院在遵循这种形式的同时又有其特殊性。位于中轴线上的主体建筑，三门三间，门内设有屏风门，为二门。进入二门后向东面顺着一条甬道可到达二进院，二进院是典型的北方四合院形式。正厅三间，厢房相对，屋宇楼堂互相交错，规则严整的布局和隆重的装饰具有北方王府的庄重气势。东路建筑较为逊色，是家里晚辈们住的地方。西边的四个小方院则更为小巧，是家里人读书学习的地方，而且还有教书先生的住处，环境较为幽静。四个小院还分别寓意春安、夏泰、秋吉、冬祥，合起来便成为“安泰吉祥”。

红门堡的顶甲处，是一个前园后院式的布局。这个区域叠山筑池、植树种柳、花草相间、鸟鱼相伴，一派私家园林景象。站在红门堡北堡墙——花园的最高处向前观望，整个王家大院的五堡三巷一览无遗，拥翠巷、锁瑞巷、钟灵巷纵向排列。西堡子、红堡门、高家崖堡、东南堡、下南堡，分别象征着龙、凤、龟、麟、虎五灵兽。龙环凤绕、龟护麟保，使气势恢宏的王家大院更添吉祥景观。

王家大院传承数百年仍富甲一方，气派的院落规整排列，像一座恢宏的城池，斗转星移，兵荒马乱，也没能洗去它的繁华。

山西灵石县王家大院高家崖局部

山西灵石县王家大院高家崖

叁 榆次常家庄园

常家庄园位于山西省晋中市榆次区的车辋村，是现今中国民间最大的一座私家庄园。从明代中期常家第一代常仲林来山西给人牧羊，到第七代常进全经营茶叶生意，常家逐渐成为晋中望族。此后200多年常家人不断修建壮大自己的家园，终于修出一座占地60多万平方米的庄园，大院套着小院，有楼50余座，屋4000多间，园林13处。整座建筑群既有北方望族的宏伟气势，又有南方园林的绮丽灵秀，同时显示着书香门第的古雅淡泊。

庄园以东西走向的大街为界，街北称“北常”，街南称“南常”。民间流传，“乔家一个院，常家二条街”。不过相比之下，常家庄园就大得多了。园中规模最大的建筑贵和堂藏书楼有七开间。要知道当时皇帝住的也不过是九开间，王爷级别才住七开间。这样的建筑一旦被外人所知，小则砍头，大则满门抄斩株连九族，

所以藏书楼藏在园内最隐秘的地方，通过七拐八拐的小门小院才能进入。

常家庄园的彩绘艺术与雕刻艺术堪称一绝，它们分布在庄园的每座院落。各类精美的砖雕、木雕、石雕与彩绘艺术数不胜数；各种雕花护脊与花墙砖雕，线条流畅，雕刻细腻，寓意深远。

常家庄园布局严谨，整齐有序，功能性很强，由堡门、堡墙、街道、宅院建筑群、园林、商铺，以及街心牌楼、堡池、池桥等组成。街道北侧是庄园的宅院建筑区，临街一字排开。宅院区之北是园林区，包括静园及遐园、狮园两个园中园。

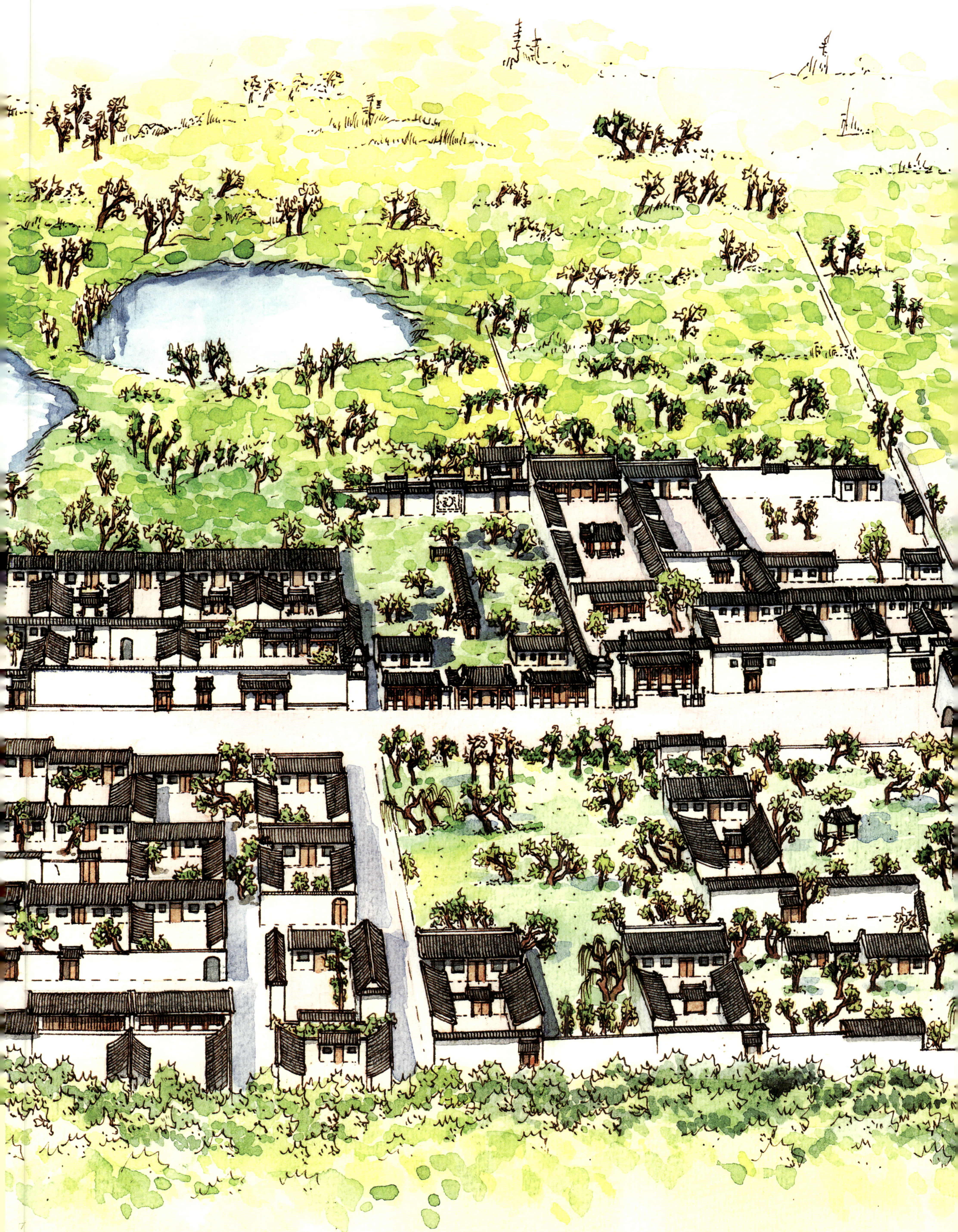

关中民居

关中位于八百里秦川最富庶的地区，其地势平坦，土壤肥沃，交通方便。这里的民居一般都具有平面布局紧凑、用地经济的特点，为院落式的民居模式。它的主要布局特点是沿纵轴布置房屋，组织院落，形成纵深狭长的布局形式。

由于用地狭长，又沿周边布置房间，因而房屋之间的室外空间，自然形成了狭长的四合院庭院。庭院的宽度，大都由厅房中间的开间尺寸所决定，通常为三米左右。庭院的纵深长度，取决于两边厢房间数。庭院的长宽比，多为四比一，因而形成狭长的庭院。深宅、窄院、封闭是关中地区民居的主要特点。窄院的优点是：节约土地、遮阳避暑、防沙通风。东西厢房的日照效果虽然差一点，但向院内倾斜的单坡屋顶还是有利于日照入射角度的，所以东西厢房仍可见到阳光。

从造型上来说，关中民居最大的特点是单坡的屋顶。这样单坡屋顶组成的三合院或四合院，外观整齐，就像是一个长方形的盒子，只是顶部凹进。所以很容易并联组合，形成街区，节省土地，而且建筑群的外墙很高。街区与街区之间空出的巷道，两侧是高墙，因为屋面向各家的院内倾斜，所以下雨天很少有雨水落在巷道里，方便了路人。由于夯土做成的外墙比较高耸，有时在墙体上横向排两排薄砖，并有意向外辟出几厘米，不仅增加了墙身的强度，而且防止了雨雪侵蚀墙面。

关中地区民居最精彩的要数韩城市乡下西庄镇的党家村了。

党家村至今已有660多年的历史，最初位于现在党家村村北的土塬下，是掘土窑定居的。随着党家村的人口不断增加，全村迁移至今天党家村的位置。明永乐年间，村民请人拟定了村落建设布局，党家村的中心部位，即为当年所定。

明成化年间党氏与山西人贾氏联姻，合伙经商，在河南生意兴隆，据家史载，村中当时“日进镖银千两”。从那时起，党家村成为由党氏为主，党贾两姓共居的村落。两姓的联合，使得财力更盛。在外面经商见世面多的党家村人，专门从河南请来工匠施工，按照中原地区的民居修建两层的四合院。村里的四合院建筑在明末清初进入全盛时期。现在村里的许多建筑都是那时建造的。

为什么党家村要将村庄建在塬下，而不是建在视野宽广的塬上呢？村落之所以建在塬下，是因为干旱少雨，这一带农作物

关中民居正立面图

的收成主要依靠地下水源。沟谷相对几十米高的塬台上部来说，水资源更丰富，利用更便利。党家村恰好在一个形似“宝葫芦”的狭长沟谷之中。北侧是耸立如屏的塬，冬季挡住了西北风的侵袭。村落南侧的塬坡距离村落较远而且升高也较为平缓，这样，夏季的东南风又能顺坡而下，给村庄带来徐徐凉风。村落常年日照充分。尤其是南北塬台之间有一条小河——泌水，从西向东沿沟谷流过，恰好绕过党家村的南侧。党家村位于泌水之北，塬台之南，是古人认为最理想的风水之地。

从较大一点的范围来看党家村，党家村西枕梁山山系，而东面十里开外便是浩荡的黄河。党家村北塬的红黏土与南塬的白黏土黏合力强，冬春季不易起尘土。泌水长年绕流村南，沿河绿树成荫，给人们洗濯、灌溉带来方便。空气相对湿润清新，所以党家村的屋宇看上去一尘不染，洁净如新。党家村冬暖夏凉，四季如春，的确是宜居之地。

关于党家村“瓦屋千宇，不染尘埃”，当地人还有一种说法，是村东南的文星阁上藏有“避尘珠”。关于村东南的文星阁，其营造的起源也是出于风水原因。民间历来有“取不尽的西北，补不尽的东南”之说。党家村西北方向有高三四十米的黄土塬，是理想的“靠背”。东南方向是泌水河流出的“水口”方向，理想的风水地，应是河水弯弯曲曲，就似恋恋不舍一样。为使之呼应，“气”不致外泄，建一座风水塔是十分必要的。清雍正三年（公元 1725 年），党家村建文星塔，原计划建七层，后因韩城县的官员认为，一个村庄建塔的话，会风水过盛，因而只准建六层。在旧时，七层为塔，六层为阁，因而文星塔更名为文星阁，三年建成。它成了村子的镇村之宝。

党家村的文星阁为六角形平面，其正立面朝向西北方。文星阁的后面三面均不设置窗户，因而为村里挡住了“气”的外泄。文星阁的外形恰似一支冲天的笔，人们在阁内供奉孔子及七十二弟子，这样能保佑党家村的子弟文才兴旺，科举成功。

现在党家村有水井四口，水井不仅建有井亭，还设置井神供奉。这四口水井基本考虑到了不同的家族成员使用上的方便。党家村的街巷布置有一个很大的特点，就是无论哪条街都不是一气贯到底，在街巷的一端都正对着某座建筑的墙壁。这种丁字形的街巷布局，据说是为了防御。党家村的人认为，这样的街巷，

关中民居二门立面图

生人第一次进村后，就很难再出去，因此贼人轻易不敢进入党家村。党家村全盛时，有四合院数百座，几十座哨门护卫巷头，天黑封门，村寨就像一座封闭的堡垒。党家村的北侧是高耸的黄土塬，南侧是潺潺流过的泌水河，南侧的防御就成了大问题，于是人们便在泌水河边修上寨墙，设置哨门，寨墙用砖石砌筑而成。

谈到防御，党家村最值得一提的是在北面的黄土塬上修筑的“泌阳堡”。清咸丰元年（公元1851年），村中人集资一万八千两白银在村后修筑“泌阳堡”，前后用八年时间才建成。人们在堡中建宅院，将家中的贵重东西都放入堡内。泌阳堡南面、西面利用天然的塬崖作为屏障，北面、东面则修建高大坚固的堡墙。只留一个入口在南面，这个入口是在南面塬崖上挖出的一个弯形隧道。从外面看泌阳堡的入口，像是高大城墙下的一个城门，进门后便能感觉它的奇妙空间感。门洞是逐渐抬高的隧道，下面是青石铺地，里面拐一个弯便能进入泌阳堡内。

泌阳堡正中的南面是一个方形涝池，涝池的四周用青砖砌筑成垂直的池壁，并没有台阶，以便人们下去打水。涝池的主要功能是在堡内的建筑失火时，有足够的水能扑灭火灾。从泌阳堡上可以俯视整个党家村。假如低头看一下堡墙的下方，更会感到不寒而栗。几十米高的堡坎，垂直上下。在冷兵器时代，人们想要攻入这座城堡，是相当不容易的。

党家村民居的院落为纵长方形的平面，也就是南北方向院落阔长，而东西方向院落狭窄。院落大都占三分地，因此当地有“三分院子四分场”之说。从院子的外部尺寸来看，一般面宽为11米，院子的进深长度为22米左右。院子的周围都是两层的楼房。但这种楼房的二楼十分矮小，室内也没有楼梯，要进入二楼，需要在院子里面摆放高的木梯子，人从二楼的窗户钻进去才行。因

关中民居剖面图

此，这种民居的二楼并不住人，只是作为储藏空间或闲置不用。这种上库下宿的形式，当地人俗称“七上八下”。

党家村民居的庭院用青砖铺满，只在中心点铺一块石头，当地人称“天心石”。院落的四周高出院落的中心两层砖的高度，这高出的一圈作为走廊，宽度约为 80 厘米。由于屋檐向外出挑不少，在无风的情况下，屋顶上的水垂直流入院落，而不会淋湿走廊上的人。院落凹于四周房屋的走廊，就像一个水池，因此排水要依靠下水道，埋在地下的下水道是有弯的，当地人认为这样可以串钱，不会使财气漏走。尽管各地都有四合院，但民间对其释意不同。党家村人说，四合院的厅房为主人，大门为客人，只有设计合理的四合院，才称得上是“贤主配贵宾”。有的四合院有前后两进院落，从门房、中房到最后的厅房，屋脊一个比一个高的话，叫作“连升三级”，表达了旧时党家村人望子登科、连中三元的愿望。在许多地区，东西厢房的门窗并不完全相对，一般都是东厢房的尺度略大，以突出“左”的尊位，但党家村民居的厢房都是三开间或五开间，东西厢房的门窗相对，当地人说：“门窗相对夫妻和”。

党家村民居是用四合院最南端的倒座房和四合院最北端的厅房遮挡住东西厢房前后山墙的，在东西厢房南北山墙与倒座的北檐、厅房的南檐之间会留有一点空隙，考究的院落在这里加一个窄窄的屋顶。当地人称这个小屋顶为洞槽，使山墙与屋檐之间雨天不漏水。这样四合院一圈的四檐加上四个小洞槽，下雨时雨水从八个屋顶上落地，俗称“四檐八滴水”。

官宦人家的大门不像普通人家设在院落的左前方（厅房朝南的院子，大门即在东南方向），而是设在院落的中轴线上。大门前方增设旗杆斗子，进士家为双斗旗杆，举人家为单斗旗杆，俗

关中民居剖面图

称这种院为“旗杆院”。因为大部分人家的大门都在院落东南角，按照后天八卦，大门在巽位，所以当地有一首民谣：“南楼北厅巽守门，东西两厢并排邻，院中更栽紫荆树，清香四溢合家春。”这描写了人们理想的住宅形式。

书香门第的四合院，为了不让牲口进宅院，专门在正院的旁边或前边设一个马房院，给佣人居住，这被称为“四合院跨马房”。厨房与厕所的设置也很有规律。假如院落朝南时，灶房一般都是设在东厢房南端的一间，厕所则设在倒座房西端的一间，俗称“东起西落人丁旺”。党家村民居的厢房出檐很多，有的设檐柱，有的不设檐柱，但厅堂都在前方设檐柱。檐柱是圆柱子，而内侧与门窗墙壁齐平的“金柱”则为方柱子，这种内方外圆的柱子，寓意在家要严于律己，在外要圆通待人的做人处世方式。

在许多人家的门口影壁处，都有大幅的砖雕。有一户的主题是“喜禄封侯”，利用动植物名称的谐音组成画面：“喜”是喜鹊，“禄”是梅花鹿，“封”是马蜂窝，“侯”是猴子，画面中还有大株的松树，象征长寿。另外，“吉庆有余”也是使用较多的装饰题材。画面中的戟代表“吉”，曲尺形的磬代表“庆”，方形的酒杯（酉）代表“有”，鱼代表“余”。

党家村还有一个特点，就是门楣题字，既大又精美。传统的门楣题字内容丰富多彩，寓意深刻，文化气息极浓。四合院的门楼上，许多人都在炫耀自己家庭的官衔和地位。“文魁”“登科”“武举”“进士第”“世进士”，使门楣增辉。党家村的党蒙光绪年间曾在翰林院任职，古代称翰林为太史，于是，党蒙家的门楣题字为“太史第”。对普通老百姓而言，门楣题字往往是他们信仰的标志。“安详恭敬”“树德第”“诗书第”“诗礼第”“耕读世业”“积善余庆”“光裕第”“孝弟慈”“诒谋燕翼”“安乐居”等，这些传统格言、人生哲理，既是盖房人的理想生活，也和四合院一起，成为子孙后代的财富。

这些门楣题字多为名家所题，或楷或行，苍劲刚健，流美飘逸。党家村民居宅院内的一些砖雕家训也富含哲理。“富时不俭贫时悔，见事不学用时悔，醉后失言醒时悔，健时不养病时悔”，就是其中的一例。

关中民居剖面图

关中民居剖面图

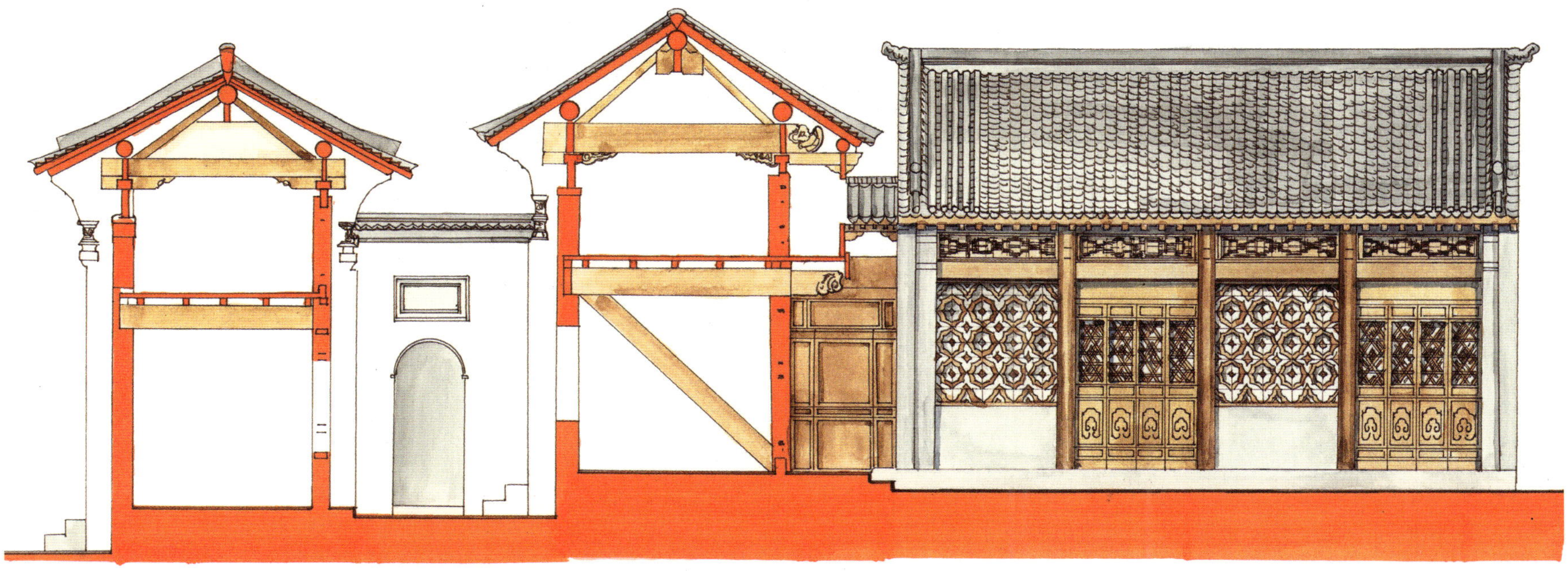

关中民居剖面图

关中民居剖面图

关中民居门头

皖南民居

皖南古代称徽州，这里的民居住宅在早期就很有名。徽州层峦叠嶂，风景优美。天然的气候条件造就了人口众多，经济繁荣的景象。明、清时期，人口的密集使当地的耕地面积逐渐减少，闲置的人们只好外出经商，赚钱后便回家建宅院、置房屋。同时由于受面积的限制，建造的房屋大都不是很大，而且各面的房屋还将中心的院落围成了一个天井的形式。这就是早期皖南民居的特点。

黟县因黟山（黄山的古称）而得名。境内连绵不断的群山形成了黟县“世外桃源”般的生态环境。

位于黟县西南部的关麓村是很多徽州商人的故乡。从宋朝开始这里便聚集了众多的人口。人们外出经商发了财，回乡后大兴土木，这里不仅是他们妻儿老小的居住地，同时也是他们退休后颐养天年之所。因此，在居住建筑上也是很讲究的。每一栋建筑都体现出徽州商人居住的特点。

以当地乡村生活的尺度和舒适安宁的感觉形成了以中型住宅为主的宅院建筑。

中型住宅一般包括两个部分：一是主体正房，为核心部分；一是别厅、厨房、杂物房、柴房、花园和菜园等。核心部分的格局代表住宅的基本形制，大多是天井式的三合院和四合院。在此基础上可以有更多的发展，继续组合成更复杂的院落形式。

中型住宅中最常见的是三合院，三合院为两层。院落按一条轴线前后排列，每一个院落都有一个正堂。由正房三间，两边各一间厢房及天井组成。正堂居核心地位，平面方方正正，统一的形式数百年不变。四合院，在三间正房对面隔天井建三间下房，也是两层的。左右两边各一间两层厢房，厢房连接着上下房，这样中间形成了一个封闭的“口”字形，称为“天井”。实际天井就相当于北京四合院的院子，可是因为它太小了，所以只能称为天井。

四合院又称“春满庭”。上房三间，明间厅堂称上厅；下房三间，明间称下厅。上房进深很大，带有前廊，在地位上要高于下房。房间有尊卑之分，前低后高，俗称“步步高升”，以示吉祥。上下厅两侧次间均为卧室，也有角厢。厢房各为一间，有菱花格扇窗封闭。楼梯建在上厅太师壁后面。下厅中设樘门，也称照壁门。上房前廊右侧设有一门，通别厅、厨房和杂物房等。

正房楼下明间为厅堂。宋人所编的《事物纪原》中说：“堂，当也，当正阳之屋；堂，明也，言明礼义之所。”说明厅堂在整个住宅中的重要地位。厅堂是祭拜祖先、寿庆婚礼的重地，是封建家庭礼制的中心，布局和陈设都很保守，一派庄重肃穆的气氛。

厅堂一般都很高，由于房子很窄，因此这里比较昏暗。厅堂天花上是一层浅色淡雅的花草衬画，上面罩着一个个精美别致的盒子，有山水、花鸟、人物等，各式各样，色彩鲜艳，具有浓厚

皖南民居

的乡土气息。

厅堂的前檐开敞，后金柱间有太师壁，壁后和后檐之间有小门，做楼梯，可以连接前后的住宅和天井。厅堂前摆有一张八仙桌，周围有八把太师椅，称为“一堂”家具。太师壁正中间挂大幅的中堂，大多以松鹤、雪梅和自然山水为主。每年到了除夕，便取下中堂，换作祖先的牌位，称“请祖宗”。一般过了正月初七吃完“祖孙饭”，就取下祖宗牌位换回中堂。

厅堂前檐的装饰是最具有代表性的。在前檐柱之间的大过梁上，有用来支撑楼上挑出的坐窗的一对立雕花撑，形似狮子舞绣球。花撑底下，吊着一对金色的镂花铜质灯笼钩，与头垂下的狮形花撑上下照应。过年时，大红灯笼高高挂起，与室内精美的表面天花相辉映，绚丽多姿，气势堂皇。

中堂两侧的次间是卧室。左边为尊，右边为次，上下房都有卧室。儿子年少时，父母住在左边；等到家中长子结婚，父母住到右边；次子结婚，父母到楼上住。当时乡间有谚语说：“大儿结婚，父母让房；二儿结婚，父母上楼。”这是当时的民俗，显示出家族对传宗接代的重视。这一点和北方的长者居上有所不同。

卧室内的装饰也非常华丽。在门前檐廊的尽头有一间小小的前室，俗称“角厢”。角厢的菱花门与向前的卧室门成直角，使卧室更具有隐蔽性。角厢的一侧与卧室门相对的面，有两扇板门，平时此门不开，只在搬运家具的时候才打开。角厢的深度是厢房的进深，面阔小于卧室。卧室内从中柱至后檐柱间有一道高约两米的阁楼，上面有柜子，用来储藏衣服及被褥等，不仅实用、还使整个卧室显得舒适温暖。卧室的窗子装饰十分讲究，窗子是两层，内层是普通的菱花格扇或是棂木窗。外层比窗洞略大，叫“护净”。同样分两部分：上部是精巧的菱花格子，中间点缀着各种美丽的图案；下部是花板，镶嵌着各式各样的高浮雕，这些精致的浮雕代表着当时徽州建筑木雕艺术的最高水平。

两厢位于天井两侧，进深小于上房的面阔，一般都开敞也不做门窗，称为“敞厢”。敞厢的外墙是木樘板做成，内侧枋子下有落罩，五彩的天花顶棚，装饰也是十分精致。在敞厢处设有一扇门，可以通到厨房和杂房或是园子内。

天井是住宅内部的中心空间，四面高大的墙屋封闭，屋坡上的水都流入天井，称为“四水归堂”，寓意四方财源都滚滚流入家里，因此天井又有“聚财屋”之称。不仅如此，在这种高大封闭的防御性住宅中，天井还有通风、采光的作用。

门厅只在四合院内才有，设在下层。里面有屏风门，平时不开，要绕行，和北京四合院的影壁和垂花门的功能相似。

宅院的大门多是青砖雕花门楼，由石库门和门楼共同组成。石库门是由门洞两侧的门柱石做成。门板表面由竹片镶嵌，起到保护和装饰的作用。门楼由门楼顶和门罩两部分组成。门楼的顶是从上面墙面处挑出来的一个屋顶，它没有保护大门的作用，只是作装饰。门楼顶下是门罩，门罩中间是匾额，匾额上有吉祥的题词，周围有精美的雕刻。同样，门楼作为一个宅院的脸面，其装饰直接显示出这家主人的文化修养和家庭的经济状况。

皖南山水翕聚，错落在峰峦叠翠、绿水萦绕的优美景致中的古村落，历经千百年的发展，人们独具巧思地建构出天人合一的徽州村落风貌。皖南民居极重环境，村头巷尾常常开渠凿塘。水边的古树，半枯半荣，苍翠欲滴；绿荷摇曳，群鸭戏水，像是一幅图画；一座座民宅倒映水中，动静相宜，空灵蕴藉，给人一种旷远清丽的美感。皖南民居的巷子很有特色，巷子两侧是高高的实墙，墙顶端是形式多样的马头墙。

皖南民居的村落布局也很有特点。中国的大部分村落选址都是负阴抱阳、面南而居，但也有例外。绩溪县的石家村，是一个以棋盘为平面布局形式的村落。石家村人是北宋开国功臣石守信的后代，村落建于明代，整个村落的民宅全都面北而居。当地的老年人说，门向北开是为了不忘始祖石守信来自河南开封。民间有“征家门不宜北向”之说，那么大将的家族怎么还开门朝北呢？这是因为石守信年轻时为大将，中年时，自请解除兵权，累任节镇，不再从戎。而且石家村建村是石守信去世后300多年以后的事情，所以不再忌讳。

对于棋盘街民宅全都面北而居的原因还有一种解释。风水术中讲究五行，五行又有多种分类，按照正五行，其口诀是南方火、北方水。紧靠石家村的南边是一座形似火焰的山峰，而村北则是一条小河，在这种地理环境中，房门朝北可以避天火烧。而且石家村人姓石，不怕北风刮、阴雨打。

石家村的巷道整齐方正，笔直对称，纵横相交，形似棋盘。村落的中心是石氏宗祠，好比帅府，而民宅住房好像一枚枚的棋子。据说宋太祖赵匡胤酷爱下棋，常与石守信对弈，石姓为纪念先祖，因此建棋盘街。

石家村的巷道尽头过去都设有门户，每逢夜晚，关闭以后俨然一家。有趣的是，石家村户户庭院里，都栽种石榴树，以此象征石氏家族的繁荣昌盛。

黟县际联乡的宏村，则是一座以“牛”来比喻其平面布局的村落。宏村很美，它的北面是榛树成片的雷岗山，东面是翠绿逦逦的东山。羊栈河、汐河碧水川流，在宏村西边交汇，南面是一片肥沃的农田。

在这青山绿水之间，最理想的就是俯卧一头牛了，因为农家生活离不开牛，只要有了牛，这里必然会稻谷满仓。于是，人们便把村落规划为牛形。村落中小溪遍布，清水长流，人们在这里浣衣洗涤。这弯弯曲曲的河道，人们把它比喻为牛肠。宏村的中间，有一个半月形的池塘，人称月塘，这是所谓的“牛小肚”。月塘的四周是一幢幢美丽的民居，水塘如镜，民居倒映水中，情趣盎然。既然有“牛小肚”，那么牛的“大肚”又在哪里呢？原来，宏村的外面有一个南湖，湖面呈弓形，正像是一个牛胃。村外过去曾有四座桥梁，人们把它比喻成四条牛腿；整个村落的民居，就是牛的身体；村外的一条小河，像是一条赶牛鞭，村口的两棵古树，人们说是牛角，宏村真成了一头静卧在大自然中的牛。

旧时的村落，不仅布局讲求风水，而且还要注意水口的位置和处理。流水形似人体脉络，所以叫作水脉，水脉在村头和村尾处时，被称为水口。水口处往往都要做一些处理，以保吉利，种风水树便是一种方法。

黟县的南屏村水口，除了建一座石桥外，村口还保留了一片古树，枝繁叶茂、鸟鸣啁啾。这些古树，都是南屏村的风水树，是一种吉祥的象征。旧时村民婚丧嫁娶，新娘花轿、辞世寿棺都要经过这片古树。这里的村民几百年来都有护林爱树的习惯，无论是七八岁的孩童，还是七八十岁的老人，宁愿到远处的山上砍

皖南祠堂正立面图

柴伐薪，也不愿动风水树的一枝一丫，可见风水树在人们心目中的分量。

水口还要看水口砂。水口砂是水口两岸的高坡或山冈，水口无砂，则水会直奔而出，表示不吉利。黟县的西递村，其整个村落的平面像是一艘扬帆远航的大船，而这个村的水流是朝向西方。顺水流方向看下去，水口有密集之山，如犬牙交错、群鹤相攒、重叠迂回，多达十里。这是一种大吉，表示水流情意顾内，步步回头不肯离去。西递村风水好，过去这个村的村民大都外出经商，普遍成功，正像村庄的平面一样，大船扬帆远航，果然一帆风顺。现在，西递村仍然是皖南比较著名的一个大型村落。据说，西递村有99条巷道，每条巷道的景致都不相同，有的巷道窄，有的巷道宽，有的巷道直，有的巷道弯，也有的巷道还带有高差变化，用石阶来联系上下。村里的老人告诉我，正是由于西递村像一艘大船，所以村庄才兴旺。

皖南民居的绝大多数都是楼房。有趣的是，明代以前的民居，楼下低矮，楼上高敞。楼下构件外露，不加修饰，楼上则方砖铺地，整砖覆顶。到了清代则反之，楼下高敞，楼上低矮，祖堂、客厅以及主要装饰都集中在楼下，而楼上仅作为闺房、书房和库房等辅助用房使用。

有人推测，元政府为了统治南方的民众，在每户驻扎一名元兵，民间称“鞑子”。因为鞑子住在楼下，当地人建房时便有意将楼下的层高降低，而将楼上的层高加高，用来给自己居住。尽管元灭亡了，但这种习俗一直保留了约300年。直到清代，人们才将主要用房迁至楼下，所以明清两代的民居在造型上有许多区别。总的来说，明代的民居建筑最有特点的构件是覆盆础、梭形柱和斗拱等，这些部位留存一些唐、宋建筑遗风，也影响着明代建筑样式的发展。

黟县宏村的承志堂，是典型的清代晚期的民居形式，建于清咸丰五年（公元1855年），至今已有近170年的历史，是清末大盐商汪定贵的住宅。全宅有木桩136根，大小天井九个，七处建筑带有楼层，大小房间60个，门60个，占地面积2100平方米。

承志堂在平面上为前、中、后三进院落的形式。前厅的中门平时不开，这样可以起到屏风的作用，只有等级较高的宾客来访，或者是婚丧喜庆才开中门。

前厅额枋背后是卷棚，卷棚向上拱起：一方面作为底层空间的顶棚装饰；另一方面，民间流传着女子不能站到男人头上的说法，卷棚拱起后，二楼的部分楼板抬高，二楼作为闺房，女孩子的活动范围做了限定，楼上的正厅是摆桌迎宾之处，这样可以避免女孩子走到男人头上。二楼设一圈回廊环绕天井，并装有花栏杆。这花栏杆还有小的瞭望窗，据说小姐可以从这里窥视楼下的正厅。平日瞭望窗并不重要，但在相亲时就格外有用，小姐可以把来提亲的小伙子悄悄看个仔细。

仰视房顶，我们可以看到屋面都向内倾斜，是民居常见的一种处理方法。屋脊在外可以使外墙的高度提高，四周形成防御体系。而屋面向内倾斜，雨水不会流向外面的巷子，雨天便于路人行走，雨水也不会流到邻居家，造成邻里纠纷。居民对于这种形式有一个很好的叫法，谓“四水归堂”，意指聚水如聚财，用俗话说就是“肥水不外流”。

皖南民居有丰富的历史内涵，通过环境、布局、造型、体量、尺度、空间、质感、比例、色彩、装饰等建筑语言，构成鲜明的艺术形象，使我们深切地体会到注重礼仪为先、长幼有序、平和处世、勤俭持家的中国传统伦理思想内涵。

安徽徽州歙县坑口乡瀹坑村方春福宅院落立面图

皖南民居立面图

皖南民居门头

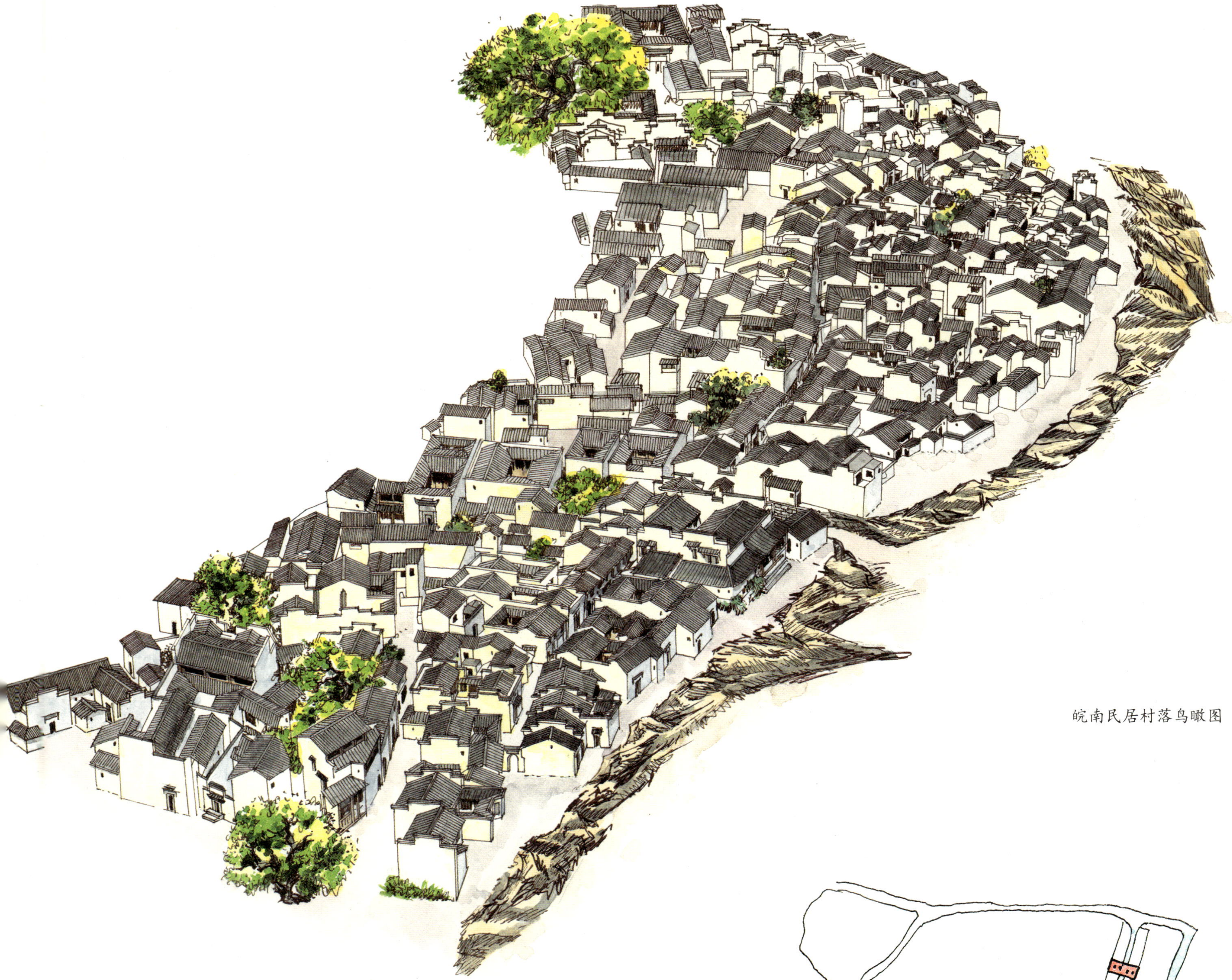

皖南民居村落鸟瞰图

皖南棠樾村平面图

叁 窑洞民居

中国传统民居中大多数的建筑都是木构架的庭院式住宅，不过除此以外，还有一些例外的形式，窑洞就是这例外形式中的一种最为独特、最具地方特色的住宅。

中国的窑洞民居在形式上可以分为三类：一类是坡上挖一口窑，平着伸进去，这叫作靠崖式窑洞；一类是在平地上向下挖，挖成一个凹的大院子，再向这个院子四周挖窑洞，这叫作下沉式窑洞；一类是在地上用砖砌，砌成一个窑洞形式的房子，这叫作独立式窑洞。独立式窑洞实际上就是现代建筑中的覆土建筑（掩土建筑）。

靠崖式窑洞

窑洞大门

窑洞民居

窑洞民居立面图

靠崖式窑洞

靠崖式窑洞就是在黄土坡上开挖的窑洞，主要出现在山坡、土塬的沟崖地带。窑洞靠山崖挖进去，前面有比较开阔的平川地，从侧面看，这种地形很像靠背椅的形式。靠崖式窑洞主要分布在甘肃、山西、陕西、河南四省，而其中数量密集、最有代表性的要数河南和陕西两省。

河南省有代表性的窑洞是康百万庄园。康百万庄园离巩义市很近，在城西三公里邙山脚下康店村，和县城相隔一条伊洛河。

庄园共有靠崖式窑洞 73 孔，许多窑洞都是被作为四合院当中的正房来使用的，而院落中的东西厢房却是硬山顶平房。这说明窑洞是受到康家喜爱的，也被康家看作等级最高的建筑。

尽管康百万庄园经过历代陆续营造，但总体布局很完整。尤其使人感到佩服的是，营建者能随山坡顺势巧妙地利用自然地形，使每个四合院都有窑洞存在。布局上沿袭了传统的四合院，但又能随地形条件安排出变化丰富的多进院和比连院，使人能在空间序列的变化中感受到一个又一个不同的院落。

最典型的是里院和新院，院的东西两侧建楼房，正面山脚崖壁上筑砖砌窑洞三孔。正中的一孔最高最深，其窑洞是两层的，中间设置木棚板，这也是康百万庄园中最大的窑洞。庄园中最高的窑洞内部为三层。

康宅虽然建在黄土山坡上，但规整的砖砌墙体多，而土、石的墙面很少，加上房屋各处细腻的砖雕木刻装饰，色彩深沉富丽，庭院中又种一些树木进行了绿化，使得建筑艺术风格更多了几分豪华。

康百万庄园鸟瞰图

独立式窑洞和下沉式窑洞

在黄土坡上开挖窑洞，洞内顶部形成向上拱的形状，下部则为长方形，中间形成较为开敞的空间，形成一个洞的形式。窑洞前面有较开阔的沟崖，便于通风、采光，居住在里面不会感觉到阴暗和压抑，而且洞前还留有一块平地，可以做成日常活动的院落，非常方便。

如果没有靠山崖的地段，那怎么挖窑洞呢？人们开发了独立式窑洞。

独立式窑洞是利用拱券的形式在平地上建造的掩土建筑，其实看起来更像是普通的房屋。整个建筑大多都是用土坯或砖头砌成的，只是在上面压上一层土，外面看起来和窑洞有很多相似之处，所以也就称之为独立式窑洞了。不过这种独立式窑洞的室内和窑洞是一样的，顶部同样是拱券形，而且除了洞前窑脸的窗户和门是用木头制成的以外，内部结构全部都不用木料，而且窑洞内也非常适应当地的气候，冬暖夏凉，隔音效果也特别好，这些都是窑洞民居所具有的优点。所以说独立式是窑洞民居中最高级的一种，也是建筑造价最高的一种窑洞形式。

这种独立式窑洞还可建成其他形式，如在窑洞上再建窑洞，成为两层楼的形式，俗称为“窑上窑”，造型别致，极大地丰富了窑洞的外观。

下沉式窑洞大多建在黄土塬区的小平原上。远远地从表面望去，是看不到这些窑洞的。因为下沉式窑洞是从地平面向下开挖出一个深约六米的方形大土坑，坑壁由上到下垂直，下面的坑底平整，形成一个四方的院落，然后再向四面开挖洞穴。

一般来说，下沉式窑洞的院落布局和北京的四合院有些相似。院落的三面大多各开三口窑。坐北朝南的窑洞为主窑，是长辈的住处，而且中间的一口窑往往设祖堂。左右两侧的窑洞相当于东西厢房，是晚辈的卧室，并设厨房和储藏室等。出口对于这种下沉式窑洞来说是非常重要的，大多设在与主窑相对一面的角落。有像楼梯一样的上下台阶式，有直接与外部相通的直通式，往往最常见的是把阶梯建在坡道上的通道式。另外按照出口的形状又分为直进形、曲尺形、折返形和雁行形等。而采用哪种出口的形式都是根据周围的地形和风水来设置的。

另外，下沉式窑洞的院落壁顶部通常设有女儿墙，比地平面高出一截，这样可以防止雨水流入院内，也避免行人一不小心跌落下去。有的还在女儿墙以下的位置，建有一圈略窄的出檐向下遮挡，可以保护院落的墙面不受雨水的冲刷。

除此之外，窑洞院落的下面也有排水的地方。家家院中都设有渗水井，雨水可从这里流下去。而且北方少雨，偶尔的大雨，对于窑洞来说是不会有什么影响的。平时不用时，渗水井上面都压有石板，里面可以用绳子吊着放一些食物，可以防止食物腐烂，

保持新鲜。

窑洞的设置装饰几乎都很普通，不过窑洞门脸的棂格窗的造型却很别致，而且大多都出自自家人之手，是一项流传至今的传统木匠工艺。富裕人家的窑洞门前会设有石狮子，不过却很少见。窑洞本身冬暖夏凉，洞内还设有火炕，冬天住起来舒适暖和。

叁

江浙民居

与凝重的北方民居相对的是活泼的江浙民居。浙北与苏南位于太湖流域，这里气候湿润，无严寒酷暑，唯夏季有一段湿热天气和梅雨季节。在这种良好的自然条件之下，房屋多朝南或朝东南。

这一地区民居都为木架承重。屋脊高，进深大，防热通风效果好。另外，在平面的处理上尽可能采用置小天井及前后开窗的做法。门窗基本采用低的槛窗及长格扇窗。四坡水、悬山、硬山等屋顶和封火山墙、披屋等建筑形式，在这一地区的民居中都可以见到。它给我们的印象是凝练而明确的线条，亲切而和谐的节奏。

纵观全国民居，苏北、皖北、豫东和鲁南接壤的淮海地区民居是建筑形式和平面布局较单调的地区，基本都是硬山式屋顶，且草顶居多。除前面设窗外，其余三面均不设窗，建筑群的组合上虽有三合或四合院，但更多的是分散式布局。同处华东地区的江浙民居无论是造型还是平面处理，都变化繁多，质量普遍很高。

江浙民居以不封闭式为多，平面与立面的处理非常自由灵活。悬山、硬山、歇山、四坡水屋顶皆被应用。被称为东方威尼斯的苏州临河建筑，其淡雅的水边景色是那么柔和幽静，又隐含微微漂浮、缓缓流动的意态。多少画家、诗人来此描绘吟诵这“日出江花红胜火，春来江水绿如蓝”的江南景色。

和其他地区一样，经济条件好的人家，住宅在平面上采用对称的布局，四周高墙封闭，并附以花园祖堂，造成曲折变化、主次分明的平面布置。木架结构用正规梁架，厅堂也有用“草架”的。建筑力求采用高档材料，细部装饰华丽，建筑面积也大。江浙民居棱角笔直、严格精确，无笨拙臃肿、敷衍堆砌、形象粗糙之感。精湛的施工技术，使建筑大为生色。浙江绍兴民居中常见过河廊的形式，这种过河廊是大户人家连接河两岸住宅的通道。不仅给房主使用上带来方便，而且给河道带来了空间的变化。

通过视觉的体验，江浙民居的室内设计往往能激发人的美感。因用途的不同而自然产生了复杂的空间层次，使房间与房间之间相互联系，浑然一体。其序列不仅合乎逻辑、讲究效能，而且在视觉上惹人注目，功能安排极为合理。别具匠心的空间利用，大大丰富了建筑物视觉效果。仔细观赏会发现许多空间利用的方式。从阁楼向下看，你会发现必须将楼梯开启方能下楼，左边出挑的窗台可以睡人，两边的墙壁也被充分利用，如挂置衣物。空间利用得如此充分，使人叫绝。

江浙民居墙体薄，大木结构高瘦，装饰玲珑，木刻砖雕十分精细，屋面轻巧，造成了明秀轻松的外观。白墙黑瓦在丛林溪流映照下，给人以明快的感觉，素雅清淡，韵味无穷。

一般来说，大型民居从进入大门到门厅为第一进，向里到轿厅为第二进。穿过轿厅再经一个砖雕门楼，向里过天井便进入第三进院落，院落内的大厅便是正厅，正厅是家里接待客人和举行重要活动的场所。过大厅便进入第四进院落，第四进院落为上房，又称内厅或正厅。这里是家人起居的地方，内设卧室，各个房间按照尊卑长幼来分配。由前向后的这几进院和大门都是直线贯通的。

楼厅后面大多建花园，花园后面是厨房、柴房或杂物间，家中的仆人也住在这里。下房的后面大都开有后门，紧靠河道，正好便于交通，作为购物、运输或佣人出入口，前面的大门则只

供主人或客人进出。另外，大型民居除了中轴线上的几座正院之外，还有几座由若干进房屋组成的院落，这些院落均和正院平行，称为边落。边落向外不设门口，要进入家中，就必须要通过正门的入口。另外，边落内也不设正厅，而且房屋建筑的开间、进深等都比不上正院。这就突出了正院在封建大家庭中的重要性。而作为正院的主要建筑——大厅，其规模和装饰都是全宅之最。按照明清时的规定，民居的正厅大都是三间，大型的宅院也只能是增加进深来扩大厅中的面积。上房则大多是五间。大厅和楼厅前大多设有天井，有利于通风日照。大型民居的花园，往往独占一隅，园中叠山理水，植树种林，亭廊曲径，环境幽雅，使整个民居具有浓郁的园林景象。

江浙民居中颇具代表性的是江南水乡民居。江南水乡民居主要指江苏南部太湖流域和浙江北部杭嘉湖平原这部分地区的民居。这个地区也就是人们经常所说的江南。说到这里的民居，人们自然就会想到“小桥流水人家”的江南水乡的优美景色。

江南地区是我国水路运输的交通要道，这里不仅经济发达，环境优美，更是人杰地灵。浓郁的文化气息和优美的自然环境蕴藏着丰富多彩的民间文化。作为影响人们日常生活的住宅，最能体现其丰富的艺术内涵。

江南地区较大的民居大多是当地富贵人家的宅院，这些宅院的占地面积一般都相当大。整个院落几乎占据前后巷道中间的广大面积，院落大多坐北朝南，大门开在正中间，门前通常设有照壁，照壁与大门前面形成一个小广场，可做停轿、卸马的地方。民居内部平面大多采用对称的布局结构，由若干进院落组成，内

部曲折变化，房屋主次分明。

江南水乡以水多、船多、桥多而著名，而这些又是水乡不可缺少的构成要素。与大型宅院相比，河道边的水乡小院表现出的又是另一种民居风格。这些民居建筑随蜿蜒变化的河道而呈现出不同的形式。在城镇中，有相当数量的民居是面街背河的形式，这种临街的民居大多为商业店铺。如果河道正好有个拐弯处，形成一个 90 度的直角，或河道呈“丁”字形，也有河道呈十字交叉形的，建在这些地方的民居就呈现出两面临水，或是多面临水的形式，这样在用水和交通上都较一面临街的民居更为方便。这些民居也因与河水的互相交错呈现出造型更加复杂的建筑方法。

小桥流水旁的普通人家的住宅建筑大多简单。从中间的小河上看，临河的住宅大部分为小楼，而最底层大多为店铺，楼房的顶檐边多设出挑檐。这样既可方便自家人使用，也给路上的行人提供了避雨的场所。如果房屋正好建在河沿上，则利用大型的悬臂出挑很大一部分来做成檐廊，使之成为房屋的另一个小空间，形成阳台的形式，是乘凉、观景、晒太阳的好地方。这种方法称为出挑。另外，有的民居建筑的一小部分伸出在水面上，这一小部分下面必须依靠木柱或石柱来支撑。上部可以是楼房或阳台，下面河沿处设有踏步，以方便家人平时用水或洗衣服，这种扩大空间的结构形式叫作吊脚楼。

还有一种较为复杂的建筑方法，称为枕流的形式。就是整座建筑都建在河面上，窄的河面可以利用河沿直接架梁建房，宽的河面就要在河水里竖起石柱来支撑了。如果靠近河岸两边的房屋正好都是自家的，便将两座房屋连接起来，中间同样用石柱支撑。这样河面上的建筑就可以作为走廊或阳台，扩大自家房屋的面积，使用起来也很方便。不过这只能建在不通行的河道上，而且河面也必须是自己家里的。

除此之外，“倚桥”也是一种较为特别的建筑方式。靠近桥头的人家将房屋的一部分直接建在桥上，利用桥面作为自家的楼梯，楼房上下不用再设梯子，不仅节省了空间，而且还扩展了建筑面积。

江南水乡民居依所处环境的不同呈现出了各式各样的建筑形式，但从单体建筑上来看，民居所表现出的自由灵活的建筑结构和自然淳朴的风格又是统一和谐的。

临河的普通人家的院落都不大，房屋的开间也都相对较小。大多为一到三开间的楼房。院落内部大多也是合院的形式。

最简单的民居，仅有一间平房或是上下一间的楼房，规模较大的民居大多在此基础上沿横向增加间数，或是沿纵向延伸并以“进”来组合，中间以天井贯通，可有利于房屋的采光和通风。另外，两进的民居则是以左右高院墙与前后房屋共同围合成天井，形成一个较为封闭、安静的内庭式院落空间。

江南水乡民居的房屋分配和北方四合院也有相似之处，依使用功能的不同一般分为堂和室。从民居住宅的大门进入院内，正对天井的开敞的堂屋就是正堂。正堂是平时接待客人、祭祀和家人生活起居的地方。一般来说，规模较小的民居堂屋只有一间，而较大民居中的堂屋则分为多处，并有主次之分。正堂招待客人，

次堂则是家人起居生活的地方，分工更为细致。

卧室和厨房设在室内，也有用作书房的。相对于正堂来说，室显得较为隐闭和私密，建筑形式也略有不同。室的窗户通常是面向天井，临街的一侧设有高窗，底层开设小店铺；不过二楼的窗户开得就比较大，因为江南夏季多雨，空气潮湿。大面积的窗户不仅利于房屋的自然通风和采光，而且还可凭窗观看远处的景色。

江南水乡民居的建造结构和技术是依当地的木结构传统形式来建筑的。无论是平房还是楼房，几乎都是采用木构架填充墙的结构体系，就是房子起承重作用的是木头的构架，而墙体本身是不起承重作用的，所以有“墙倒屋不塌”的说法。

总的来看，江南水乡民居的平面构图和建筑造型艺术均表现出自然朴实、简洁清新的风格。在民居的装饰上，无论是名门世家的府第宅院，还是普通家庭的民居小楼，都采用较简单的造型和布置。民居房屋淡雅的色调和住宅内部木质构件所呈现出的棕色相协调，配以街巷路边青灰色的石砌和青翠的树木，在蓝天碧水的辉映下，呈现出浓郁的水乡特色。

浙江诸葛村文与堂立面图

江南水乡民居

江南水乡民居

江南水乡民居立面图

鲁迅故居

鲁迅故居，位于浙江省绍兴市越城区鲁迅故里景区内。祖居建于 1810—1813 年，原为鲁迅家早年的住处。故居原为两进，前面一进已非原貌，周家的三间平房已被拆除；后面一进是五间二层楼房。鲁迅的童年、少年时期在此度过，直到 1899 年出外求学。1910—1912 年鲁迅回乡任教亦居于此。1912—1919 年，鲁迅也曾几次回乡在此住过。

后经周氏族人修缮，鲁迅故居为台门形式布局，前后六进。第一进为台门斗。第二进为平屋和长廊。第三进楼下西侧为鲁迅在绍兴工作时的卧室。第四进为两开间楼房，楼下东首前半间称为小堂前，是鲁迅家用餐、会客的地方，后半间是鲁迅母亲鲁瑞的卧室；楼下西首前半间是鲁迅祖母的卧室，后半间做过道。第五进为厨房。第六进为三开间平屋，中间有门通百草园。

百草园其实只是一个普通的菜园，为新台门周氏族人所共有，平时种一些瓜菜，秋后用来晒稻谷。童年时，鲁迅经常和小

伙伴们来到百草园中玩耍嬉戏，捉蟋蟀、玩斑蝥、采桑椹、摘覆盆子、拔何首乌。夏天在树荫下乘凉，冬天在雪地里捕鸟。关于百草园的详细情状，鲁迅在《从百草园到三味书屋》一文中做了非常形象生动的描述："不必说碧绿的菜畦，光滑的石井栏，高大的皂荚树，紫红的桑椹；也不必说鸣蝉在树叶里长吟，肥胖的黄蜂伏在菜花上，轻捷的叫天子（云雀）忽然从草间直窜向云霄里去了。单是周围的短短的泥墙根一带，就有无限趣味。油蛉在这里低唱，蟋蟀们在这里弹琴……"鲁迅 12 岁时被家人送到三味书屋读书，他非常留恋这个属于自己的乐园。

在鲁迅故居以东，与三味书屋隔河相对是周家老台门，即鲁迅祖居，清代建筑，系鲁迅祖上世居之宅。老台门坐北朝南，中轴建筑前后四进，从南到北依次为台门斗、大厅、香火堂和座楼，东、西设厢楼。

苍坡村民居

楠溪江是浙江省民居保存比较好的一个地区。由于其封闭的环境，楠溪江比较完整地保留了200多座古老村落及一大批在其他地区难得一见的传统民居建筑，是江浙地区具有代表性的民居之一种。

人世沧桑，荣衰兴替，楠溪江乡民在传统的宗法制度下，几百年间恒常不变的是有耕有读的宁静的乡村生活。艰辛的生产劳动创造出了恬静安然的乡土建筑。耕读生活培养出的知识分子，是雅言文化的代表。他们中有的人掌握宗族权力，有的人则隐居读书，还有的人在乡间教书。楠溪江村落文化气息的保持，这些人起了主要作用。这也造就了楠溪江村落建筑的人文特色，即在民俗文化中表现出来的雅士文化，在体现伦理与秩序的正统庄肃之中，流露出自然与恬淡冲和，亲切而又有人情味。

苍坡村以“文房四宝”作为其村落的主要景观，是楠溪江中游最著名的村落。它由李姓族人修建，最早建于五代，至今已有一千多年的历史，是楠溪江最古老的村落之一。在历史上，共整修过三次。

苍坡村的主要建筑大都在南宋孝宗淳熙五年（公元1178年）建成，今天我们看到的苍坡村的大致规模都是在那时完成的。当时，苍坡村的先民与风水师李时日商议村落选址和建筑规划，他们以阴阳五行为依据，精细地分析苍坡村的地貌。按照八卦：西庚辛属金，但西面有座“笔架山”，山形似火焰，在这里建村容易失火；北壬癸属水，照理可以镇火，但预定村落的北侧没有大的水塘，不能克火；东甲乙属木，火会引燃到此；南丙丁属火，会加强火的势头。如此一来，在这里建村，村子的四周都会被烈火烧烤。这样一分析，认为整个村子都将在火的威胁之下了。为了克火，李时日决定在村子的南侧建一个方形水池，重点是镇“火”；在村子的东侧建一长条形的水池，成为防火隔离带，以抵挡“火”烧“木”；在村的四周开渠引溪，引北方的“水”来环抱苍坡村。这样一来，水与火才得以平衡。

镇住“火”以后，具有文人风雅的乡民不满足于风水的释义，还要在其风水的功利性上再涵盖一层文雅的情趣，于是风水师李时日与村里的文人又利用“笔架山”这一名称向“文房四宝”这一命题发展。将对准笔架山凹口的地方作为村子的中心，建一条笔直的街道，以象征笔。在“笔”街中段的一侧，平放一个大型条石作为“墨”块。墨块旁边就是村南苍坡门旁边的水池，水池为“砚”。整个村落的用地为方形，即为“纸”。如此一来，“文房四宝”样样都有。苍坡村中，一条条纵横交错的街巷和一个个造型优美的民居组团，整体平面构成一篇“大块文章”，喻示此地必将文人辈出。这体现了人们向往文运昌盛的美好愿望，表现出这里先人独具匠心。

去苍坡村首先要路过方巷村。在方巷村的村边，有一座亭子，名叫“送弟阁”，它与苍坡村的“望兄亭”遥相呼应。这里有一个被田夫野老多年传诵的故事，流露着农家的朴实情感。

据族谱记载，苍坡村的李氏七世祖有李秋山、李嘉木两兄弟。南宋建炎二年（公元1128年），哥哥李秋山迁居大约两里以外、小溪对面的方巷村，兄弟俩常常“会桃李之芳园，叙天伦之乐事”，话叙亲情、谈古论今直至夜晚。当哥哥回家时，弟弟会一直送他到方巷村，而哥哥又不放心弟弟，于是又返回送弟弟至苍坡村，这样不断往返，常常直至深夜。频繁的往来，使兄弟俩产生了一个设想：各自在村边建造一座亭子，等夜里无论谁回去时，只要回去的人在自己的亭子上点亮一盏灯笼，对方就能看到；对方再点燃一盏灯笼，挂在自己的亭子上，说明自己已经知道对方安全抵达，表示放心。这样免去了相互送别的劳苦。这两座亭子一座称为“望兄亭”，一座叫作“送弟阁”，两座亭子遥遥相对，寄托了兄弟的依恋之情。

方巷村的送弟阁，旁邻小溪上的石板桥，遥望情意绵绵的望兄亭。从这里出发沿着乡间小路便可来到苍坡村。望兄亭建在苍坡村三米高的寨墙上，歇山屋顶，16根柱子，形成完美的比例。从这里南望远处方巷村的送弟阁，视野开阔。寨墙上几棵参天的古柏与灵巧的亭子形成对比。现在，这两座亭子的美人靠上经常坐着悠闲的老人，人们说古论今，兄弟亲情沁入乡民心田。望兄亭上的楹联“礼重人伦明古训，亭传佳话继家风”道出了这个近千年佳话的人文意义。

进入苍坡村要走溪门，这是一座木构牌楼式建筑，构件粗壮的斗拱，显示了明以前的做法。当地人在门两侧采用了一种古老的窗棂格形式——直棂窗，门两侧木柱略呈“八”字状，上侧向中心微倾斜，这种做法称为“侧脚”，是宋代的建筑风格。溪门屋顶下面有斗拱装饰，斗拱向外伸出的木构件叫作“昂”。溪门的昂有上下两层，前面托挑檐檩，后面压在脊檩之下，这与明清以后将昂作为斗拱的装饰构件的做法也是不同的，溪门的这种斗拱具有杠杆一样的承重作用，风格可远溯到宋元时期。正因为如此，苍坡村的溪门在现在看来还是非常的古朴、浑厚、典雅。

苍坡村的布局

芙蓉村

楠溪江的芙蓉村有一座建筑风格久远的寨门。芙蓉村的四周都有石砌的寨墙，要进村子只有经过寨门。寨门中的东门是全村最好的大门，也算是正门吧，具有很强的防御功能。随着太平岁月的延长，东门正中带有防御性的两扇闸门已经不知到哪里去了。东门是一座三开间两层的楼阁式建筑，这在偏僻的村庄中是很少见的。要说这座门的价值，不仅在于它柔和优美的造型，而且主要在于基座上的"断砌造"形式。"断砌造"是宋代的一种台基形式，基座分为左、右两个部分，中间分开，留一条平坦的道路，车马可以从两个基座中间凹下去的平整道路上出入。

沿着东门内的这条道路再往村子的中心走，在路的左侧有一方清亮的水池，水池的正中有一个玲珑的亭子。水池一面临街，另外三面在粉墙的衬托下，显得分外生动。我走了中国不少地区的村落，像芙蓉村这样把全村的中心设计成有池、有亭的园林空间，还是不多的。芙蓉亭是两层的楼阁式建筑，底层一圈设美人靠，老人们在这里休憩，身处其中，能感受到一份乡间古老而特有的闲适感。水池的南北两岸都有石板桥通向亭子。芙蓉池畔常有妇人洗涤衣物，远处的芙蓉峰倒映在池中，芙蓉池如画景色愈发诱人驻足。

明代前期是楠溪江中游村落营建的鼎盛期，这主要得益于当时经济、文化的繁荣。在楠溪江的建筑，尤其是与生活密切相关的居住建筑上，体现了淡泊名利、耕读传家的文化心理和价值取向。

清代以后，由于审美习惯的改变，楠溪江有些民居建筑也开始重视装饰之风了。

浙江永嘉县芙蓉村东门

浙江永嘉县芙蓉村

浙江永嘉县芙蓉村

四川民居

四川盆地开发较早，文化发达，人口稠密，是四川汉族的主要聚居区，这里的民居，主要是四合院的形式。四川盆地四周高山环绕，盆底大致北至广元，西到雅安，南抵叙永，东达奉节，略呈菱形。从重庆坐飞机去成都即可看到盆地中多为连绵起伏的丘陵，在丘陵和浅山之间，梯田、水田相伴穿插。盆地西部还有肥沃的成都平原，常年葱绿。盆地内气候温暖湿润，雨量充沛，阴天日数多。温暖多雨的气候使得民居必须具有防雨和通风这两大功能。

四川盆地里城镇的民居大致可以分为院落式民居与铺面民居两种。院落式民居在四川被称为“公馆”，这与浙江绍兴的“台门”意思大致一样。公馆的形式大致相同，建筑多为砖木结构。大户人家是将大门以外的空地都买下的，因而往往在大门对面建一过街照壁。常见的大门不像皖南、苏州那样用砖筑一高墙，然后装饰成牌楼的形式，四川由于雨水多，公馆的大门也是暴露门的屋顶。有些人家大门左右两侧建八字墙，但八字墙的形式不像北京大户人家那样是横长方形，而多为高大于宽的竖长方形。墙面抹上白灰，涂成灰白色，以墨线作砖形装饰。这与皖南、苏州、北京等地做水磨砖墙相比，是省不少钱的。大门左右有门枋，木料较宽，用以贴桃符或对联，过去门上常绘有门神，有的甚至用沥粉贴金。

四川民居的大门造型很有特点，门上为一“人”字形两坡水屋顶，双挑出檐，所以门上的屋面向外挑出许多。这样，屋面就相对低一些，给人以亲切感，甚至有些像北京四合院的中门——垂花门，古朴而淡泊。四川人将大门叫作龙门，只有川南一带，人们才将大门叫作朝门。川西一带农村的住宅尽管不是四合院，只有几间房屋，或者最多只是个三合院（当地称为一正两横），但人们也喜爱修上围墙。现在，人们为了辟邪还在院门上绘上彩龙。人称院门为龙门子，估计与绘龙毫无关系。由于旧时民居的大门有一过厅，人们常常坐在过厅中聊天，正因为如此，四川人将聊天俗称为“摆龙门阵”。尽管四川人旧时生活不如江浙，但似乎天生一种乐观的性格，幽默、诙谐。“川耗子”是外省人对四川人的一种谑称，因为四川方言妙趣横生，纯朴之中流露一种狡猾气息，常引起人们阵阵发笑。据说过去有一位“棒老二”的犯人在临刑前，对即将砍他头的刀斧手说：“哥子，快当点哈！”闻者俱笑。成都的人家常在龙门内坐一老头叫“看门头”，充分显示出大家的排场。

过去富豪人家常设置两重大门，临街的叫作头道龙门，在宅内的叫作二道龙门，头道龙门多为双挑出檐，甚至三挑出檐的形式，门宽常为一间。如果是三开间的屋面，两侧的各一间立面为砖照壁。由于旧时街道两侧都是肃穆的灰色砖墙，这一个个带有彩色门神、木雕装饰的大门就尤其显得绮丽可爱。据说过去有的大户人家门有二层楼那么高，门左右用砖砌成八字墙，并在门前设石狮子一对，气势很雄伟，有点像王府的大门。

另外，清中期以后成都等地也有少数富有人家建牌坊式的大门。这种大门就是用砖砌一高墙，在墙上用砖或石凹凸做成一个牌坊的样式，小的为二柱三檐，大的为四柱三檐或四柱五檐。柱是平的装饰，只是略高出墙面一点，檐是墙上凸出的一种带有小青瓦的屋面装饰。砖坊的里面是一个单坡屋面，向里倾斜，屋面最里面的柱子（后檐柱）之间装有屏风门。这种门在清以前是

用于庙观会馆的。清初时，连祠堂也不能用这种牌坊门。不过有钱人家也可以买通官府，或者房主人本身就是地方长官，所以用这种牌坊门来显摆他们的高贵。

在川南乡间，门的屋面与两侧房间的屋面高度一致，门与两侧房屋构成一个整体。由于大门只有两扇，不可能有一间屋那么宽，从门枋至檐柱做 40 度的斜距，在门枋至檐柱之间装上板壁（也有砌砖墙的）作为装饰。这种样式朴素的大门，当地人称八字朝门。

大门内有的还设有中门（二道龙门）。中门的形式为一小门楼，只设一层门。不像北京四合院或山西民居的垂花门，往往设置两层门，内侧为屏风门，四川的公馆民居往往不设内层的屏风门，过去有派头的人家往往在中门两侧墙的端头设置小门，平时从此门出入。中门常闭，非贵客或红白喜事不启。富豪人家的中门为三间，中为双扇大门，左右两间的立面是砖雕的花墙，这种气势，有点狂妄感。这种中门两侧房间是仆从住处或搁置车轿的地方。

但在四川民居中，中门并不是作为一种制式存在的，不像北京、山西四合院那样，几乎都要设中门。四川民居的中门设置是随意的，更常见的是像江浙民居那样，以层层院落的形式出现。这样，中门就可以用过厅代替。中门过后是天井，迎面为大厅。

四川民居的屋面在拐角处有的是相连的，这种形式与江浙以及北方民居都不相同，而与湖南、湖北、江西、皖南、福建大

四川民居立面图

部分地区的民居相似，这种形式更适宜于多雨的地区。四川民居的天井形状是横长方形，也就是宽而浅。假如院落是朝南的话，则东西向长，南北进深浅。当然也有正方形的天井，但不典型。四川民居的这种院落形式与山西民居东西狭、南北长的形式形成强烈对比。不过四川也有少数窄而深的天井，当地人俗称为“停丧天井”，因为就像棺材停在宅内。这种天井一般都是陕西及山西人后裔的住宅，他们保持了自己祖传的风格，但却与当地人格格不入。就像在福建泉州，绝大多数民居都是红砖红瓦，偶尔有一两户人家用青砖青瓦，当地人便以其住户的姓来命名，如“青砖徐”“青砖刘”一样。

福建、浙江等地的民居常在院落四周设置廊子，像浙江民居，尽管四合院的四角屋面并不相连，但是雨天可以从天井四周房屋的前廊走一圈而基本不淋雨，因为正房与厢房靠得近，一步即可跨过，不会遭受雨淋之苦。四川民居天井四周的房屋则较少设置前廊，但由于朝向天井一侧的房屋屋檐出挑很宽，而且四川民居屋面较低，所以出挑的屋面即形成了不带柱子的前廊，而且铺地与屋面相一致，出挑屋面下的铺地高出天井，自然形成不积雨水的形式。这样，雨天人们照样可以不淋雨而环绕房屋一周。

在成都城里，有的四合院四角屋面也不相连。这种院落，左右耳房向外移一步架，正房两端的屋山处可以开窗纳光通风。在四川农村，许多人家的房子是分期建的，因此每所房屋都孤立着，四角并不相连，房屋的山墙上亦可开窗，但山墙的房子一般都既高又小，无论怎样，开窗后光线、空气都更好些。这样从平面上看，四座房屋围合后就呈一“亚”字形。

四川是一个农业省，绝大多数人都是农民。四川农民比较分散，喜独居，最多也只是两三家聚居，住宅多散在田野里，或是山腰山脚下。

四川由于地形所限，农村住宅不太讲究朝向，坐势大致向阳就算不错了。但在宅基地的选址上，砍柴和挑水能相对方便才是最为重要的考量。贫苦农民的住宅多为草顶土墙或编竹夹泥墙，还有用竹棕等作为构架，上面盖点草勉强遮蔽风雨的简易民居。生活好点的使用木梁桩，正房为三间一列。中间的堂屋是祀奉祖宗和会亲朋以及起居的地方，左右两间是卧室或灶间。开间很小，也就三米宽、五米深或者更小点，能住二至四人。房屋的外面，牛棚接在左山墙，粪坑猪圈接在右山墙。这种一列三间的房子一般屋基较高，屋前有晒坝，较好的用瓦顶。再好点的房子依地势在正房的左侧或右侧接出耳房两三间，这样平面就成了曲尺形（L形），耳房做卧室、灶间或储藏用，当地人称此为一横一顺。有时因地势所限，耳房还一间比一间低，屋面形成层层跌落的形式。

再好一些的人家就是三合院了。这样，房屋中间有一个较为整齐的前庭，房主人打晒谷物以及临时堆积农作物都在这里，是家庭重要的工作场所。这种前庭一般都用石灰、石粉和黏土混合成的三合土碾压墁平。这种三合院的住宅其材料也有好多种，一般正房用瓦顶，耳房用草顶。再有钱的人家就是四合院了，当地人俗称“四合头”。这是一种房屋的四个拐角处相连的四合院，所以造型上很方正，转角处没有缺口。这种四合院，下厅房（北方称为倒座）用于堆置器物及用作牛栏、猪圈，反正所有的功能都安排在四周的房屋。至于乡绅及大地主的房子，那就与城里的民居相差无几了。

为什么四川民居喜欢用横长方形的院落平面布局？从农村住宅的调查中可以看到，四川多丘陵山地，一般一列三间的房子前面地方不大，如果扩建时，左右尚能扩展，而前面扩展的余地不大，这样形成的院落势必为横长方形，久而久之人们就习惯了这种宅制。农村地主的房子，因为建在乡间的缘故，房间多舒散宽敞，不像城里那样密集，院落周围，喜栽树竹，的确有一番意境。

西南地区的山崖吊脚楼很多，尤其是重庆，由于建房用地很有限，人们又不愿远离闹市，在这种苛刻的自然条件限制下，一座座吊脚楼拔地而起，随处可见。

这里的人们没有正统的建筑概念，不讲什么“堂屋”“厢房”等，随坡就坎，随曲就折。由于功能上要满足生活的要求，房屋空间布置自由，利用率很高，内部关系十分紧凑。室内往往有几个等高线，这间比那间高出一米，走进房间可能会看到从这里上去又是阁楼，上上下下，极富变化。从外面看是裸露的竹竿或木棒撑的小木箱，危若累卵，使人不寒而栗，而居民却能在里面怡然自乐。

在这里，你的空间观念会改变。一张小床，其高度只能供人坐起，而不能在床上站立。空间不大，但个人的私密感和庇护感却很强。室内光线虽不好，但临窗设一小桌，读书十分幽静，累了向外俯视。近处是一片房顶，上面挂着五颜六色的衣服；远处是烟雾蒙蒙的江面，传来低沉的汽笛声。这样的美景在其他城市的高层建筑上是感觉不到的。

四川居民不受任何规矩的约束，形成的建筑风格千变万化。这里的人们没有愚公移山的气魄，却依附于自然，对自然撒娇，体现出人与建筑、建筑与自然的亲和和随意。

泸州佛宝镇连排民居

也许大家还记得陈子昂的《登幽州台歌》“前不见古人，后不见来者，念天地之悠悠，独怆然而涕下”的诗句。在四川一些临江的楼阁中，可以领略“落霞与孤鹜齐飞，秋水共长天一色”的天地悠悠的无限空间的意象。正如梁朝王巾的《头陀寺碑文》：“飞阁逶迤，下临无地。”我们在这样高的楼阁从上往下看，地面就像没有了一样。在四川山区，我们不难发现地处仙境般环境里的民居。

四川的小镇很多，而且小镇多沿街布置，形成一长条形。无论是小镇还是城市，沿街的民居多为铺面。铺面有单开间的，也有双开间、三开间的，楼下的正立面为木板门面，无窗，拆下门板后即为店堂。因为沿街的部分地面贵，所以店堂的进深长。茶馆是四川较有特色的一种店铺。成都的茶馆是矮椅子、矮桌子，人们一边喝茶，一边休息，摆龙门阵，坦然舒服。而重庆的茶馆就是高板凳、高方桌，人们只为喝茶，而不讲究其他。铺面建筑常为前铺后家，一楼一底，楼上多用来堆放杂物和作为卧室，沿街一侧，开一小窗通风照明。楼下的后面为作坊、厨房等辅助用房。铺面建筑的屋檐出挑较宽，这样既能遮阳，又可避雨。

四川小镇的产生与场有很大关系。“场”就是集市，赶场是四川农村传统的贸易形式。早在隋唐时期，农村便出现了设在空旷处的草市，有的地方还定期举行专业集市，最著名的是蚕市和药市。到宋代时，草市开始向定点的市镇发展，清末民初是场镇建设最为活跃的时期，现在的场镇很多就是在那时兴起的。

场镇的位置一般都是非常好的，两河交汇处、山口平坝、交通要道、水陆码头是场镇的最常见位置。场镇虽小，客栈、茶馆、饭店、杂货、干货、五金、木器、绸布等却一应俱全。四川的场大都以街代市，这样也形成了四川场镇的一大特色，沿街商店林立，摊点密布。四川场镇建筑中最有代表的要数罗城了。

罗城是四川省犍为县的一个古镇，从乐山乘车只要一个多小时便可到达。据说罗城古镇建于明末崇祯年间，一开始不过只有几家店铺，以后逐渐形成场镇。罗城的名字是有寓意的，罗的繁体字“羅”由“四维”二字构成，生意靠来自东南西北的商人维持，而场镇也靠四方百姓维护，生意人的“四”与百姓的“维”相结合，便为“羅”字。

罗城古镇布局巧妙，造型独特。一进场，就能看到街两边的房屋在开头处相互靠近，随后渐渐向两边分开，中间形成一个广场，广场的一端设一个古戏台。然后街两边的房屋又渐渐靠近，造成两端尖、中间宽的广场平面，像青果形状，又像织布的木梭子形状。街道长约200米，最宽处有20米，鸟瞰古镇就像是一只大船，船底就是街道，两侧的房屋就是船舷，中间的戏台好像是船篷，而古镇一端的过街楼——清真寺、“灵官庙”，便是船的舵叶。这可真像是“山顶一只船”。

四川民居院落

罗城的街面由青石板铺地，街两边的店铺前面都留出五六

米的廊棚，廊棚相连，形成一个长长的灰色空间。在廊棚中可以喝茶、看书、观戏、下棋、做生意。即便是每逢双日的赶场天，四方乡民也基本都能容在廊棚之中，晴日不晒，雨天不淋，是理想的风雨市场。广场中部的戏台很高，戏台的下面是空敞的，人可以从下面通过，戏台的另一面还设有一座牌坊。每逢有演出，街两侧的廊棚就像是看戏的“包厢”。镇上居民从家里搬来了竹椅板凳，而赶场的乡下人则把背篼、箩筐倒扣在地上作为坐凳。每逢年节，街面的广场还举行耍狮子、舞龙灯、踩高跷、走旱船等活动，花花绿绿，热闹非凡。

罗城的布局形式与现代商场中“两头吸收、中间消化”的理论相一致，这引起了不少人的兴趣。为什么罗城是这样的？有人说，罗城的周围无溪无河，生活、耕作全靠雨水，在山顶上建成一艘船，可以引来载舟之水。还有人说，最初罗城的地形就是中间宽、两头窄的形状，修房造屋依照地形，就成了这个样子。不过在我的调查中，罗城不是唯一的这种形式的场镇，类似的场镇在川东也有。罗城在1984年已由政府出钱维修过，其中戏台、牌坊等都是由建筑师设计的，已不是地地道道的民间建筑了。

四川民居立面图

四川沿江吊脚楼

四川民居吊脚楼

四川民居剖面图

四川民居立面图

四川民居剖面图

四川民居剖面图

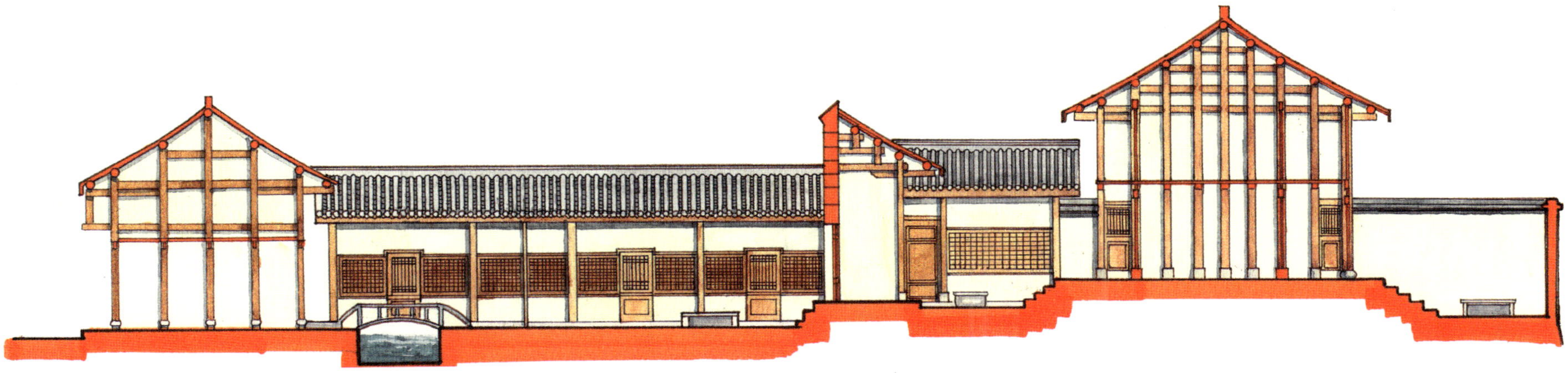

四川民居剖面图

四川民居剖面图

四川民居立面图

四川民居

四川江安县夕佳山民居

叁 蒙古包

居住在我国北方的蒙古族人民以游牧生活为主，逐水草而居，根据一年四季的变化不断地转换草场，适应生存。不固定的生活方式也就决定着他们不得不采用与众不同的居住设施。而蒙古包这种拆建简单、运输便捷的住宅形式就是为适应这种生活而出现的民居住宅形式。

蒙古包作为民居至少已有2000多年历史，古时候连蒙古族的王公贵族都居住蒙古包。元以后，受中原文化的影响，蒙古族的王公府邸已变成传统木构建筑，但民居还是蒙古包。

“包”是满语“家”“屋”的意思，蒙古族居住的毡包，满语习称“蒙古包”。《黑龙江外纪》中有“穹庐，国语（即满语）曰‘蒙古博’，俗读‘博’为‘包’”的记载。现在我国蒙古族、哈萨克族等民族住的帐篷，就是这种毡帐。毡帐的历史极其久远，《周礼·天官·掌皮》中有“共其毳毛为毡，以待邦事”的记载，说明我国很早就有制毡技术。古代文献中把毡帐称为“穹庐”“旃帐”，马致远《汉宫秋》第一折中就有“毡帐秋风迷宿草，穹庐夜月听悲笳”的诗句。

从平面上来看，蒙古包是圆形的。圆形是使用围墙最短、包围面积最大的一种建筑形式。在我调查的蒙古包中，入口都是朝向东方，这和有些古书上描述的“突厥牙帐东开，蒙古则门朝南开”的情况是不一样的。入口向东是某种信仰吗？牧民都说不清，但人们都听老一辈人说，门只能朝东，就是朝向日出的方向。我们可以肯定的一点是，门朝东能防止常年吹来的西风直接进入蒙古包内，尤其是在寒冷的冬季。

从剖面上看，蒙古包是一个近似半球形的穹顶，这种形式是最符合结构力学原理的，只要很细很薄的龙骨，便能承担顶部覆盖的几层毛毡。

从造型上看，蒙古包十分接近流线型，风暴从任何角度吹来，都可以把风的阻力减到最小，抵抗风暴的侵袭。蒙古包为了避风，也不会搭建在最高处，往往搭在缓坡地上，所以冬天一刮风，便不易被人看到。

如同汉族民居的东西厢房、正房的使用功能各不相同一样，蒙古包内也有固定的功能分区。这种功能分区，主要体现在客人来时。蒙古包门是朝东的，主人坐在西侧，正对着门，客人坐在主人的右侧，也就是南侧，妇女孩子在主人的左侧，也就是北侧。

从四方的小门入内，除了正对门前的一块地方之外，整个蒙古包地上都铺满了地板。正中间设置灶台，烟囱向上直对着陶脑（蒙古包的天窗），炊烟便可由陶脑排出去。蒙古包内靠墙的地方，也就是靠哈那（蒙古包的围壁）的一圈，放置着一些低矮的衣橱和柜子，用来存放各种衣物和生活用品。靠近门口北侧的地方放置着盛放燃料的箱子，箱子的旁边摆放有碗橱。如果蒙古包的西北角设有佛龛，佛龛的前面是不能坐人的。

蒙古包内的地板上都铺有一层厚厚的毛毡，也有铺地毯的，可以做床用，晚上人就直接睡在上面。当你进入蒙古包内，不用脱鞋，便可直接盘腿坐下，而且这里也没有矮桌子，不管是奶茶还是别的食物全都放在地板上，偶尔会有小矮桌子，在招待客人

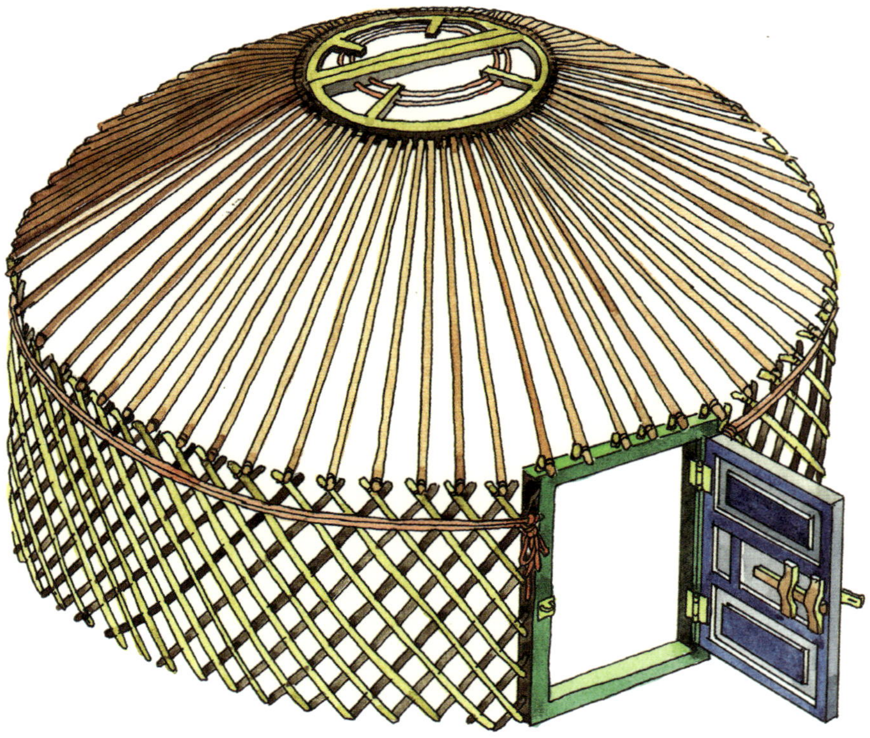

蒙古包构造图

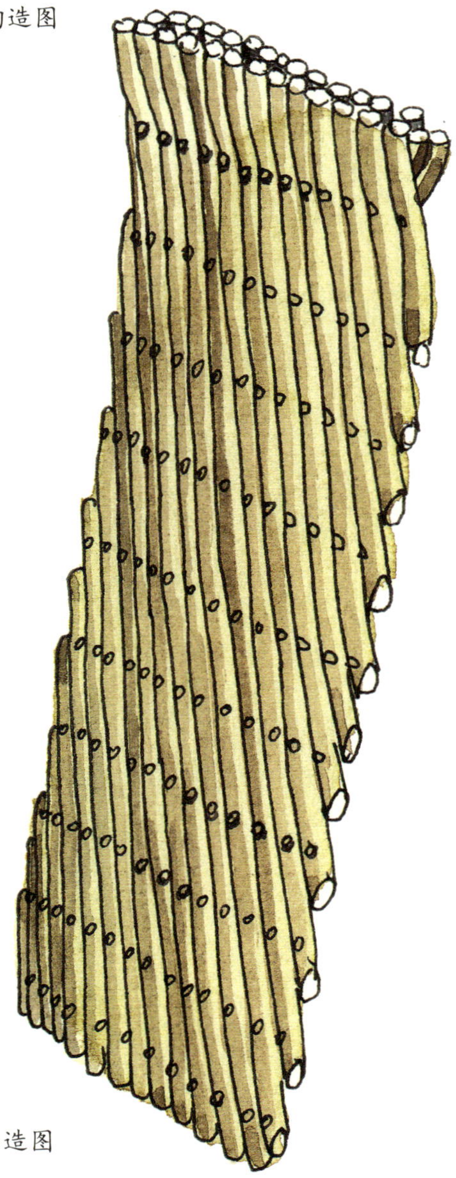

蒙古包构造图

时用。蒙古包的中心是炉灶，有一根烟囱从上面的天窗伸出去。

除了天窗外，蒙古包没有窗子，夏天时可以把一圈的毡子掀开，用绳子拴在上面，掀开的多少，可以任意调整。有的蒙古包已安装了玻璃小窗，使内部照明得到改善。内蒙古的夏季很短，而且并不十分热，所以蒙古包在一年四季都十分适用。

牧民转场时，整个蒙古包拆、运、建的全部过程前后只用不到半小时就可完成。

蒙古包的运输是很简单的，转场时几辆勒勒车即可运走全部的毡房、家具、灶具。到达预定地点后，先在地上铺板，铺板的大小，代表要建的蒙古包面积。下面置几根木条，使铺板架空和地面保持距离。然后安装门、蒙古包一圈墙体的骨架。普通的蒙古包由四片哈那组成，而旧时一些牧民主的蒙古包则由六片甚至八片哈那组成。如果举行大型的活动，比如有名的蒙古族传统那达慕大会时用的蒙古包由 12 片或是更多的哈那构成。哈那看起来只是一种木质的构件，由一根根木棍组成。不过每根木棍都由挺直的木料经过精工制作而成。每根直径都是三厘米，可是每一根的长度却又不同。内外两层都是穿过对角线的那根支杆最长，而不穿对角线两个角上的支杆最短。因此，制作哈那也是一种专业技能，只有专门的工匠才能做出来。将哈那按照相应的长度相互钉起来，支杆内外两层的连接点处用马皮绳子串结，编成网状。拉开以后便可成一个三米多宽、一米多高的栅栏。几片栅栏和门框相连围成一个圆圈，就形成了蒙古包的墙体。蒙古包的大小由哈那决定，每个蒙古包都是用一样的哈那，在市场上就可以买到。

用哈那将墙壁建好了，就来建房顶。蒙古包的房顶是由陶

脑和乌那（陶脑四周像伞骨一样的木架子）组成，其是蒙古包的重要构件，两者是相连在一起的，组成一个类似于雨伞一样的穹顶，平时打开，架在哈那上面。

如果是大型的蒙古包，直径超过五米的，还要在陶脑的下方设置两到三根柱子来支撑整个顶部，也可以事先将陶脑直接设置到柱子支撑的方形木框上。

蒙古包的骨架建好以后，就要开始铺毛毡了。蒙古包外面的毛毡是内蒙古特产的一种羊毛毡，用羊毛经过特殊的加工而成。蒙古包外面的毛毡分上下两层。覆盖在乌那上的里面一层用旧毡或是质量较差的毛毡。这层毛毡从蒙古包里面可以看见，现在的蒙古包大多都是用来接待客人的，所以内毡也讲究质地和花纹了。外面一层的毛毡是一片片的扇形，按照蒙古包的外形来铺，小头向上，大头朝下，正好将穹隆顶形状的蒙古包包住。另外，在内毡和外毡之间还要铺上一层塑料布，以防止雨水将内毡浸湿，外毡也较容易晒干。

铺好毛毡以后，外面还要用马鬃绳或驼毛绳捆绑起来。将外面的毛毡和里面的骨架紧紧地固定在一起，可以防止大风将毛毡吹起。另外，尺度较大的哈萨克族毡房外面的绳子下面往往还要捆上大石头、大木桩等重的东西，使整个毡房向下垂，增加重心，以防止大风将毡房吹走。

蒙古包目前已十分罕见，因为牧民大都已经定居，有了固定的房屋。

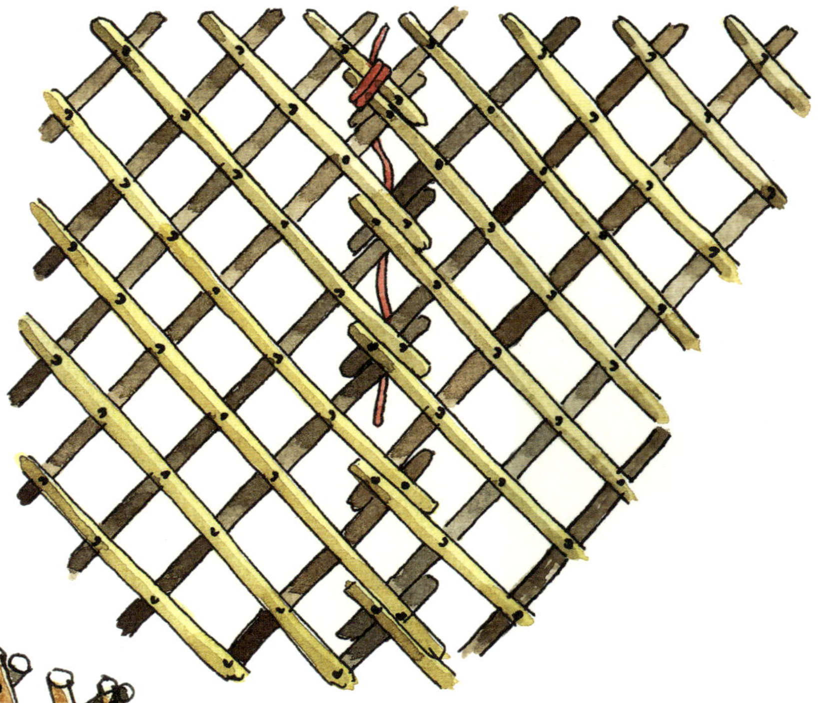

蒙古包构造图

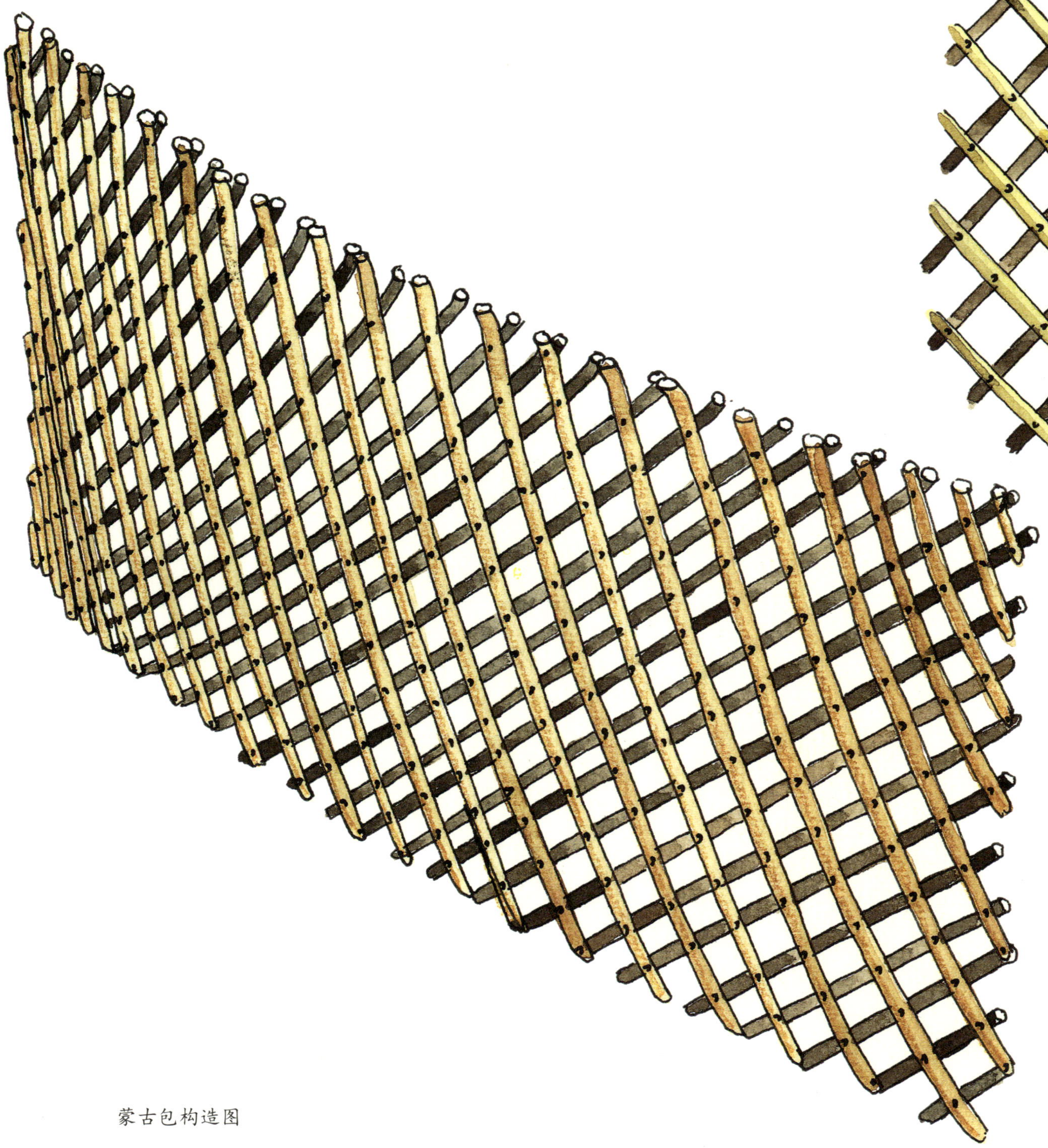

蒙古包构造图

蒙古包

蒙古包构造图

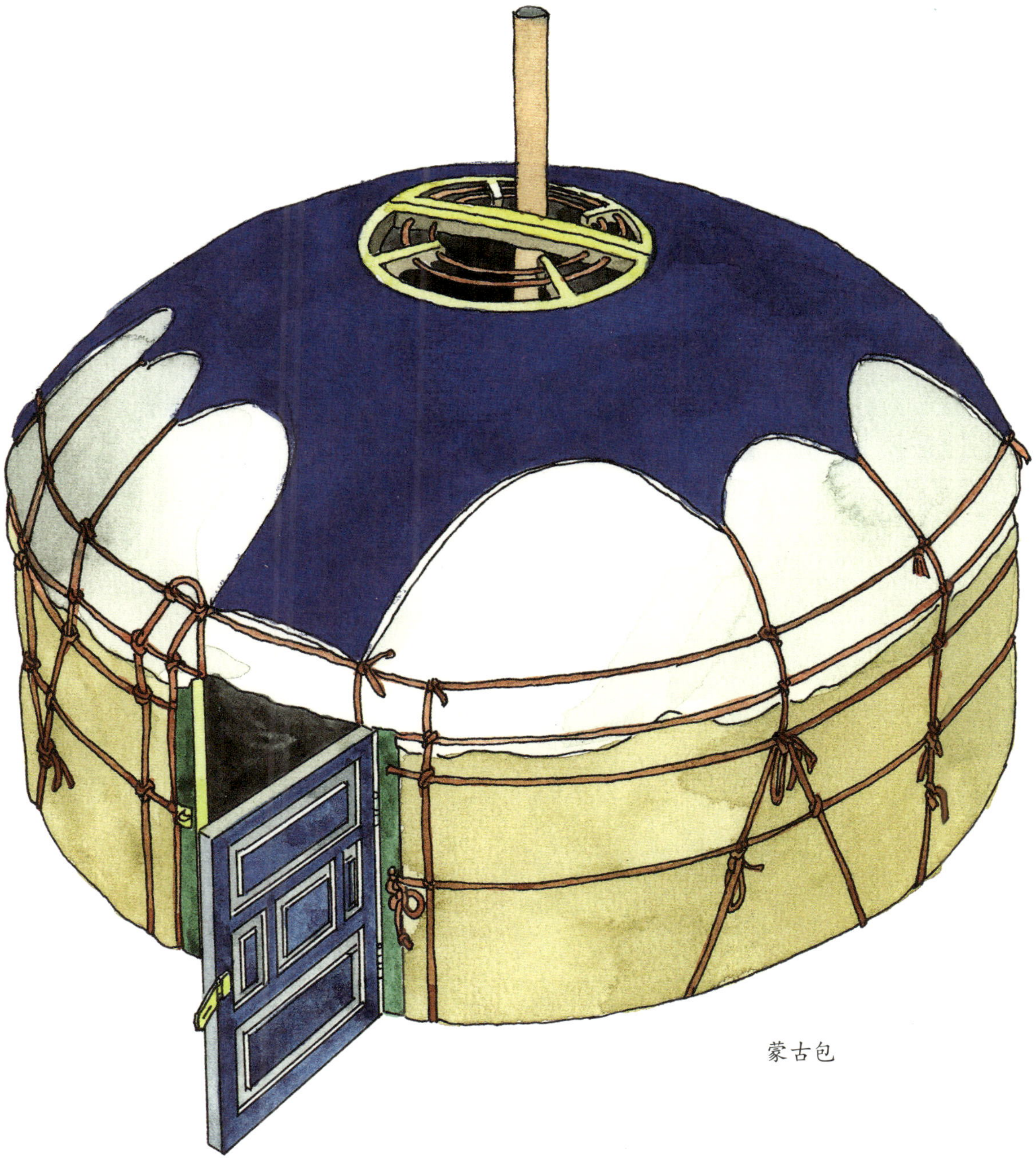

蒙古包

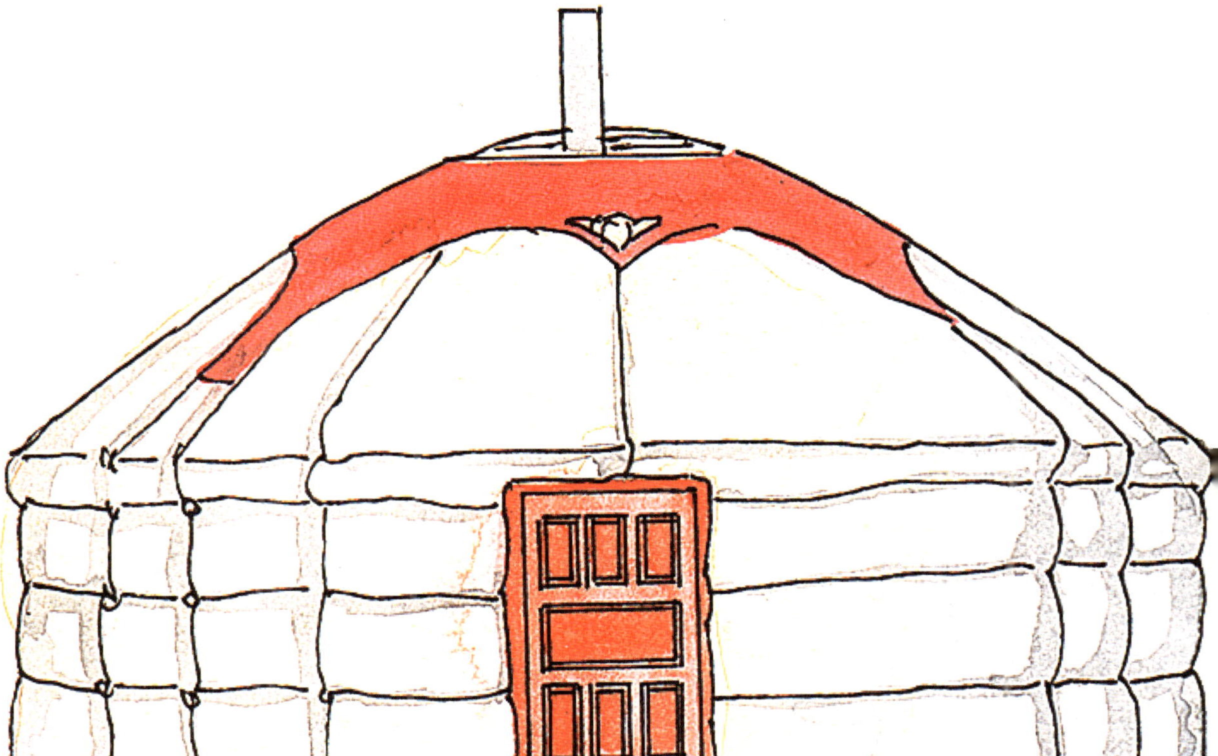

朝鲜族民居

居住在我国东北地区的朝鲜族人民有着自己独特的民居建筑，和我国其他地区的合院式院落民居的形式完全不同。

朝鲜族民居追求宽敞，其院落非常大，大多数的院门不设在正前方，往往只是在院子靠近房屋的侧面。虽然在与大道相邻的院墙处建有大门，不过平时是不开的，只供车辆出入。

走进只有一米多高的矮矮的篱笆墙，宽敞开阔的大院落内只有一座建筑，最多也只在边上设一个厢房。这与汉族讲究的正偏分明、左右对称完全不同。朝鲜族民居的四边是用木板片组成的矮篱笆，这与中国西部民居高大的院墙形成了鲜明的对比，其矮小的院墙根本不考虑防御的功能。

一座歇山瓦顶屋屋檐处最多也只有两米多高。房顶上的瓦也和汉族有很大的不同。汉族民居屋顶一般都用小青瓦，瓦片是一反一正相交铺成，形成瓦垄，也就是仰合瓦。瓦和垄的高度差不多，甚至瓦比垄还要宽一些。而朝鲜族民居的房顶的仰瓦的宽度几乎相当于汉族小青瓦的一倍，所以看起来垄就显得特别宽。屋面的坡度曲折缓和，屋脊的两端和檐角都向上翘起，整个屋顶形成了优美的曲线，白色的墙壁和青灰色的屋顶相互映衬，整座房屋给人以轻松愉快的感觉。

刚进入室内，就会有一股暖暖的感觉，原来朝鲜族民居的房间都设有火炕。因为这里地处东北，冬天来得早，而且气温很低。天气一冷就开始烧炕，因此，整个房间就会非常暖和。

朝鲜族民居的布局也是比较固定的，一般来说大都是六间或是八间房。另外又有西偏廊和东偏廊之分。就以一座西偏廊八间房为例来谈谈朝鲜族民居的内部布局。

整个房屋平面可分作两个“田”字形。第一个“田”字形是四个房间，都是卧室。前两间分别是祖父母和父母住，后两间是家里的孩子住处或是储藏室。如果家里来客人，就让出前两间其中一间给男客人住。前后四个房间都有门相通，而且每个房间向外也都有门。如果是六间房屋的，只有前后两间都是卧室，前面父母住，后面女儿住。整个卧室平面呈日字形。

我们再来看另一个“田”字形。和卧室相邻的中间两间相通，其实是一个大的房间，也是正间。正间是全家起居、饮食和活动的地方。孩子多的家庭，有的孩子也住在这里，或是家里来客人，也有住在这间房里的。和卧室相连的是一个大火坑，约占正间三分之一的地方为锅台，设有二到三个铁锅，有做饭用的，有喂家畜用的。正间和前后卧室分别有门相连接，而且前后都有门可以通院落。人们可以直接由外面从这里进入，进门后的地面可以放置一些柴火或是杂物。

正间外侧的另外两间，前面一间叫碓房，作储藏室用，房上设有小窗和后面的牛间相连，牛间的门口在房屋的侧面。牛的作用对于农村人来说是非常重要的，特别是朝鲜族农民，他们种水田主要靠牛，还喂牛熟食饲料。因此，牛和人住在一起，只是用墙壁隔开，而且牛间还紧靠灶坑，为了冬季牛不受冻。可见牛对于朝鲜族人来说是非常宝贵的。

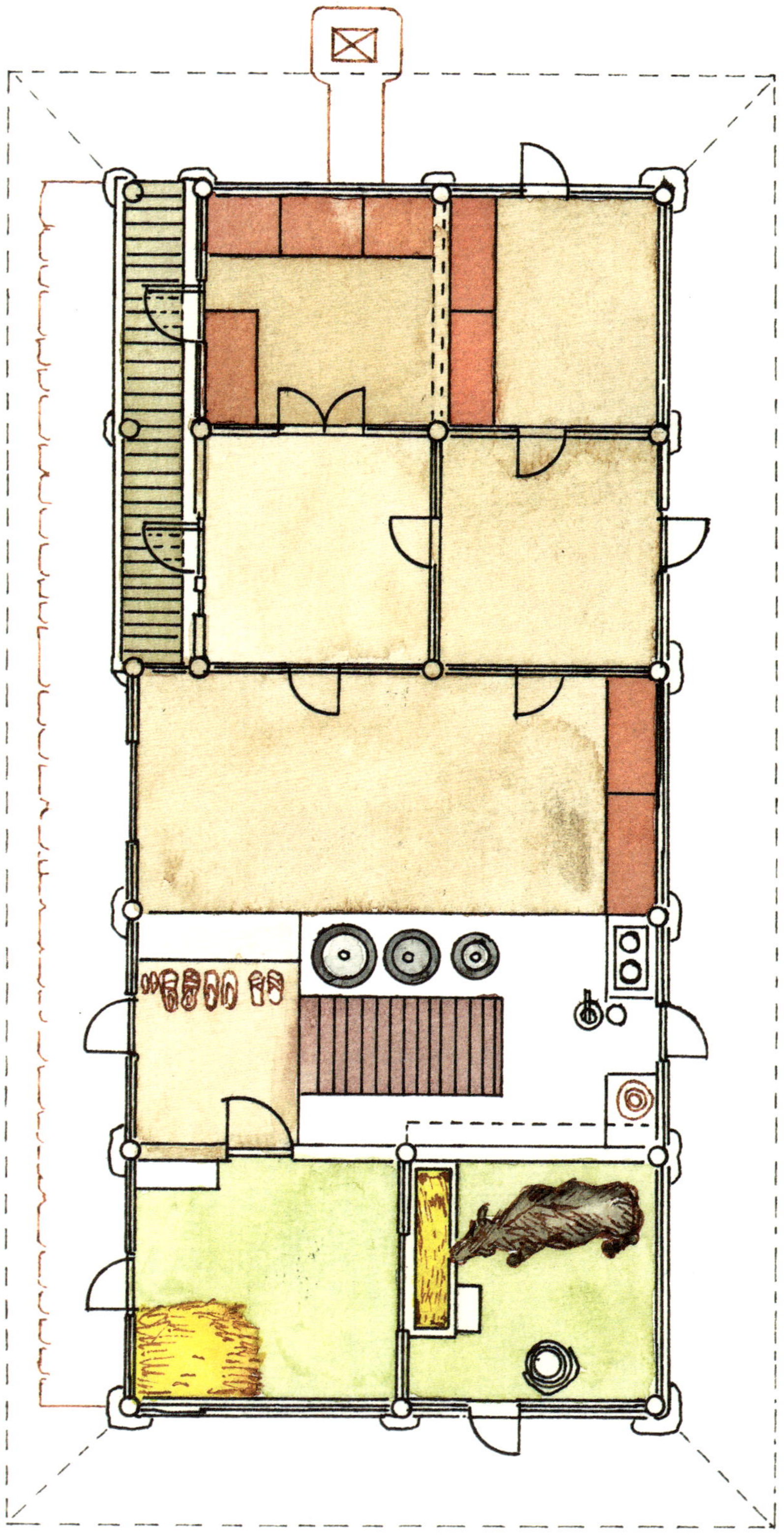

朝鲜族民居八开间平面图

朝鲜族民居

朝鲜族民居剖面图（四坡瓦顶）

朝鲜族民居剖面图（歇山瓦顶）

朝鲜族民居剖面图（草顶）

朝鲜族民居正立面图(草顶)

朝鲜族民居背立面图（草顶）

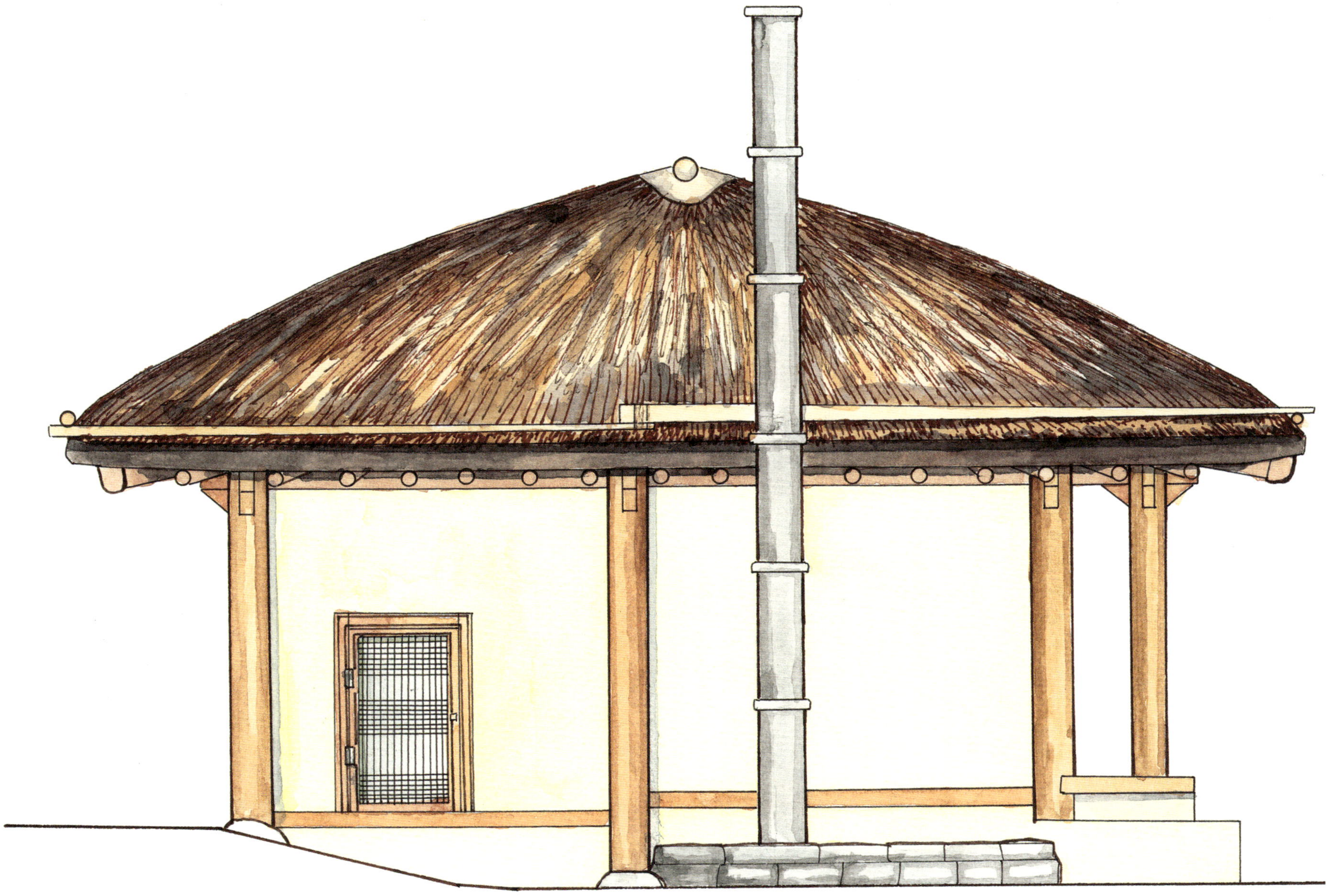

朝鲜族民居侧立面图(草顶)

朝鲜族民居透视图（歇山瓦顶）

朝鲜族民居侧立面图(歇山瓦顶)

朝鲜族民居侧立面图(四坡瓦顶)

朝鲜族民居正立面图（四坡瓦顶）

朝鲜族民居正立面图（歇山瓦顶）

朝鲜族民居正立面图（四坡瓦顶）

朝鲜族某村落

朝鲜族民居院落透视图

朝鲜族民居村落

白族民居

大理是云南省的历史文化名城，自唐朝以来，白族人曾将势力扩展到云南，并改名为大理国，白族民众便居住在这里。勤劳的白族人积极学习汉文化，在文字、教育等诸多方面得到不断的进步，尤其在建筑上不但受到汉族的影响，而且还吸收了众多民族的技术与经验，逐渐形成了颇具大理地方民族特色的民居建筑风格。

大理城镇居民世代以从事手工业为主。在民居营造方面，早期人们多采用三开间、两层楼的单体建筑，这是一种被称为“坊”的简单民居建筑形式，也是大理民居的基本单位。一些三合院或是四合院均是在此基础上逐步组合而成的。

以坊为基础发展起来的“三坊一照壁”式合院式民居是大理最具有代表性的民居建筑。

“三坊一照壁”是由一个三合院和一个照壁组成。三合院由三个坊围合而成，坊的模式几乎都是统一的。坊是一幢三开间两层楼的房子，底层明间是堂屋，两边次间分别是卧室和厨房。堂屋也是主房，房内供奉祖先神位，是长辈居住和招待客人的地方。堂屋前面有六扇可以拆卸的格子门，与汉族不同的是，棂格上面有精美细致的彩画。三开间的前面设有檐廊，可以保护门扇和格窗不被雨水淋湿，檐下也是人们从事家务和日常休息的好地方。

在堂屋的后部有一块板壁和一条案几组成的神龛，板壁上贴着福寿延年、平安大吉的对联，这是农家人向往美好生活的象征。板壁的后面则是上楼的梯子。

由此上楼，可以看到二楼的前面有一条排窗，楼上的三开间中间不隔开，是敞通的。不过如果家里人口多，也有隔出一间来做卧室用的，另外两间用来堆放杂物和储存粮食，既合理利用空间又不嫌拥挤。

与正房相对的大照壁是三坊一照壁院落内不可缺少的建筑，照壁的宽度一般和正房相一致。

在白族民居中最常见的是“三叠水”照壁，其平面多呈“八”字形。从一侧来看，照壁分为三段：两端略低，而且窄，中段最宽也最高，和两边两层楼的屋檐相平。整个照壁犹如牌楼一样。这样庞大的照壁在汉族民居中几乎没有，这也显示出了照壁在白族民居中的重要地位。照壁的边缘都有精美的雕饰，中间的壁心有“福”“寿”等大字。照壁前面砌筑方形花台，里面种植各类花木，起到了很好的美化环境的功能。

除了“三坊一照壁”外，“四合五天井”形式的民居也是大理白族人一种常见的院落布局。四合五天井和三坊一照壁相比，规模更大一些。它由四个“坊”围合起来，所以称为“四合”。四坊围合起来在中间组成了一个大院落，在四坊的四角连接处，利用院墙的围合形成相对较小的四个小院落。这样，整个院落就是由四座房屋、四个小院落和中间的一个大院落组成的平面四方形的大院落，也就“四合五天井”的形式。这样一来，院落中就没有了照壁的位置了，不过在正对院门的那座房屋的山墙上，做了一个镶嵌式的照壁，作为院落内的装饰。

另外，在四合五天井式的民居中，四个檐廊的转角处的空间都做了很好的处理。在两个相连的房屋的檐廊顶上设置一个走马转角台，将两座房屋相连通。走马转角台大多呈八边形，镶嵌在两房檐的拐角处，作为白族民居的一种特殊装饰。这种走马转角台的设计也非常有特色。上、下分为三个部分：中间部分最宽，上面做成框形，框内有彩画装饰；上部也是一个小屋顶的形式，从外面看来，就像一座小亭子一样，精致有趣。

我们从院门口进入时，可从两坊界中间、厢房围廊的尽头的小门进入中间的大天井。四面房屋的底层都以回廊相连接。二楼房屋同样带有回廊，两层楼便形成了“走马串阁楼”的形式。

白族民居的大门也受到汉族的影响，大门都是开在院落的一个角落处，而且大门的形式也是多样的。有的大门门楼上面有屋顶，有的没有屋顶，有屋顶的称为有厦门。有厦门楼是白族民居中的传统门楼，也是白族民居中最常见的一种门楼。有厦门的形式基本上是固定不变的。门楼屋顶的两端挑出，向上翘起，犹如展翅欲飞的燕子。这种门楼称为“出角”。屋顶的下面是数层的斗拱支撑，下面还有三层门楣，门楣上的雕饰极其华丽。这种形式的门楼多用于官宦之家和富商财主。另外一种屋顶的构造和“出角”基本相同，只是屋顶下面的装饰比较简单，而且屋顶的两端翘起得很少，平淡朴素，所以称为“平头”。

没有屋顶的无厦门楼是用三角、圆拱等构成凸起的形状，没有固定的模式，不过却很有民族特色。

民居中的屋山也做了装饰处理，顶尖处呈半圆形、马鞍形等封火墙的形式，既是装饰又可以起到保护屋顶的作用。下部山墙正中画有花草及动物的图案，其他部位一般用涂成灰色白线的六角形蜂巢状图纹做装饰。装饰丰富多样，艳而不俗，体现了白族民居的特殊风格。

周城白族民居大门

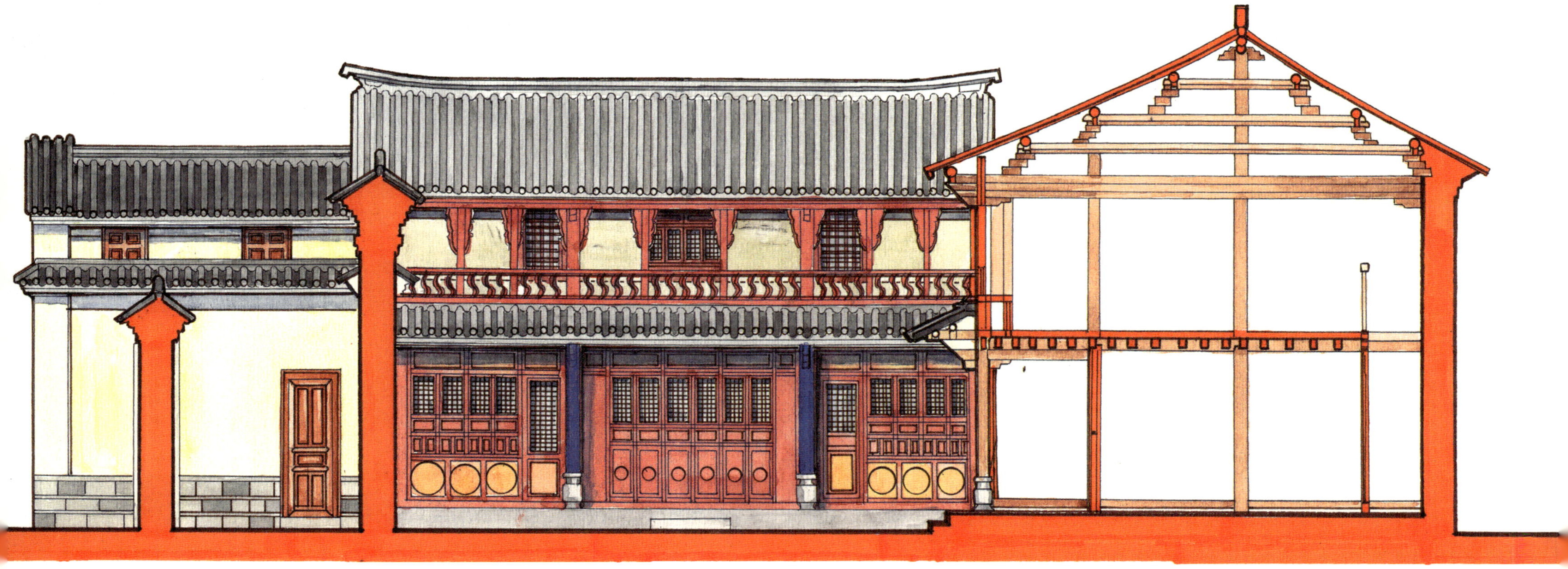

白族民居剖面图

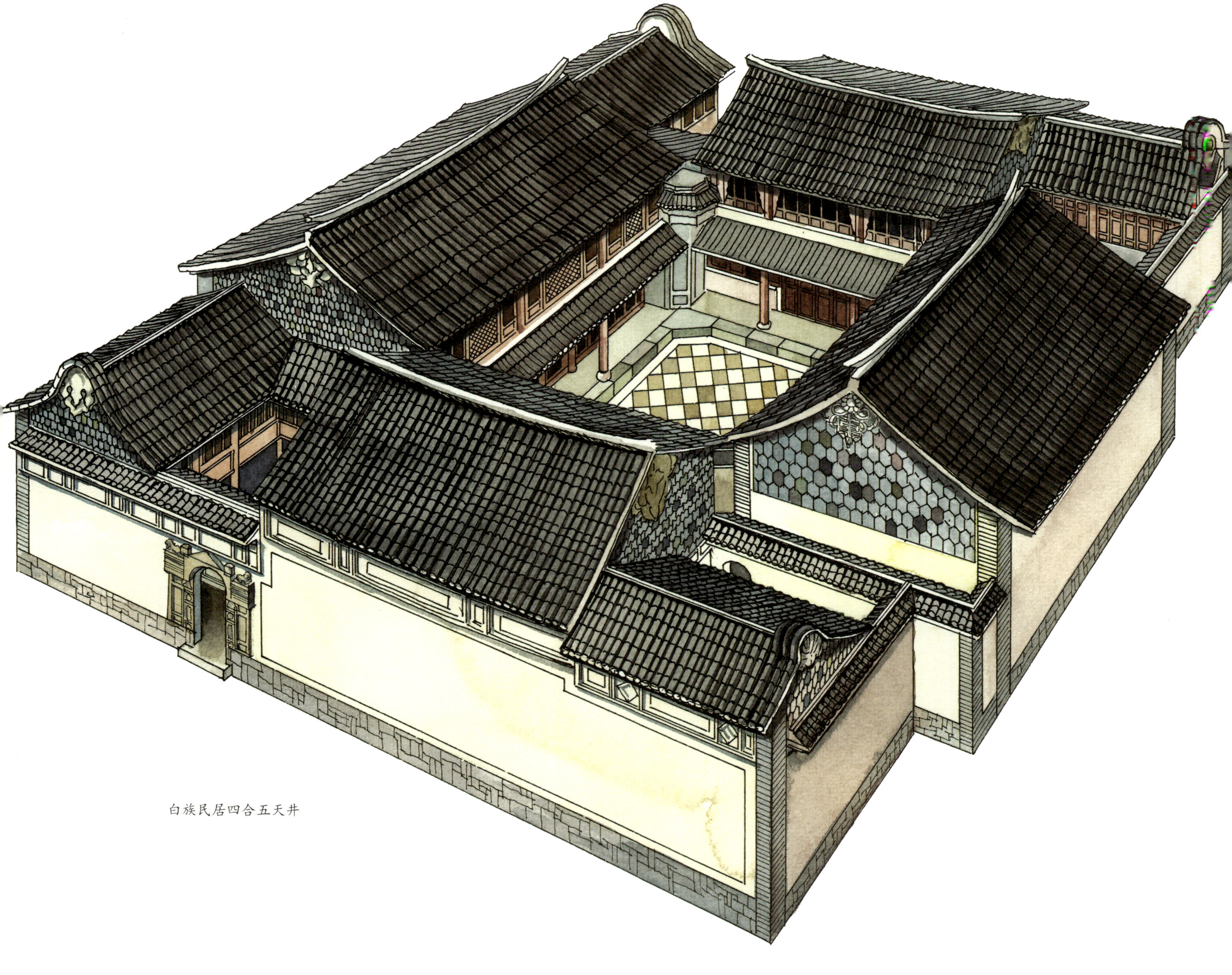

白族民居四合五天井

三坊一照壁

白族民居立面图

白族民居四合五天井

碉楼民居

位于我国广东省开平市的开平碉楼是我国传统民居中最具特色的建筑形式之一。它的个性特点不仅表现在其特殊的防御功能，同时，由于其建筑整体完全是由当地的乡民按照自己的需要自己设计、自己建造而且又为自己所用的一种建筑，又被称为“没有建筑师的建筑”。

开平碉楼是中国民居中土洋结合的一种形式，主要建造于公元20世纪，但追溯其历史可以远至明代。

开平市位于广东省的中南部，其赤坎乡一带旧称驼驮，过去是一片湿地，芦苇丛生，水凫成群，最初到这里来定居的人是芦庵公。明末崇祯十七年（公元1644年）社会动荡，盗匪常常袭扰百姓，为保护村民的安全，芦庵公的第四个儿子关子瑞在井头里村兴建了一座瑞云楼。这座楼非常坚固，有防洪和防盗两项功能，一有洪水暴发或贼寇扰乱，井头里村和毗邻的三门里村的村民就到瑞云楼躲避。随着时间的推移，两个村的人口不断增加，而楼的容量又有限，再遇紧急情况时总是人满为患。在水患人祸不断发生的日子里，为了保证自己和家人的安全，居住在三门里村的芦庵公的曾孙关圣徒决定在村中兴建一座更大更坚固的楼。

这座楼建于清初，坐北朝南，楼高大约10米，共有三层。楼的占地面积约152平方米，算是比较大的楼。这座楼的墙壁全是用一种较大的红砖砌成的。我量了一下，砖长33厘米，宽15厘米，厚八厘米，墙体的厚度竟达到93厘米，接近一米之厚！

因为修建这样一座楼要花不少钱，所以关圣徒建到一半时，发现钱已不够建完楼。据说，他的夫人谭氏见此情景后，拿出私蓄，楼才得以完成。为求吉利，关圣徒将此楼命名为“迎龙楼”。

从平面上看，这座楼呈长方形，但四个角各突出一块。每层的四角都有枪眼，最下面一层的正立面开有一个拱形顶的小门，门的两边各开一个四方形的小窗户，二层和三层的正面各开三个四方形的小窗户。从平面上看，每一层都分中厅和东西耳房。从造型上看，楼顶是传统的硬山式屋顶，而且屋顶很小，前后并不出檐。

别看迎龙楼其貌不扬，它可是开平碉楼的原型。

三门里及其附近等村的地势低洼，房屋易遭洪水淹浸，有时一年发生数次洪灾，百姓苦不堪言。史书记载，1884年和1908年的两次特大洪水，各村的房屋几乎都被淹没过顶，但躲进迎龙楼的村民避开了危险，全都活了下来，因此，开平人对迎龙楼的防卫功能有口皆碑。人们敬重楼，钦慕楼，只不过建这样的楼太贵，绝不是一般人所能承担的，所以开始模仿建楼时，往往几个村才建一座碉楼。

翻阅《开平县志》，碉楼的功能除防洪以外，更加偏重于防范盗匪袭扰。民国二十一年（公元1932年）的《开平县志》，记载了“奉父楼”的故事。

清初，盗贼十分猖獗，不仅夜闯民宅、杀人、强奸、抢劫，而且还常常绑票勒索钱财。一次，许龙的妻子被土匪掠上山，土匪派人捎信来勒索赎金。许龙的儿子许益赶快将钱备齐，准备和匪徒商量赎人的问题。这时，许龙的妻子暗地托人捎来口信："母不必赎，但将此金归筑高楼以奉尔父足矣！"当天夜里，许龙的妻子乘匪徒不备，从山上投崖而死。许益便遵照母亲的遗嘱，修建了一座"奉父楼"。

朝代的更迭，往往带来社会的动乱。辛亥革命以后，军阀

碉楼民居

割据，战乱频繁，土匪乘机抢劫百姓。民国十一年（公元1922年）十二月的一个夜晚，一大群匪徒劫掠赤坎开平中学。旁边鹰村碉楼的探照灯一下子打开照射，四处乡团闻讯及时截击，救出校长及学生17人。

这件事一下子轰动了开平，海外华侨得知后也十分惊喜，觉得在防范匪患中，碉楼确有作用。因此，他们宁可在外节衣缩食，也要集资汇回家乡建碉楼。开平人一下子兴起了建碉楼的风气。人们不断总结使用经验，国外的华侨又把西方的先进建筑技术介绍过来，中西融会，华洋并举。

开平碉楼的建筑占地普遍不大，人们追求的是高度，这样可以瞭望，便于射击。从一些碉楼的废墟或断壁残垣中可以看出，墙体结构往往是生土材料。生土墙又分为土坯墙和版筑墙两种形式。

土坯墙建造得快，只要土坯干透以后，一次就能从底部砌到顶楼。为了延长土坯的寿命，人们还常常在土坯墙的表面，先抹上灰砂，然后再抹一层水泥，这样可以防御雨水的冲刷，也能防止枪弹的射击。

版筑墙是用黄泥、石灰、沙子和红糖水混合拌成的三合土材料，在两块大木板中使劲夯制而成墙的。开平碉楼的夯土墙都不厚，一般为30多厘米，比土楼要薄。不过，三合土的坚固程度和低标号的水泥墙硬度相等，抗张力甚至更大。这种夯筑法很费工时，要等先筑好的墙体干透之后才能再筑上面一段，所以体积庞大的碉楼一年内不太可能完成。

用生土材料砌成的墙体占大多数，更有全部用钢筋水泥墙体的，但这种楼造价太贵，极少见到。因为当时水泥依靠进口，所以人称“红毛泥”，水泥是用一米多高的木圆桶装的。碉楼的楼板有用钢筋水泥楼板的，也有用木地板的。有的钢筋水泥楼板是水磨石的，光洁美观，底层还用方形釉面砖铺地，十分平整。有的碉楼内的楼梯扶手做工精细，展现欧式风格。

开平的碉楼表面和一般民居的房子差不多，楼房呈方形或是矩形，但是所表现出的特点不像中国的传统民居一样围合成一个院落的形式，而是单体的一栋楼，楼的层数有三到九层。

碉楼的小楼门设在楼体的最底层，门板是采用坚硬的钢材制作而成，坚固牢靠，不仅敲不开，而且枪弹都难打进去，真可谓是刀枪不入，此门具有很好的防御功能。开平碉楼作为一种防范性的建筑，其大门的装饰和中国大部分民居中的大门相比就显得较为深沉、低调。

由门向上的楼体是供人躲藏的地方，所以整个楼体都被分成一个个的小房间，便于人们入住。每层楼的外面墙壁都设面积较小的窗口，而且每个窗上都安装有坚硬无比的直铁枝，外面罩有厚厚的钢材板做成的钢窗扇，名为窗户，为通风所用，其实就如一个铁笼一样。遇到敌匪袭击，钢窗扇一关，即使枪林弹雨扫过来，也不会伤到楼内民众的一根毫毛。碉楼只是作为应急使用，一旦发生情况，全族人或全村人都躲入碉楼，一到天亮，大家再回平房休息。在贼匪猖獗的年代，一般碉楼上有年轻人驻守，看管上面的火炮、铜钟、警报器、探照灯等防范装置。

对于今天的我们来说，远远望去，那些楼体上形状各异的小窗子，犹如镶嵌在碉楼上的玲珑装饰品。

碉楼的造型有许多种，但绝大多数的形式为一个平面是正方形或长方形的高塔形建筑，由楼体向上，楼顶层出挑的部分为挑廊。大多数的碉楼的顶部都有这样的一圈挑廊，主要是供人们眺望远方和射击敌人。挑廊四面的栏板和脚下的楼板上都设有枪眼，人们可将枪架在枪眼处向下或向四周射击，却不用担心被敌人射到。挑檐上装的照明灯，在月深云暗的夜间也不至于漆黑一片，以此方便夜间防守。这些枪眼大都形状不一，有圆形、“T”字形和长条形，枪眼的形式也是内大外小，既方便射击又有利于保护内部的人。更为巧妙的是在一些碉楼挑廊的拐角处，还设有一种被称为“燕子窝”的圆筒状或八角筒状的物体，这是一种很好的掩蔽设施。窝壁上设有枪眼，既可向外射击又有很好的防御性。

碉楼的下部样式都大致相同，只有大小、高低的区别。大的碉楼，每层相当于三开间，或更大；小的碉楼，每层只相当于半开间。最高的碉楼是赤坎乡的南楼，高达七层；而矮的碉楼只有三层，比一般楼房高不了多少。

与挑廊的防卫功能相比，碉楼最上面的屋顶只起到装饰的作用。整个屋顶向内收，建造形式多种多样，从开平现存的1400多座楼来看，楼顶建筑的造型可以归纳为100多种，不仅有中国的硬山式，还有西方古典的希腊罗马式、中世纪时期英国的寨堡式、伊斯兰教堂式等，但更多的则为将中国的传统建筑模式和西方的浪漫主义形式相结合的中西混合式。千姿百态的屋顶将整个碉楼衬托得犹如一件中西文化结合的艺术品。

开平碉楼是集居住和防御于一体的民居建筑，构造上表现出与中国传统民居建筑很多不同的风格，不像大多数民居一样采用木构架的结构，而且建筑材料上还采用了新型的具有一定防御性能的水泥、马赛克、钢门、钢窗等，高高耸立的碉楼，融入了很多西方的特色。尽管如此，开平碉楼依然是中国地地道道的传统民居，它凝聚了开平人民的劳动智慧，融合了中国文化的传统文明，其所表现出的新型建筑形式和风格，体现了中国民居在不断发展过程中的创新性和开放性。

碉楼民居

瑞石楼

碉楼民居

碉楼民居立面图

纳西族民居

云南省西北部的丽江县城，是一座历史文化名城，这里居住着纳西族人民。玉龙雪山在丽江古城的西北角，所以无论早晚，都是顺光，从县城看过去，总是蓝天衬托白雪，十分美丽。弯弯曲曲的小河，流过民居的门前，又流入民居的院落，有的民居建在河上，有的民居跨过河面。由于城里河流多，桥梁自然也多。面积不大的丽江古城内，光桥梁就有 76 座，这些桥梁大都是石拱桥。这并没有包括临水人家的私用桥，私用桥的规模一般较小，多数是用石板或并排圆木建成的小桥。

丽江之所以感觉上像苏州，是因为它们有不少相同点：河流两侧是临水的人家，中间是不宽的水面。顺着河道看过去，水面上同样有一座座的小桥。但丽江毕竟属于高原地区，它和苏州的最大不同之处在于河水的流速。苏州河道多为静止的水面，一切都显得那么幽静、沉寂；而丽江的河道是湍流的溪水，假如一片树叶落入水中，一会儿工夫，树叶就被冲走了。典型的丽江景色是，清澈的流水，悬山的房屋，低垂的杨柳，晶莹的雪山。

丽江城里是从明代才开始有瓦房的。当时丽江的官人和商人控制着云南西北部和四川一带的商路，所以都迅速致富。他们不惜重金从中原地区请来工匠。纳西族具有不闭关自守、善于吸收其他民族先进文化的特点。他们当时造新房子时，请汉族工匠尽情发挥。汉族工匠也把中原地区的住宅形式，以及住宅的等级制度带到了丽江。这就使得丽江民居和中原地区一样，有官人的人家有门楼，而且门楼上还有层层斗拱。土司家的梁头上画麒麟，普通居民的梁头只能画狮子头。土司住宅的挂方可以画凤头，而普通人家的挂方只能画白菜头。

除了土司以外，普通人家的住宅都是三开间，如果是四开间，左面一开间应跌落；如果是五开间，左右两开间都要跌落。这种处理形式，在中原地区称为“明三暗五”，意思是尽管是五开间，

丽江民居门前水溪剖面图

但由于屋面高度不一致，可以解释为三开间，其余两端是耳房，以避开宅制的限制。虽然纳西族人采用了这种方法，但说法却不一样，当地的俗话是：“屋面建得一样高时，房屋容易起火。”

不过，丽江民居还是有许多地方突破了中原地区民居影响的束缚，房顶的用瓦就是其中一项。中国的瓦分筒瓦和板瓦两种形式。一般来说，筒瓦只有在等级高的官式建筑上方能使用。如果筒瓦的外面再挂釉，就成了琉璃瓦。琉璃瓦的等级高，只有皇家建筑、敕建庙宇、公卿府第才能使用。丽江民居和大理民居一样，使用了官式建筑才能采用的筒瓦，可能是天高皇帝远的缘故吧！

进入丽江城内，一条条弯弯曲曲的小河和小河上各式各样的石拱桥，不由让人想起了江南小桥流水人家的情景。小河将城中民居四散分开。住宅房屋分别建在小河的两侧，也有的建在桥上。

踏着脚下青青的石板路走进大街小巷，磨光的青石面上有各种各样的小图案，这些铺地材料是来自丽江坝周围的天然石料，名叫“五花石”。

另外，民居外部的墙体也是别具特色。从外面看，墙体不是一个整体的建筑，好像是由两种材料组合而成的。墙体的下段部分是由石头砌筑而成，称为勒角。这些石头都经过精细的加工，每块石头都是方方正正的，所以墙体表面平整光滑。墙的主体部分是厚厚的土坯墙，墙的拐角处镶贴有青砖，青砖是由蓝灰色的石料做成的，和金黄色的墙体相衬，看起来美观大方且不显华丽。这种墙还有一个非常好听的名字，叫作金镶玉。

丽江民居以两层楼为主，一个三开间的两层楼是一个单体的构成单元，叫作一个“坊”。每一坊的前面都有宽敞的厦子（外廊），各坊都朝向中心的庭院。坊与坊 90 度拐角的连接处，厦子相连，而后面的“漏角”处，设置厨房、储藏间等辅助用房。庭院的入口设在厢房的山墙处，并设置大门，以保持庭院的整洁与宁静。由于正房是庭院中的主导建筑，所以高度一般高于厢房。

和汉族风俗一样，丽江民居的大门不能正对道路，尤其是大路。汉族人认为大路正对大门，气太足，一般人家无福享受，只能是庙宇、官府等的大门才能正对大路。丽江纳西人也认为，大门正对道路不吉利。如果院落所限，门确实移不开时，需要在门上书写对联用以防“冲”，常用的上联是“泰山石敢当”，下联是“箭来石敢当”，横批是“弓开弦自断”。

丽江民居大门在院落中的设置也和汉族大同小异，就是一般人家的大门不能设在院子一侧的正中，而只能设置在院子的某

一个角落。当然也有大门设在正中的人家，那是土司以及有一定地位的人，学识在进士以上的人家门也可设在正中。

纳西族院内的铺地是很有特色的。走进宽大院落内，整个院落地面上有八仙过海、四蝠闹事、鹭鸶采莲等各式各样的图案，丰富多彩，非常漂亮。这些美丽的图案由块石、断瓦、鹅卵石等材料组合而成。仔细一看，这些图案的排列也是有讲究的，即中间一个大图案，四角各有一个小图案，似向心形，还有趣地俗称为“四菜一汤”。

丽江民居中最常见的是天井照壁。砖瓦的檐顶，壁心是用石灰抹面的土坯墙，下部和院落的墙体一样用石块砌成勒角。这种天井照壁又分为两种，一种是一滴水照壁，从左右的横向看来，两侧面是用青砖砌成，不过也有的是用石灰抹面然后涂上颜料显出青砖效果。另外一种是三滴水照壁，檐顶和壁心的表面以石灰抹成。两种形式颜色不同，也别具风格。

丽江民居的庭院多为三合院或四合院，正房的朝向一般多向东或向南。当地人认为这样有“紫气东来”或“彩云南现”的寓意。这两种朝向，房屋大都“反手向阳”，其采光自然也好。

丽江民居，既有汉族的悬山腰檐造型，白族的三坊一照壁布局，又有藏族的蛮楼空间形式。

悬山是中国屋顶的一种形式，悬山式屋顶是将屋山两端的屋面出挑。从下面看出挑的屋面，暴露木结构。由于屋面四围都大于房体，造型上饶有趣味。悬山式屋顶檩子一根根地暴露，其顶端处势必容易腐朽，所以在出挑屋面的两头，都钉上封头的博风板。而博风板最上面的尖角处，选用一块垂直的小木板将博风板的拼缝遮盖住。这块小木板叫作“悬鱼”，是一种古老的建筑装饰。由于鱼和“余”谐音，象征着“吉庆有余”，很受人们的欢迎。

腰檐是在建筑中部另外再设置的一层屋顶。这种形式，在官式建筑（如宫殿、庙宇）中称为重檐。丽江民居一般是两层楼房，在房屋的正立面设一层腰檐，挡住二楼窗户下面的墙板。这种楼房，楼下和楼上的内部高度大致相同，但从外面看，由于腰檐挡住二楼的下半部，人们会产生楼下高、楼上矮，建筑十分稳定的错觉。

三坊一照壁式民居是丽江纳西民居中最基本、最常见的一

纳西族厢房带门脸的三坊一照壁院落

种形式，也是最具有典型民居特色的形式之一。由三个三开间的两层楼房围合成的一个三合院，上下两层。正房偏高，两侧配房较低，在另外一侧设有一堵大影壁，这就是三坊一照壁。不过丽江民居的这种三坊一照壁的院落形式是受白族民居的影响，在规模和尺度上要略显逊色。

四合五天井顾名思义，是由四坊围合成的一个四合院，在四坊屋角相连的四个拐角外还留有四个小空地。如果是大的方形院落，四面围起来便形成了四个小天井，和中间的大天井一起，构成了五个天井。这种四合五天井院落形式在丽江也是很常见的一种民居形式。

随着经济的发展和建筑的不断改进，还逐渐形成了由三坊一照壁、四合五天井等组合成的前后院，或是左右组合另加花园的多种复杂形式。

蛮楼是纳西商人从藏族那里学到的一种楼房形式，是一种两层都设廊子的楼房。

丽江民居的廊、厦以及天井地面都用瓦片、卵石、碎砖石镶嵌成各种精美的图案，最常见的铺地图案是五个蝙蝠围着一个寿字，意为五福捧寿，或者是花瓶上插月季花，意为四季平安。暗八仙也是丽江最常见的铺地图案之一。暗八仙是指八仙人物形象不出现，用他们每个人的器物来代表：扇子代表汉钟离，渔鼓代表张果老，笛子代表韩湘子，葫芦代表铁拐李，云板代表曹国舅，宝剑代表吕洞宾，花篮代表蓝采和，荷花代表何仙姑。这种暗八仙的图案被民间广泛采用，其原因是没有人物形象，图案简洁，可以广泛应用于民居任何部位的装饰。

丽江民居

丽江民居

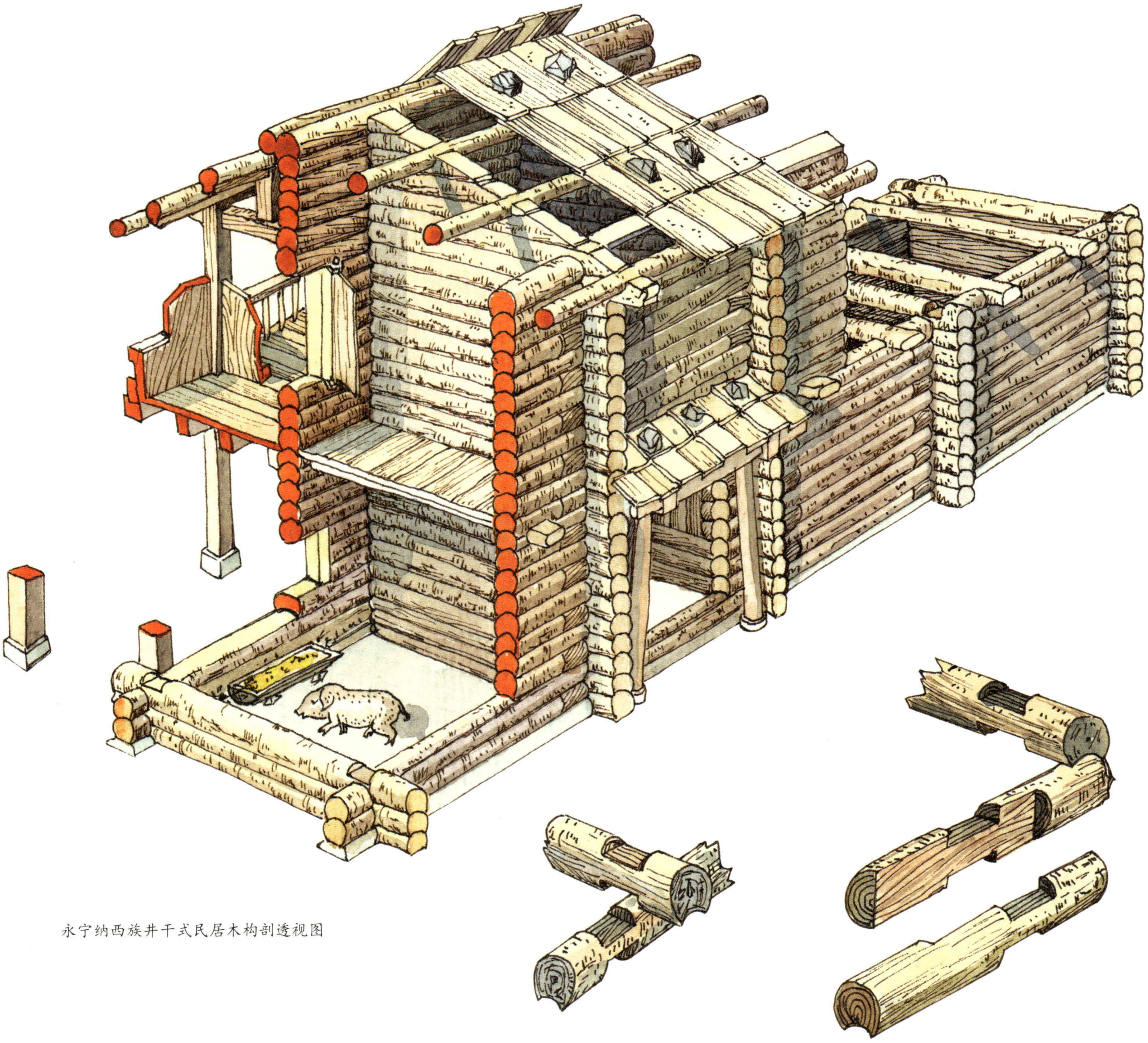

永宁纳西族井干式民居木构剖透视图

纳西族民居剖面图

纳西族民居

维吾尔族民居

在我国西北部新疆维吾尔自治区，由大片戈壁和沙漠覆盖的地区中，一块块充满生机的绿洲就是维吾尔族人民世代生活的地方。由于这里地处祖国西部边疆，所以古时这里又称西域。新疆历史悠久，因其不同的地理环境和民族文化，形成具有独特风格的民族艺术。

民居作为人们日常生活的场所，其风格和造型最能体现民族的文化艺术。由于地理环境和气候的因素，新疆有些地区早晚温差很大。夏季白天气温高达 40 多摄氏度，而夜里却降到 20 摄氏度左右。因此这里的民居大多都是用土坯建造的。用土建筑的房屋的墙体都是特别厚，以防备气温的变化。只有少数富有人家才用砖建房子。不管是土房还是砖房，房子大多都是平顶的。院落以土坯外墙和木架相结合依地形组合而成，中间院落用土坯墙或拱门分隔成错落多变、灵活开敞的空间。民居的建筑形式也是多种多样，最具代表性的当数维吾尔族的阿以旺。

阿以旺形式民居是单层建筑，而阿以旺本身又是一个房间。屋内各种房间的布置都是以阿以旺为中心。走进阿以旺，中间宽敞明亮的大厅就是阿以旺。大厅面积最大的达 100 平方米，小的也有 50 平方米。大面积的大厅中有六至八根柱子支撑着屋顶，小面积的也有四到六根。柱子中间的屋面较低，柱子和周围还设有土炕，炕台有两米宽，深 40 厘米左右。阿以旺大厅上部和房顶相接的地方设置宽大的天窗用于采光，使整个大厅明朗开敞。

周围的房间与阿以旺成串联或并联的关系。有的与阿以旺直接连通，有的房间互相连通。这些房间的屋顶采用的是小梁，密度小，平天窗采光，地面铺地毯，屋内设有壁炉以供取暖，墙上设有壁龛用来放置物品。

阿以旺这样的建筑至少有 2000 年的历史了。它是维吾尔族民居中颇有盛誉的民居建筑形式，凝聚了维吾尔族民居建筑的精华，具有十分鲜明的地方与民族特色。居民的日常活动都可以选

阿克赛乃

择在阿以旺中进行。如接待客人、举行聚餐及舞会，阿以旺都是非常好的场所。如果你来到这里，热情好客的维吾尔族人民肯定会在阿以旺里接待你，因为这是对客人极其尊重的表现。

维吾尔族民居除了阿以旺之外，还有两种常见的开敞式民居形式，分别是辟希阿以旺和阿克赛乃。

辟希阿以旺的建筑特点主要表现在外部。和汉族民居的檐廊有些接近。但比檐廊深，一般在两到三米以上，几乎相当于一个半开敞的房间了。但这个檐廊可不是让你行走的，而是用来坐的。下面设有实心土炕，供家人和客人围坐休息，同时还可以看到院内的景致，非常有趣。炕上还设有壁龛，可以在这里做饭、用餐。夏天能乘凉，冬天阳光充足，是一种极具实用价值的建筑形式。

阿克赛乃是一种平面为方形的建筑形式，庭院四围加有一圈屋顶，就如四个辟希阿以旺围在了一起。中间形成了天井式的院落，院落内非常安静。和辟希阿以旺相比，阿克赛乃显得更加隐蔽，更加私密。

维吾尔族主要信仰伊斯兰教，因此家里不供奉神像，也不设牌位。屋内、屋外的装饰都带有强烈的伊斯兰风情。屋里的装饰主要表现在地面及炕上铺设的彩色的毛毯，另外，维吾尔族还将毛毯挂在墙壁上作为装饰物，并称之为挂毯。因为这种挂毯比较大，几乎可以占据整个墙壁的面积，所以看上去就如一面彩色的墙壁，和炕上的毛毯相辉映，绚丽、热烈。由于伊斯兰教禁止以人和动物的图案作为装饰品，所以各式的毛毯都以几何形组合及植物图案为主，色彩鲜艳，具有很好的装饰效果。

一般来说，维吾尔族的建筑大多是用土制成的，所以内部墙壁上就很容易掏出来一个小空间，设置成壁龛用于朝拜和放置物品。这些壁龛跟欧洲住宅建筑中的壁橱的功能有些相似。壁龛有做成拱形的，也有直形或是三心拱形等多种形式。壁龛的装饰

辟希阿以旺

主要有两种方法。对于一般的家庭来说，大多是采用压模印花，就是在建造房屋时，趁泥面还没有干的时候，用事先刻好的花形图案的木模板，在墙上面压出纹印，墙干以后形成自然的花纹装饰。富裕的家庭采用的则是石膏彩画，就是在墙面上用石膏做出各种各样的立体图案，然后再涂上油漆，形成浮雕式的装饰，更具有欧式特色。此外，这些壁龛也可以做得很大，人们可以把不用的被褥、衣服都放进去，用挂毯遮挡住，具有很强的实用功能。这样一来，室内就不需要摆许多家具，既节省了空间，又使整个环境相对开敞、明朗。

此外，维吾尔族的室内最主要的装饰还表现在木构架上。因为屋顶和室内的柱子都是暴露在外的，所以上面都采用雕刻图案进行装饰。房屋的顶部多以雕刻或拼嵌板的方式来做，可以分隔成规则的长方形和正方形，也有的做成多边形类似藻井的形状。各类图案做工精细，形制优美，丰富多彩，与精美的墙面、地毯相一致，使室内装饰具有整体和谐感。

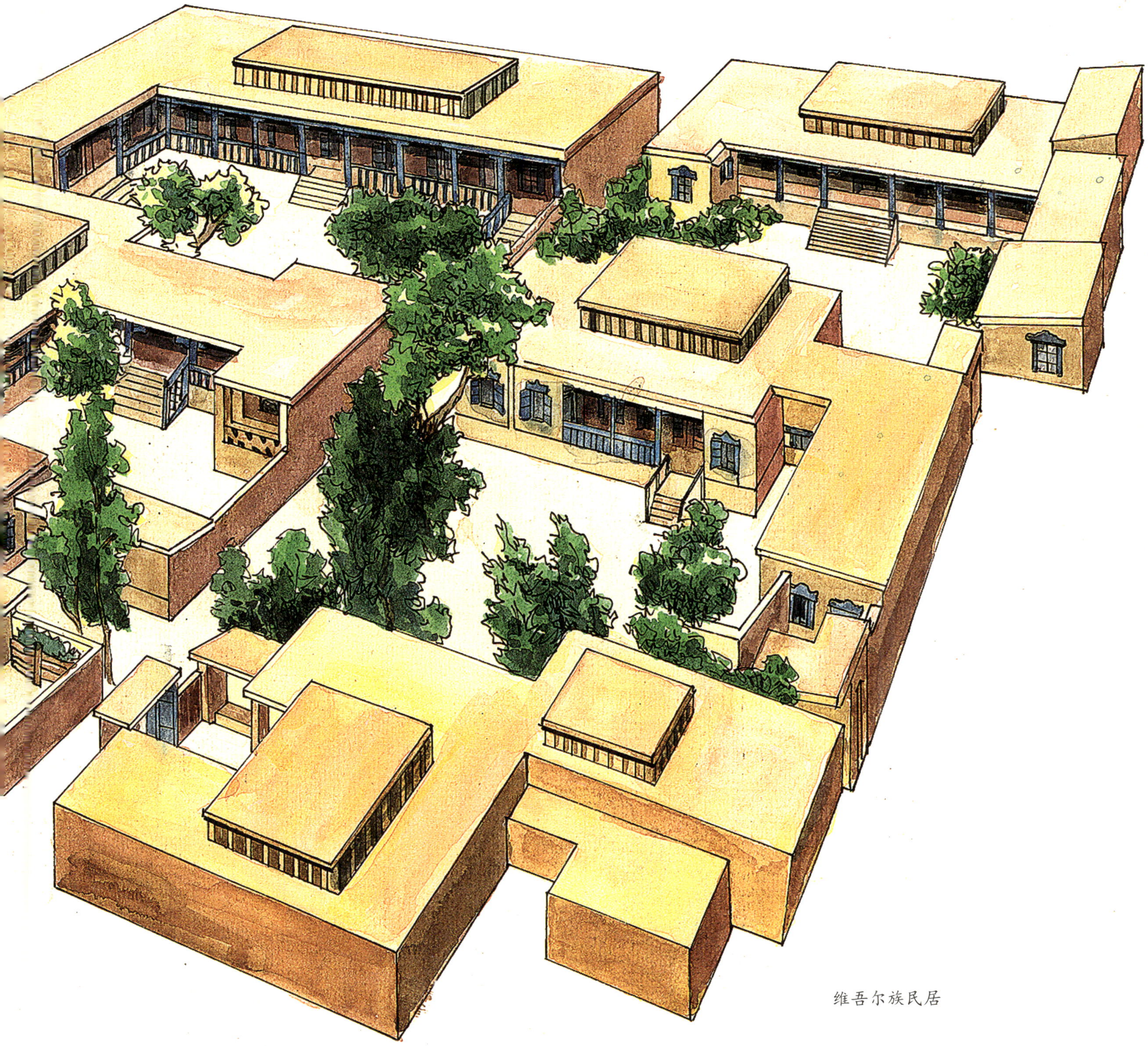

维吾尔族民居

维吾尔族民居立面图

阿以旺

维吾尔族民居

开攀斯阿以旺

客家围龙屋

广东省梅州市的客家围龙屋建筑在前低后高的山坡上，也有的建在平地上，但要将后面的地阶用土垫高，形成前低后高的坡度，而且在建筑的后面还要种上大树，整个建筑向中间围拢起来，形成一个较封闭的院落形式。

围龙屋屋前往往设有门楼。和中国大部分民居的门的位置差不多，不设在中间，而是设在围龙屋的左前侧或右前侧。大多门楼都带有小屋顶，而且屋顶的两侧有封火山墙，因而颇具地方特色。

门楼里面是一个晒禾场，晒禾场的前面是一个半月形的大水池，称半月塘。这种半月塘有自然形成的，也有人工砌成的。半月塘的大小和以晒禾场相隔的围龙屋正立面的宽度相适应，一般是和厅堂两侧的第一圈横屋外侧一样宽，而第一圈横屋外侧的第二、第三圈横屋和其他建筑则不在半月塘的护围之内。

晒禾场的后面的建筑就是围龙屋的民居建筑群。其表现最特别的是围龙屋的正立面房屋，只有正中间下堂的门厅为正立面，两侧横向的房屋都是以背靠的山墙为立面。而且两边都设有门口，这样在一围的围龙屋中就有三个入口，两围的则有五个入口，这样围数越多门口就越多，这与其他地方的封闭式民居只开一门甚至门口很小有很大的不同。

门口虽然很多，不过其设置和装饰也是非常注重的。客家围龙屋的大门做得都非常坚固。门扇不仅采用很厚的木料制成，两扇大门上还设有两个凹凸的企口，门扇一关，两个企口相互吻合在一起，门中间就没了透空的门缝，另外门扇上还设置两个或两个以上的门闩，所以门外的人不管用什么方法都无法将大门的门闩拨开，具有很强的防盗性。

相比之下，中间入口处的门的装饰就比较复杂。门前不仅设有前廊，形成三开间的形式。而且廊的顶部大多是卷棚式造型。下部起支撑作用的两根柱子上面往往带有月梁，月梁上一般还有雕刻成狮子形状的精美瓜柱。除此之外，廊下的三面墙壁的装饰也十分特别，不像其他民居入口处的水磨砖墙，而往往是在墙面

梅州南华又庐

上做彩画进行装饰，各式各样的彩画成为入口处的一大亮点。

由大门进入门厅，前面是由六扇木门组成的屏风门，木门上的精细木雕是梅州市围龙屋装饰的重点。屏风门的作用和北方四合院的屏风门的作用一样，平时不开，只有家里来重要客人或有重大事情时才打开。抬头向上看，同样会被屋顶的装置所吸引，暴露在外面的椽子、檩子和梁上都镶有复杂的几何图案彩画，具有浓郁的古朴风韵，不仅显示出其精湛的技艺，也将整个门厅映衬得光彩生辉。

门厅的后面是第一进中厅院，中厅与前面的天井是相通的。天井两侧设有花厅，花厅往往是三面围合，朝向天井的一面敞开，不设门。这里是接待客人及平时乘凉游玩的地方。一般的围龙屋的平面是“一进三厅两厢围”的模式。刚才谈到的门厅为下厅，中厅的后面是上厅，但也有人家受家里经济条件的限制，只建两厅。这样的话，中厅内就要设祠堂，兼有上厅的功能。如果是三厅的民居，中厅则主要是家中重要活动的地方，而后面的上厅是设置祠堂的地方，厅内供奉有祖宗的牌位。一般来说，中厅两侧的房间是父母居住，上厅两侧的房间是祖父母住，而两厅两边的横屋是家里子女们住的地方。另外，横屋中一般也对称地设两个或四个厅，也就是三面有墙而一面开敞、不设门窗的房间，采光和通风都比较方便。不过这些侧厅不是家里的重要大厅，里面也没有什么重要的设置，大多作为做家务和平时吃饭、学习的地方。

围龙屋后面的围屋的设置非常特别。整个院落的围屋的每个房间都呈扇形，而且房间的后面都不设窗户。围屋的房间大都比较低矮，所以这里是不住人的，一般都作为仓库、储藏室或是磨坊等。另外，这一圈围屋的当中的一间，也就是在整个院落中轴线最后端的那个房间的开间比其他围屋大，而且房间的前面也不设门窗，形成一个向前开敞的敞厅，称为“龙厅”。龙厅一般是家中祭祀已逝亲人的地方。厅内的一侧墙壁上往往挂着祖父母或曾祖父母的遗像，厅内气氛较为凝重，家具陈设也相对简单和老旧。

泉州民居

与西方建筑普遍使用红砖、红瓦不同，中国民居一般使用青砖、青瓦，因而形成中国民居深沉、清雅的艺术特色，但泉州附近的民居使用红砖、红瓦。为什么会出现这种情况？至今我们尚未找出令人满意的答案。但从泉州出土的宋代砖瓦则是青色的，而在宋代，泉州的城墙砖也是青色的。

距泉州40多公里的官桥镇漳里村，是传统民居保存完好的一个村落。一进村，映入眼帘的就是一片红色！那一大片红色，在清晨的霞光中宛如一幅图画。这个村子建于清光绪二十九年（公元1903年）秋，其中有13个院子都是蔡德浅一人出资兴建的。蔡德浅是旅居菲律宾的华侨，海外经商致富以后，回乡建宅第。

漳里村是一个十分典型的泉州民居村落。村落在兴建时就有统一的规划，道路横竖笔直，成方格状。在道路上行走，脚下是石板，石板下是潺潺流水，这是村落的排水系统。道路从南到北缓缓提高，每走十几米，就会有一级踏步提高路面，形成整个村落前低后高的坡面布局。

泉州民居的主要形式是四合院，这种四合院形式保存了许多宋代以前中原地区民居建筑的特点。据《八闽纵横》记载，中原汉人曾有过多次大规模迁徙入闽的记录。最早的一次是在东晋时，历史上称为“衣冠南渡”。这次入闽的汉人多定居在建溪、富屯溪流域及闽江下游和泉州晋江流域，据说“晋江”就是由此得名。入闽的人来自中原，自然带来中原传统建筑特色。中轴对称、相对低矮开放的四合院民居布局形式，被泉州附近的人们保存下来，一直沿用至今。

福建人由于是从中原迁来，为了怀念先祖，不忘本分，宗法礼教思想根深蒂固。尤其在泉州一带，敬神祭祖的习俗，在民间扎根很深。平日，直接进入寻常人家，可以看到中堂香烟缭绕。每逢节日，家家都要举行祭祀活动。除了专门的家祠外，每家在主厅堂（上大厅）都设有祖宗牌位，并且在厅堂上空架设灯梁。据说，灯梁可以驱邪驱魔，所以灯梁上都绘有彩画。因此，泉州民居的主厅堂兼有祠堂的功能，在民居中占有相当突出的地位。

泉州民居正立面图

泉州民居剖面图

泉州民居四合院的正立面非常华美，红色的砖与灰绿的石头形成对比。在墙体的基础部位，有案几一样的石雕装饰，给人一种静寂洒脱的感觉。除了活泼轻盈的砖雕外，红砖的拼花是极具地方特色的。泉州民居的红砖叫作福办砖，在外墙砌筑时，利用砖头深浅不同的颜色拼成图案，不再作任何装饰，只稍作勾缝。泉州民居的砖石雕刻应用得非常广泛，除了民居的主要入口处有大面积的砖雕、石雕外，在内部庭院中也有许多石雕的镂空花窗，而且几何图案少，大多是近似写实的植物和人物图案，形象细腻，世俗味道浓厚。

据我调查，红砖民居主要分布在晋江市、泉州市、惠安县、南安市。永春县也是红砖，但颜色更深，像猪血一样的深红色。但永春的屋顶，大部分是使用青瓦。当然漳州市也有红砖民居，但数量明显不如泉州市多。由于泉州城里大都是红砖民居，用青砖盖房子的人家就显得格外突出。泉州有一处地名叫青砖徐，就是因为那里曾有一户徐姓的人家用青砖砌房而得名。

与其他地区民居不同的是，泉州民居虽也用有弧度的阴阳瓦（仰合瓦），但弧度极小，这种平瓦当地称酾（音两）。椽子也和北方棍式的不同，宽度很宽、很薄，像木片条，当地人称为桷枝。

中国民居最富表现力的部位在于屋顶，而泉州民居的屋顶完全不同于中国其他地区。泉州民居的屋顶呈双向凹弧形的曲面，换句话说，在泉州民居的屋顶上，你找不到一条真正的直线。如果从正面看这条线是直线，而当你从侧面看时，它就是弧线。中国大部分地区的民居屋顶，尽管也是“人”字形的双坡屋顶，但正脊、瓦垄、檐口都是直线。如果注意过北京故宫屋面，你会发现，从侧面看屋面时，屋面微微有些凹弧线，这在建筑学上称为举架。但从正面看屋面时，正脊、檐口都是直线，只是四角起翘，这是明清屋面的特点。

泉州民居则不同，房屋的正脊中间低两头高，两端的翘角处有美丽的燕尾。这是因为泉州人保持了祖先从中原南迁时，带来的中古时期北方建筑的风格。这种屋面呈轻盈的轮廓，给人以

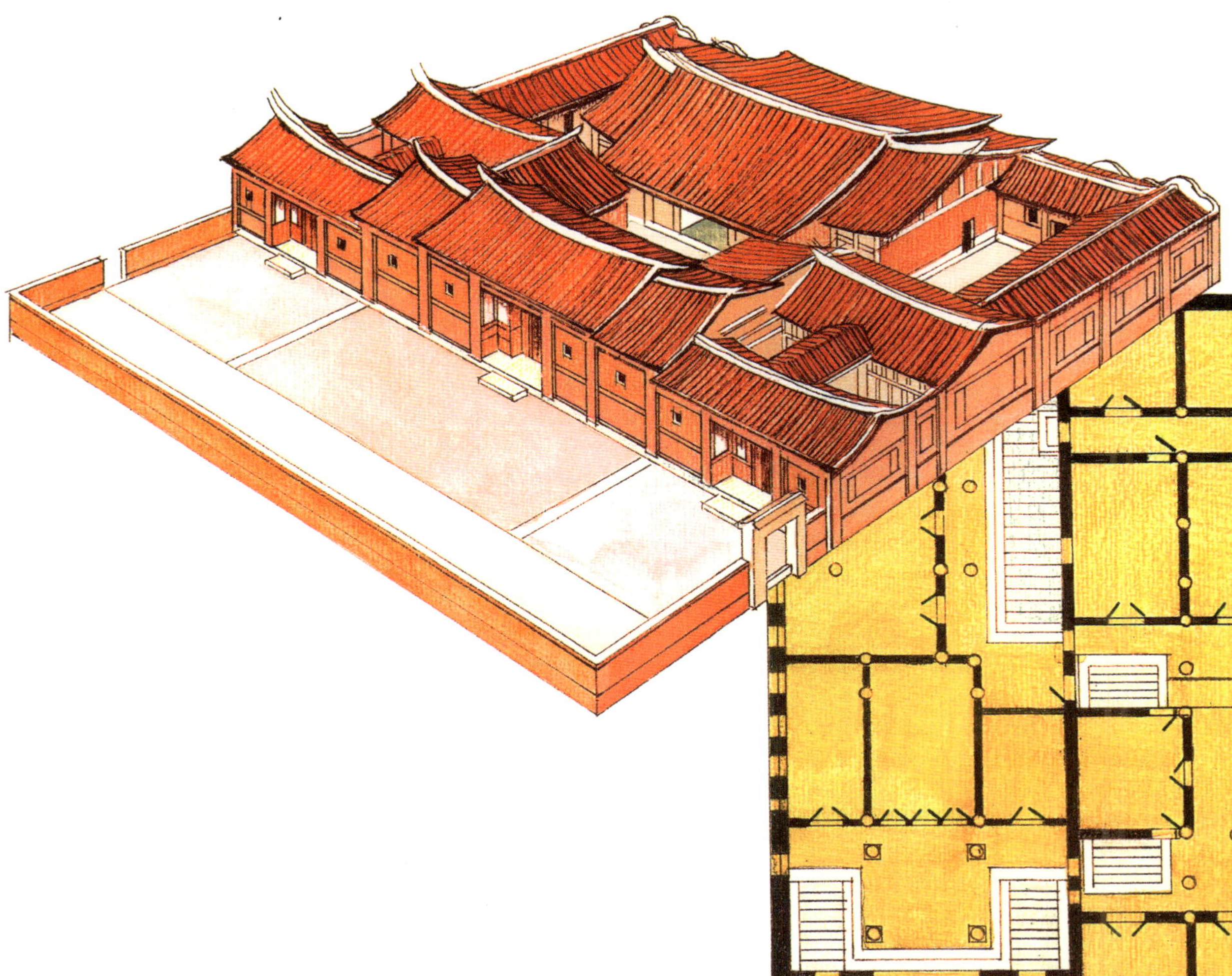

腾跃、飞翔的感觉。天井在泉州叫作深井，深井满铺石板。天井的一圈都是排水沟，以适应南方雨水多的特点。典型的泉州民居院落平面比较复杂，除了中间大天井外，四周有四个小天井，构成相对独立的生活小空间，增加了空间变幻的层次。正是因为有了不同形状的小天井，高低穿插的屋顶檐口才得以充分体现，形成了虚实明暗的交融互映。

大天井在泉州民居中起着中心空间的作用。厅堂和大天井融为一体，厅堂是灰色空间，天井和厅堂在铺地时有一级踏步的高差。厅堂前铺的一条长石板很重要，在当地称为大石矜。大石矜的起点和终点都对正两根厅廊柱。石板缝和柱础形成“丁”字形，当地人称为“出丁”，据说这样可以生男孩，家庭能够人丁兴旺。

在住房的分配上，泉州人严格按照“昭穆之制”，左为上，右为下，各个房间都有相对的名称。家里的男孩子要按照长幼次序来分配住房。由于四合院中心部位是由四房一厅所组成，四房一厅又是由六面纵墙组成，当地人称典型的泉州民居为六壁大厝。

值得一提的是，台湾不少地区的民居与闽南沿海如晋江、泉州、莆田等地的民居，无论在平面布局、屋脊起翘乃至细部装饰等方面都很相近。有的福建到台湾的人还用故乡的村名来命名台湾的村落，所以泉州民居的研究对于台湾民居建筑的研究有着特殊的意义。

泉州民居局部

出龟

三塌寿

五脚气

金门黄氏酉堂

金门顶堡某宅

金门民居前低后高图

金门山后村海珠堂

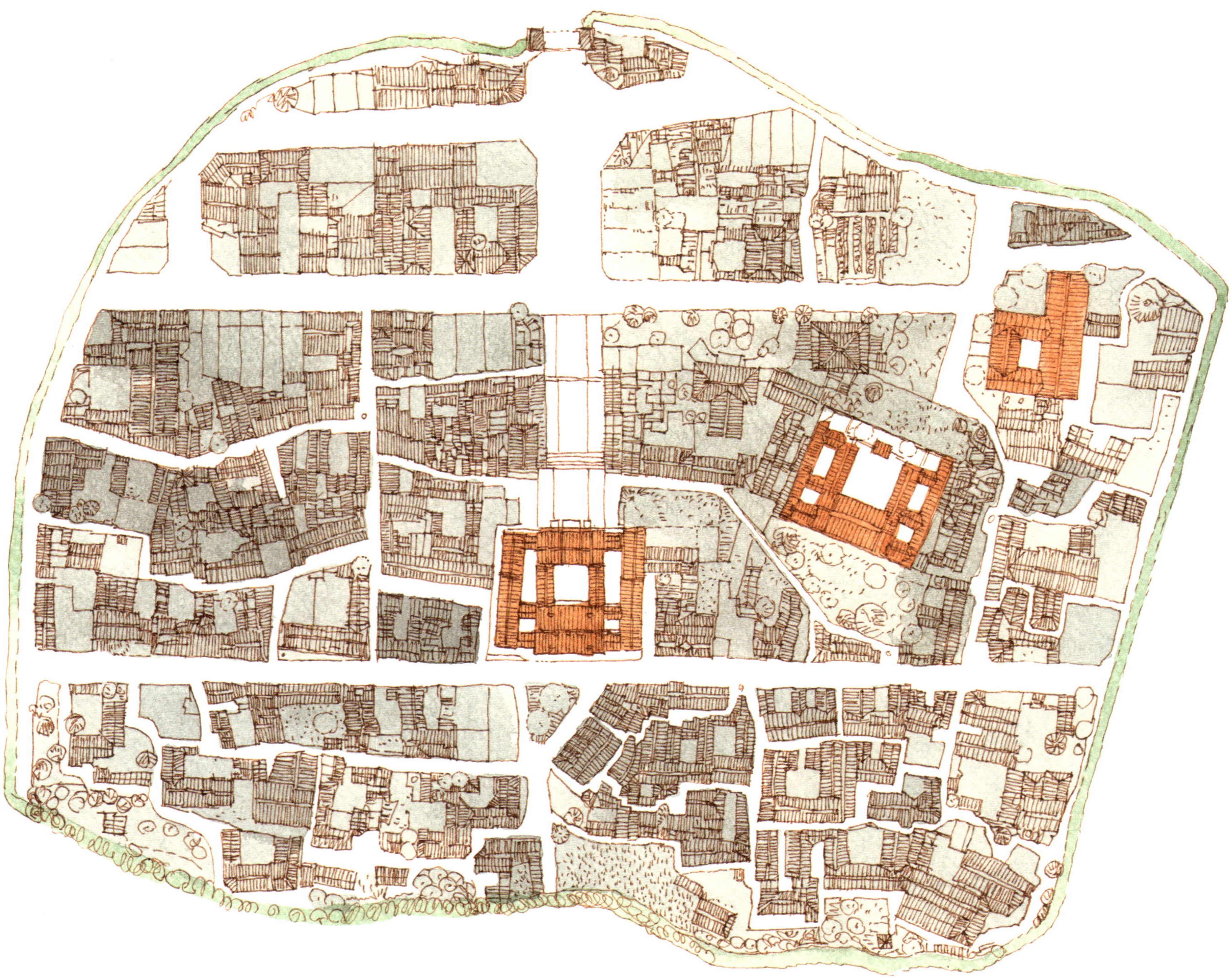

金广福聚落图

金广福建筑

闽南民居

欧厝村欧阳宅复原图

欧厝聚落图

北山聚落图

宫前、祖厝后聚落图

琼林聚落图

山后聚落图

水头聚落图

珠山聚落图

土楼民居

在中国民居中，土楼是一种特殊的民居，是世界建筑园圃里令人瞩目的存在。土楼中又以圆楼最为独特，宏伟的建筑形制，可以和古罗马的圆形竞技场媲美。日本东京艺术大学茂木计一郎(KEIICHIRO MOGI)教授第一次看到福建圆楼时所说的话，最能代表人们第一次见到圆楼时的惊讶之情：“这是天上掉下来的飞碟，是地上生长出来的蘑菇。”

土楼主要分布在福建省龙岩市永定区东部、新罗区南部，漳州市南靖县西部的接壤地区。华安县、漳浦县、云霄县、诏安县、平和县也有很多，但不如龙岩市永定区集中。关于土楼的发展历程，没有明确的记载，能考察到的历史是，唐朝总章元年（公元668年），闽粤接壤地区起兵反抗当地的官府，官府无法抵挡。第二年，唐高宗派大将陈政率兵前来。在陈政大军的镇压下，叛军被赶入偏僻的山区。仪凤三年（公元678年），陈政的儿子陈元光攻克了南诏（今福建省诏安县），此后又一直攻入潮州。

据记载，当时叛军据守山寨，易守难攻。陈元光也插柳为营，修筑山寨，和叛军抗衡。

当时的山寨都是建立在山头上的城堡，形式与现在的土楼相似。山寨转变成民居场所，应在南宋初叶以前。据《长泰县志》记载：“宋绍兴末，有寇流劫，乡里骚动。邑民蔡君泽纠集乡民保石岗寨，贼攻寨，泽破之。”这说明当时人们已经居住了山寨形式的住宅。

民间开始有建筑土楼的记载，则起于元代。根据南靖县李氏族谱记载，元代皇庆元年（公元1312年），李家在南靖县书洋乡的下坂寥村建了一座三层方楼福兴楼。在下坂寥村，刘氏族人在至元二年（公元1265年）已建成了五层圆楼裕昌楼。

关于土楼的官方正式记载，最早见于明朝萧廷宣撰写的《嘉

土楼民居立面图

土楼民居立面图

圆形土楼

靖长泰县志》。这本县志上记载："环珠楼：在县兴贤坊之南，元至正年间兴建。"这也再次说明，元代已有民居土楼是确定无疑的。

明代是福建沿海地区土楼兴建的高峰时期。因为倭寇开始骚扰漳州，所过之处"焚劫杀掠不计"，人们只好在土楼中躲避。

明万历元年（公元 1573 年）《漳州府志》记载："漳州土堡旧时尚少，唯巡检司及人烟稠集去处设有土城。嘉靖四十年（公元 1561 年）以来，各处盗贼生发，民间团围、土围、土楼日众，沿海地方尤多。"

现存明代土楼很多，而且楼体上多有石刻纪年，写明了建造年代，有时还有族谱为证。例如，华安县沙建乡上坪村的齐云楼，是一座椭圆形的单元式二环楼，石刻纪年为明万历十八年（公元 1590 年），而族谱上的记载，可以追溯至明洪武年间，距今已有 600 多年的历史。现在这座土楼还保存完好，这在中国民居史上也是值得一提的，因为明代住宅保存到现在的已为数不多。

清代虽没有倭寇袭扰，但社会仍不太平，因为这一地区宗族之间经常发生械斗，常因小事而酿成大祸。械斗之风，屡禁不止，乃成痼疾。社会的动乱迫使百姓继续建造土楼。

清代的土楼大都建在交通不便、地域偏僻的山区。在 20 世纪六七十年代，客家人感到社会不太平，于是以生产队或生产大队为单位，建造土楼。书洋乡上坂寮村的五座方楼圆楼群，其中三座都是 1950 年以后建的。

土楼的形式很多，按照外观造型归纳，大致可以分为单体土楼、土楼中的方楼、圆形土楼、土楼中的五凤楼和半月楼等类型。

单体土楼主要分布在龙岩市永定区，楼顶是歇山形式的大屋顶、大出檐，墙体呈下宽上窄的倾斜形式，就像过去的城楼式建筑。单体土楼还可以自由结合，组成各种各样的群体形象。龙岩市永定区抚市乡新寨坝的永隆昌楼，就是其中的典型代表。这个建筑分为新楼和旧楼两大组群，共有 92 个厅、624 个房间、144 个楼梯、七口水井。主楼加阁楼共有六层高。位于龙岩市永定区高坡乡富岭村的"大夫第"文翼堂，是单体土楼中造型最美的一座。这座建筑是"三堂两落"的形式，当地俗称这种形式为"土楼中的五凤楼"。"三堂"是位于南北中轴线上东西走向的下堂、中堂和主楼，"两落"是分别位于两侧的南北走向的建筑，当地俗称两落为"横屋"。这座建筑从前面看过去，屋顶十分成功地将歇山与悬山巧妙配合。院落重叠，屋宇参差，无论从哪一个角度观察都条理井然、主次分明、和谐统一。

叁 圆形土楼

在众多的土楼形式中，圆楼是一种造型最独特也最有趣的土楼。它的数量不多，但分布较广。当地人又将圆楼俗称为“圆寨”。圆楼大多建在较为隐蔽的深山密林中。建筑形式变化丰富，最大的特点是在圆楼上增建圆楼，形成一环一环的逐层增大的圆圈形状。最具代表性的圆楼是单元式、内通式两种。两种圆楼最明显的区别是祖堂的设置，而且祖堂也是圆形土楼中一个重要的建筑。单元式圆楼的祖堂一般设在正对大门的环楼底层，内院形成一个公共场所；而内通式圆楼的祖堂设置方式较为丰富。内通式圆楼的外观形状基本相同，只有层数和大小有所差别，最不一样的是内部院落。有的内通式圆楼是在内院中增加一两圈环楼，祖堂则大多建在内院中心，而且祖堂有方有圆；有的内院中是两圈单层的环屋，形成内环和中环，祖堂就设在正对大门的内环中间的大厅中。

最典型的内通廊式圆楼的整体布局为四环楼的形式。其中外圈最高的环形楼房高四层。屋顶为两坡水的形式，墙壁由生土版筑而成，整个墙体由底层向上逐层变薄，这样的构造不仅满足了防御的功能，同时又减轻了墙体的重量，合理又实用。另外，土墙里面是用竹片做成的“墙筋”，以此来加强墙体的稳固性。从外环的外观来看，房顶和墙体的构造十分简洁、单一，可是内部空间却很丰富。外环楼每层有 72 个房间，四层共计 288 间。

圆形土楼

其中一层通常设置厨房、餐厅，二层是仓库，上面两层都是卧室。

外环楼内第二圈的楼高两层，形制和外环差不多，只是房间相对较少。再向里的第三圈是平房，相当于是“中环”。中环全部是客厅，而且每个厅前都有一个小天井。最后的一圈就是“内环”了，其中间是一个圆形的天井院落，院落周围是单层的圆厅，祖堂就设在正中间的大厅中，祖堂厅的两侧分别是六间的门厅，由此向外每层建筑都在墙上辟门，而位于祖堂中轴线的外环楼墙上的门就是整个圆楼的正门。

圆楼的外面有附属平房围龙的，叫作“楼包”。圆楼本身有一环、二环直至四环的几种平面形式。四环的圆楼很少见，其中最著名的要数龙岩市永定区古竹乡高北村的承启楼。这是一座四层的内通廊式圆楼，经历了300多年的烽火岁月，已经相当破旧，而且楼内的居民又用混凝土建了一些新楼，弄得不伦不类。

圆楼中最好的要数华安县大地乡的二宜楼，它是一座单元式圆楼。二宜楼有七个显著的特点。

一是大，直径70.4米，是福建为数很少的直径超过70米的圆楼之一。

二是墙厚，底层土墙厚度达2.5米，是目前所知墙体最厚的一个土楼。

三是单元式设计，全楼分为12个单元，具有现代住宅的优点；每个单元的住宅，都保持了自己的私密性，同时，楼中心的大庭院又构成了社区活动的共享空间。

四是有内通廊式圆楼的优点，每层在靠庭院的一侧都有廊，可以作为家庭的阳台。

五是设有隐通廊，在四层的外侧有一圈通廊，每家的后面都设门通往这个隐通廊，在防御时，便于调动兵力。

六是每个单元的底层都设有一个传声洞，这个传声洞是“之”字形的，建楼时就预先设置，声音可以传入，而箭却射不进去。当自己家人回来晚了，而楼门已关闭的情况下，可喊自己家的人来开门。

七是设有暗道，平时当作下水道使用，当楼被围困、弹尽粮绝时，人能从暗道逃出。

二宜楼在设计建造时就设置了许多细部装饰，现在居民仍然按照设计时的功能使用，没有任何改建、搭建，而且保存得非常完整，楼内充满温馨的生活气息，居住也不拥挤，而且卫生条件很好。二宜楼的确可称为圆楼之王。

土楼的外墙既是承重墙体，又是防御实体。圆楼的外围墙体结构也可以分为三种。一种是常见的夯土版筑，每夯筑半尺，放置一些竹片，以增加张力。事实证明，这种方法很有效。我见到许多后来另外打通的房门，从挖的墙洞中都能看到竹片的张力非常强，想抽出来根本不可能，只有把竹片弄断才能挖通。而门的上部刚好就放在某层竹片下面，可以省去门上承重的过木。

另一种墙体是全部石砌，但这种石楼极少，像华安县沙建乡上坪村，建于明万历年间的升平楼，就是花岗岩砌筑外墙，再用三合土版筑夯实内部的隔墙。

第三种全部是三合土，用粗沙、红土和石灰作基本材料，用糯米汁和红糖水调和，所筑的墙体非常坚硬，甚至用铁钉也钉不进去。这种楼主要分布在漳州市靠海较近的几个县。

说到三合土的坚固，最有说服力的要数漳浦县深土镇示埔村的瑞安楼了。这个楼兴建于清嘉庆二十一年（公元1816年），由于年久失修，楼内的木结构逐渐毁坏，后来只剩下一圈外墙。1972年，当时的人民公社大搞农田基本建设，想把这个楼的一圈外墙炸毁后，把三合土的墙体当作石料去修筑水渠，但没想到用了两个炸药包40公斤炸药，瑞安楼却只被炸开了两个洞。公社领导看到楼如此坚固，只好作罢。

圆楼如果分成几环的话，一般都是外环高、内环低，但也有少数的圆楼例外，如锦江楼。锦江楼位于深土镇锦江村，楼分三环，内环最高，有三层，建于清乾隆五十六年（公元1791年）。中环高两层，建于嘉庆八年（公元1803年），比内环晚建12年。外环高一层，建造年代就更晚了。锦江楼的造型非常独特。首先是从内到外一环比一环高；其次是楼的外侧上部设置女儿墙，墙内一圈设有走道，有利于防卫；最后是建筑的正面设有瞭望楼，瞭望楼比其余楼层高出一层。从正面看过去，锦江楼具有强烈的防御感。

类似于锦江楼内环高、外环低的圆楼，还有一座是在华安县高车乡的雨伞楼。雨伞楼共两圈，其房顶是大出檐的形式。雨伞楼在一座海拔900米的小山之上，从下面看去形似雨伞，当地人就取了个象形的名字。其实，雨伞楼和锦江楼的不同之处也很多。雨伞楼的内外环都是两层楼，但建筑基础的等高线不一致；内环在山顶上，基础高；外环在山坡上环绕，基础低，外环建筑一层的内圈墙就是直接利用山坡悬崖，没有砌墙。所以说，雨伞楼是利用地形较好的一座楼。雨伞楼在高山上，周围环境很好，几棵非常高大的古树簇拥在楼的附近，衬托着建筑，使之更加古朴、淡泊。

福建龙岩市永定区古竹乡的承启楼

土楼中的方楼

土楼中的方楼总体上来说和圆形土楼的设置大致相同，而且从土楼中的方楼中又能看到土楼中的五凤楼的影子。不过土楼中的方楼又有很多特别之处。从外观来看，土楼中的方楼是一种体量很大的土楼，最高的可达五六层，上部楼房开一些小窗口，而下部则不设窗户，以此保障安全。屋顶出檐很大，像一个盖子一样罩在高大的建筑之上。

从平面上来看，方楼大多呈“日”字形或“回”字形。屋顶四面围合，和圆楼一样前低后高层层低落，不过最后中间却围合成了一个方形的四合院形式。这是和圆楼最明显的区别。另外，有些土楼中的方楼前面还建有前院，楼里还建有楼，形成楼心。还有两侧建护楼的，更有一种形似圆楼的四角抹圆的圆角方楼。

从内部来看，方楼分为内通廊式和单元式两种，而且大部分方楼都为内通廊式。和圆楼的内通廊式一样，每层楼房都设有一圈走廊，沿走廊可环绕院落行走一圈，而且每间房都有门和走廊相通。单元式则是每一户都不与相邻的房屋相通，而且每户都是从底层到最上层的独立单元。

从房屋的设置上看，内通式方楼的祖堂设在内部中轴线终端的底层；而单元式方楼比较讲究的则是将祖堂设在前院的客厅内，周围还设回廊，这样就形成了一个方楼内院中又套着一个方形四合院的形式，虽然内部空间显得有点紧缩，但却丰富了建筑的层次感。

另外，方楼的大门设置也很特别，不像大部分民居将门安在一侧的角落处。方楼的大门大多都开在正立面的正中央，而且一般都是只有这一个门可以入内。大门外往往是由单层的仓库及厝围合成的一个深约10米的院落，这个院落也是只设一个门口。大门内的方形院的中心也称厝，还包括围合祖堂天井的门厅和回廊。这样的门前门后的院落布置在当地还有俗语，称“厝包楼儿孙贤，楼包厝儿孙富”。看来这种对子孙后代幸福、美满生活的期待是中国传统民居共同拥有的美好愿望。

方楼形式中比较奇特的要数四个角带耳、平面鸟瞰呈风车状的“卍”字楼了。

“卍”字楼主要在漳浦县，现在全县还保存有六座这种形式的楼。“卍”字楼的平面形式基本一样，即正方形平面的四个角各向外凸出一个半圆形的碉楼。“卍”字楼的高度都是三层，平面的大小有区别。其中一座叫永清堡的“卍”字楼，在楼的外围还绕着一圈四方形的城墙。

“卍”字楼在方楼中是防御性和艺术性最高的一种平面形式。遭受攻击时，它的外墙没有视线上的死角，更有利于土楼的防卫。漳浦县佛昙镇轧内村的人和楼，在主楼外有一圈长70米、宽50米的建筑，建筑的进深只有两米，房间很小，完全是作为城墙使用的，但在其中一角凸出一个角楼，这可以说是“卍”字楼的雏形。漳浦县赤土乡的万安楼建于明嘉靖年间，主楼外围的城墙在四个角都有凸出的角楼，类似于城墙上的马面，更接近于“卍”字楼的形状。

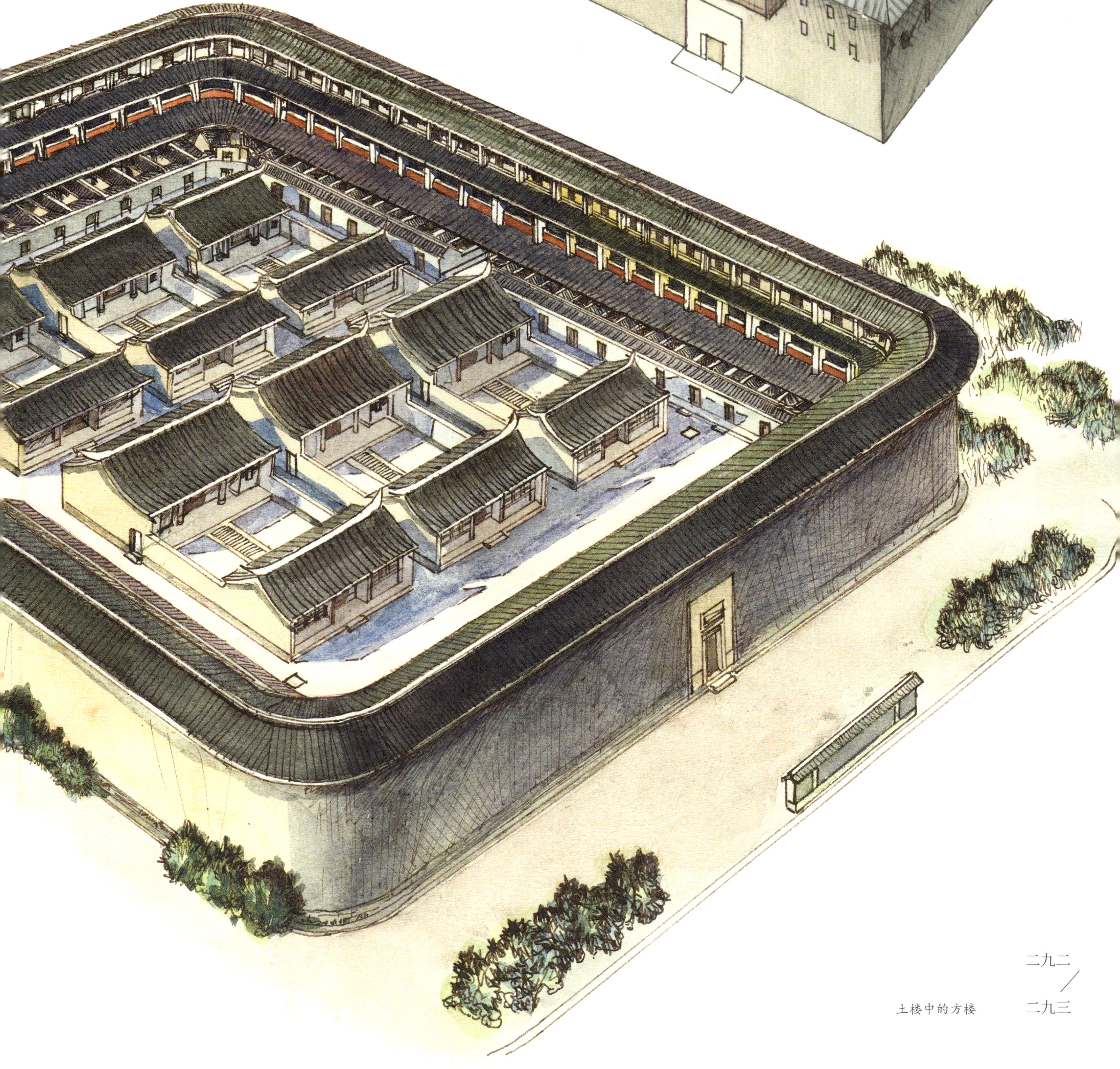

半月楼

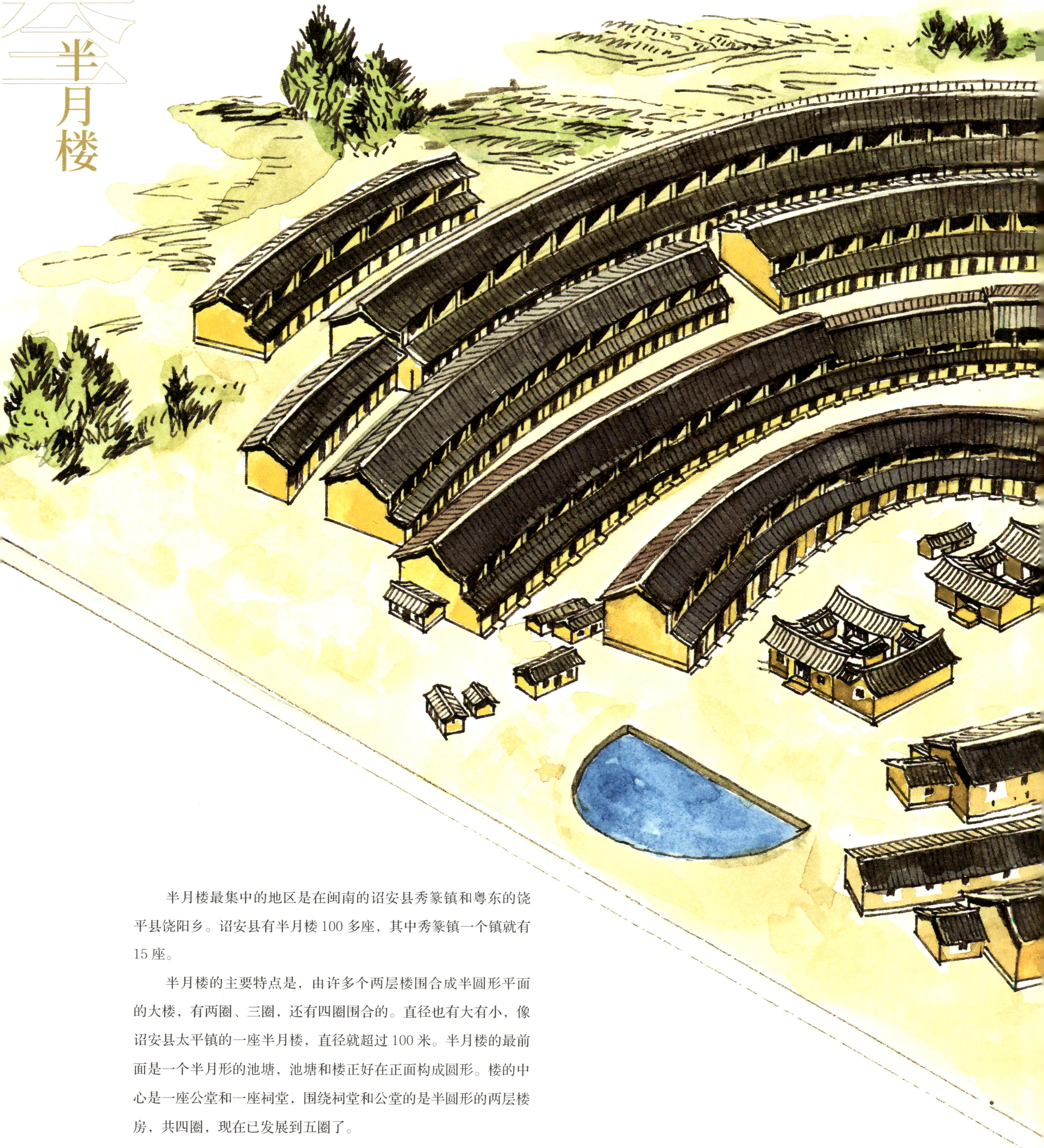

半月楼最集中的地区是在闽南的诏安县秀篆镇和粤东的饶平县饶阳乡。诏安县有半月楼 100 多座，其中秀篆镇一个镇就有 15 座。

半月楼的主要特点是，由许多个两层楼围合成半圆形平面的大楼，有两圈、三圈，还有四圈围合的。直径也有大有小，像诏安县太平镇的一座半月楼，直径就超过 100 米。半月楼的最前面是一个半月形的池塘，池塘和楼正好在正面构成圆形。楼的中心是一座公堂和一座祠堂，围绕祠堂和公堂的是半圆形的两层楼房，共四圈，现在已发展到五圈了。

半月楼都没有石刻纪年，不知道确切的建造年代，但都是从里向外，先建房的人家建里圈，后建房的人家建外圈。材料也不统一，但仍然依照这个规律排列。半月楼的朝向都没有规律，朝东、朝南、朝西、朝北的都有，但都是背靠一座山峰，这样的地形可以造成前低后高的气势，也使后面的建筑采光通风更好一些。

福建半月楼

土楼中的五凤楼

土楼中的五凤楼大多集中在龙岩市永定区境内。标准土楼中的五凤楼的平面形式是“三堂两横式”，另外有较简单的“三堂”式、“两堂”式和“四堂式”，都是只建堂或堂并列的形式。此外还有“三堂四横式”和“六堂两横式”，则是在“三堂两横式”的标准形式的基础上横向增加房屋，形成复杂的形式。

典型的“三堂两横式”土楼中的五凤楼就是由三个厅堂和两侧横屋组成。主体部分的前后三堂建在中轴线上，从前向后依次是下堂、中堂和上堂。下堂是门厅，两侧大多带有厢房；中堂是土楼中的五凤楼的中心部位，也是家里商议大事、聚会的场所，正中间的明间是正厅，厅内设有祖宗祠堂。中下两堂都是单层的建筑，而上堂则是两层甚至是多层楼房，房间很多，主要是家里长辈居住的地方。

三堂之间前后形成两个天井，天井两侧分别设有敞厅，通过敞厅可直接与两边的横屋相通。横屋也就是“三堂两横式”中的“两横”。横屋是当地人的一种说法，从平面图上看，其实是前后向排列的两侧的厢房。

两边的房屋均是由房屋纵向排列而成。就相当于是普通合院中设置的厢房一样。横屋的高度从前至后呈逐渐递增的趋势。最后一个横屋的高度往往与上堂的楼房高度相同。在横屋的外侧往往建有一排低矮的平房，用作仓库和畜圈等。

沿土楼中的五凤楼的前面通常设一个长方形的晒禾场，禾场前建有半圆形的水塘；在楼后的高企的山坡上用围墙围成一个半圆形的楼背。这样土楼中的五凤楼前后就各围合成了一个半圆形的空间，有团圆和美之意。不仅如此，土楼中的五凤楼前低后高的建筑层次形式，也蕴含有步步升高的寓意。

土楼中的五凤楼有一个好听的名字，这主要是根据五行的象征和它的建筑造型而得来的。整座土楼中的五凤楼的屋顶大多为歇山顶形式，屋顶平面的坡度平缓而檐角平直，两侧的横屋像是一对展开的大翅膀，和中间最高建筑的上堂楼房相结合，从高处往下看，整座建筑犹如一只展翅欲飞的凤凰，十分美丽。

叁 藏族碉房

我国少数民族都是采用大杂聚、小聚居的居住方式，地域分布不均匀。藏族居民分布在较为广阔的地区，所以其民居形式也是多种多样。一般来说，较为集中的区域有青海的果洛、西藏的拉萨与泽当，以及四川的阿坝与甘孜等地，虽然各地的地理环境和气候都有所差异，但从整体上看，藏族民居的形式还是大同小异的。

藏族民居与汉族民居有很大差别，汉族民居一般以院落的形式组成不同功能的房间，而藏族民居则采用单体的形式，将厅堂、厨房、卧室、厕所、畜圈和仓库等不同功能的房间安排在一栋建筑之内，形成了独特的民居建筑形式——碉房。

从《后汉书》的记载来看，在汉元鼎六年（公元前111年）以前就有碉房存在。这是一种用乱石垒砌或土筑的房屋，高三至四层，因外观很像碉堡，故称为碉房。碉房的名称至少可以追溯至清代乾隆年间。

关于碉房，许多地方志上都有记载。这种住宅形式，主要分布在农业区和城镇。《安多政教史》中记载，青海果洛三部之一的昂欠本部落筑起一个四层的城堡，顶层为石屋。这与史籍中记载的附国羌所居之“巢”近似。附国羌为古代羌人的一支，分布在四川西部、西藏东部一带，公元7世纪初被吐蕃兼并。该部“无城栅，近川谷，傍山险，俗好复仇，故垒石为巢，以避其患。其巢高至十八丈，下至五六丈，每级以木隔之。基方三四步，巢上方二三步，状似浮图。于下级开小门，从内上通，夜必关闭，以防贼盗”（《北史·附国传》）。

藏族人的住房，多为土石结构，平顶狭窗。贵族、寺庙僧人、领主的庄园楼墙高耸，外形上小下大，较森严。一般平民居住的一层建筑称为陋室，结构简单，土石围墙，架木（或树枝）在墙上，然后覆以泥土。房顶用一种当地风化了的“垩嘎”土打实抹平；内室居人，外院围圈牲口。两层的住宅一般称为平房，墙基用石砌，上面的墙体用土坯垒，上层住人，下层作伙房、库室和圈牲口之用。碉房是过去贵族、领主、大商人居住的房子，一般三层以上，最高到五层。碉房一般用块石做墙，木头做柱，柱子密集，约四平方米便有一柱，上用方木铺排做椽，楼层铺木板；二三层向阳处的窗户往往为落地玻璃，采光面广。人住其中，冬天不用生火取暖；楼顶有阳台，可供晒物品和散步、观光用。这种碉房，四周围墙，中间庭院，墙厚至60厘米，可以当碉堡打仗、防御用。窗户多朝庭院开放，院外用小窗窄门，有挡风御寒之利。这种房屋，二三层住人，底层当库房。柱头、房梁装饰绘画，十分华美。

藏族碉房

中心最好的房屋，作为佛堂。

在藏族的许多农区，普通农民也住碉房，藏语称“夸日”，分两层或三层，平面呈长方形，底层设门，为畜圈，其内设有独木梯通上层，二层住人，三层设供养堂（佛堂）、堆放粮食。可见这种石碉房在形状、结构、建筑方法及地形选择“近山谷”“傍山险”，与古代的西羌之俗近似。清《西藏志》载：“前后藏各处，房皆平顶，砌石为之，上覆以土石，名曰碉房，有三层至五六层者。”

青海果洛的碉楼，大半在屋顶之上垒有许多卵石，并筑有可投掷这些卵石的洞眼，楼门上部左右两侧，也各有一个洞眼。据介绍，这些都沿袭了历史传统，是为了防御盗贼的侵入。如遇盗贼侵入，便可飞掷“天石”或用矛戳刺。每层房屋的屋顶较高，所留空间较大，是为了在敌人进犯时，便于施展拳脚抵御。每个房间，都有可以启闭的箭眼或枪矛眼。楼梯是用整根圆木，砍平一面便于平稳，另一面凿出踏槽而成的独木梯，这种梯子可以随便挪动，亦可随时提拉到上一层楼屋，以防不善之来者。碉房的窗孔很小，光线较暗，生人刚进去时，如果没有房主的指点，便会难辨方向，无处驻足（邢海宁《果洛藏族社会》）。

藏族多采用蹲式的厕所，设计比较特殊的是四川马尔康地区的民居，往往将厕所悬挑在楼层室外。由于民居高达三四层，故上、下层蹲位彼此错开，粪便直落地面，粪坑都在室外，与室内隔绝，由于当地气候干燥寒冽，没有刺鼻的恶臭气味。在川西甘孜等地，凸出于屋外的厕所还用墙包围，就像是突出的碉堡。在厕所的小窗口，还可以瞭望、射击。

藏族碉房的入口开在一层，而且整个房屋就建这一个小门。也许是为了防卫考虑，因为一层主要是用来圈养牲畜的。在我国大部分农村，牲畜对于农村的生产生活是非常重要的，所以要重点保护，而且像这样人畜同居一室的现象到现在仍然存在。

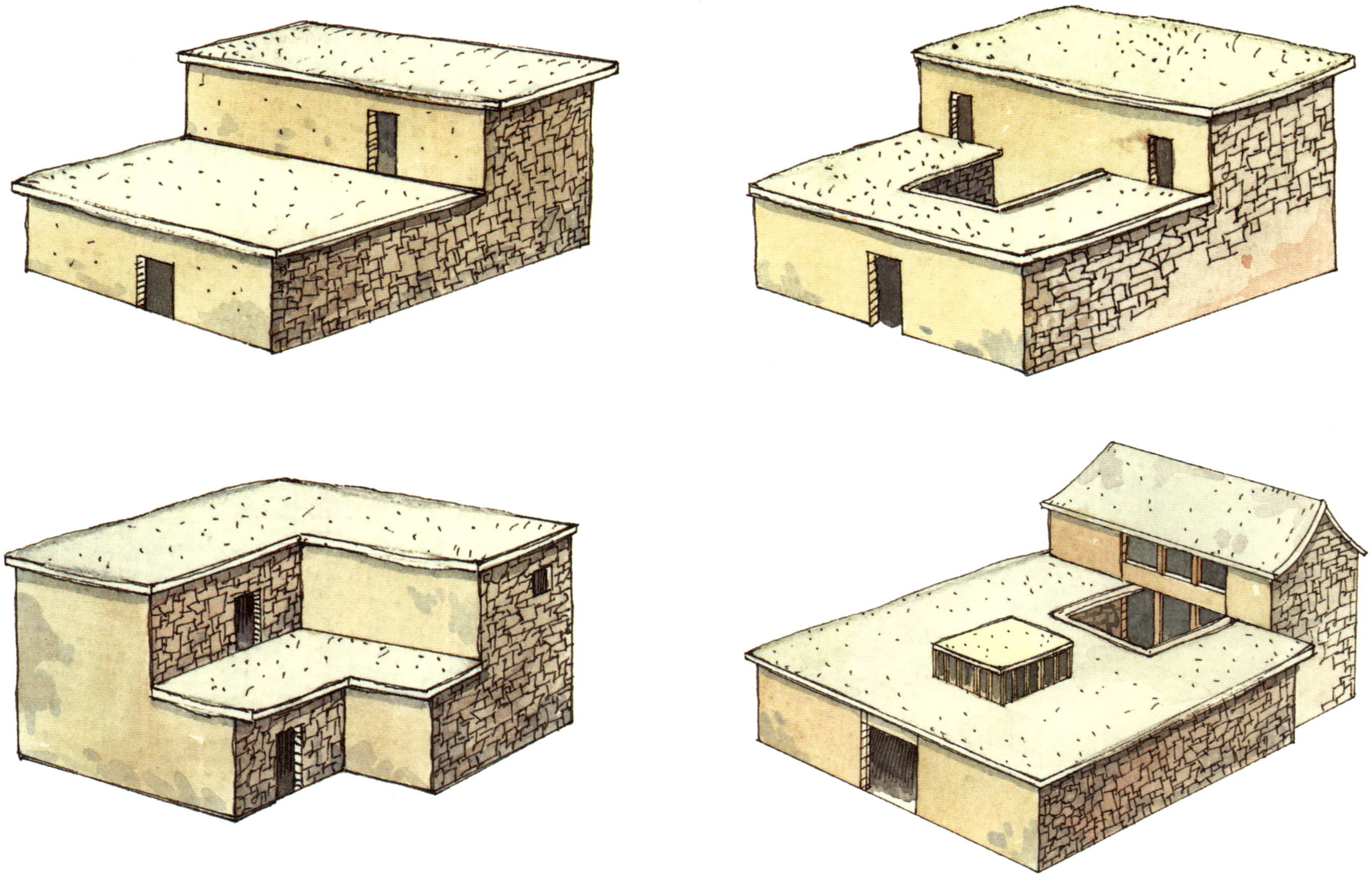

藏族碉房

藏族碉房立面图

一层没有窗户，只在墙的上部、靠近楼层的地方打几个小洞口，洞口外小内大，内低外高，向上斜开，这样既注意到了安全问题，光亮也可以从小口照进来，不至于整个屋内漆黑一片。在大部分的碉房住宅内，底层的分间是按照楼上的分布规则来划分的。室内安有几根柱子，柱子之间装上木栅，用作牛、马牲畜分圈或是堆放草料的地方。在靠墙的地方，还设有用石头砌成或是木头制成的饲料槽。牲畜吃料时，头向墙，尾向外。而上楼的楼梯就设在畜圈中间靠近大门的地方。

二层是全家人日常生活的地方，用一些不到房顶的木板墙将室内分隔成大小不同的房间。大一点的住宅在这里设有主室、卧室、储藏室、客室、阳台、敞厅等，分布比较细致；小一点的二楼只有主室、卧室和储藏室，另外还有一间为敞间。

和汉族一样，主室也是藏族民居中最重要的房间，这里是人们平时起居、用餐和招待客人的地方。这个房间还用来做厨房，或是做一些日常家务。室内还设有炉灶或是火塘，冬季还可以取暖。室内还有橱柜、橱架等家具。主室后面靠近墙的一边是储藏室，用来储藏粮食和杂物等。卧室和主室相连，面积不大而且比较隐蔽，不过和主室一样都位于朝向最好的位置。此外，在由一层通向二楼的楼梯井口处，还留有一小块交通区域，可以与三个方向互通。而且这个从上到下的楼梯井也是碉房内向外透气的地方，而楼梯井的大小也根据不同地区的气候条件和房屋大小的变化而有所不同。

二层后面出挑的阳台是厕所，有时也做望台用。厕所建在这里直通下面一层，所以排泄物正好可以从阳台落到楼下牲畜圈里，方便还不影响二楼的卫生。

碉房的第三层，也就是顶层。藏族碉房的屋顶对藏民来说是很重要的。顶层靠后的地方，建有平顶的矮房子。这种矮房子有两种用途。首先，它用来储存家里大量的粮食，因为这里日照比较充足，可以保持粮食不因受潮而损坏；其次，这里还有一间相对封闭的空间，设有经堂，经堂是家中最神圣、最庄严的地方。因为藏族普遍信仰藏传佛教，藏族民居中家家都设有经堂。藏民经常要请藏传佛教僧侣到家中念经，所以顶层还专门设置房间，方便藏传佛教僧侣住宿。

藏民家中的装饰大多围绕家中的经堂来布置，如有的人家在经堂里挂上佛像。此外在拉萨、泽当地区的藏民还在房屋的拐角处设置五颜六色的小旗，旗子按照蓝、白、红、绿、黄的颜色自上而下排列悬挂，分别代表着天、云、日、树、土，是藏族人民祈福、信仰的象征。

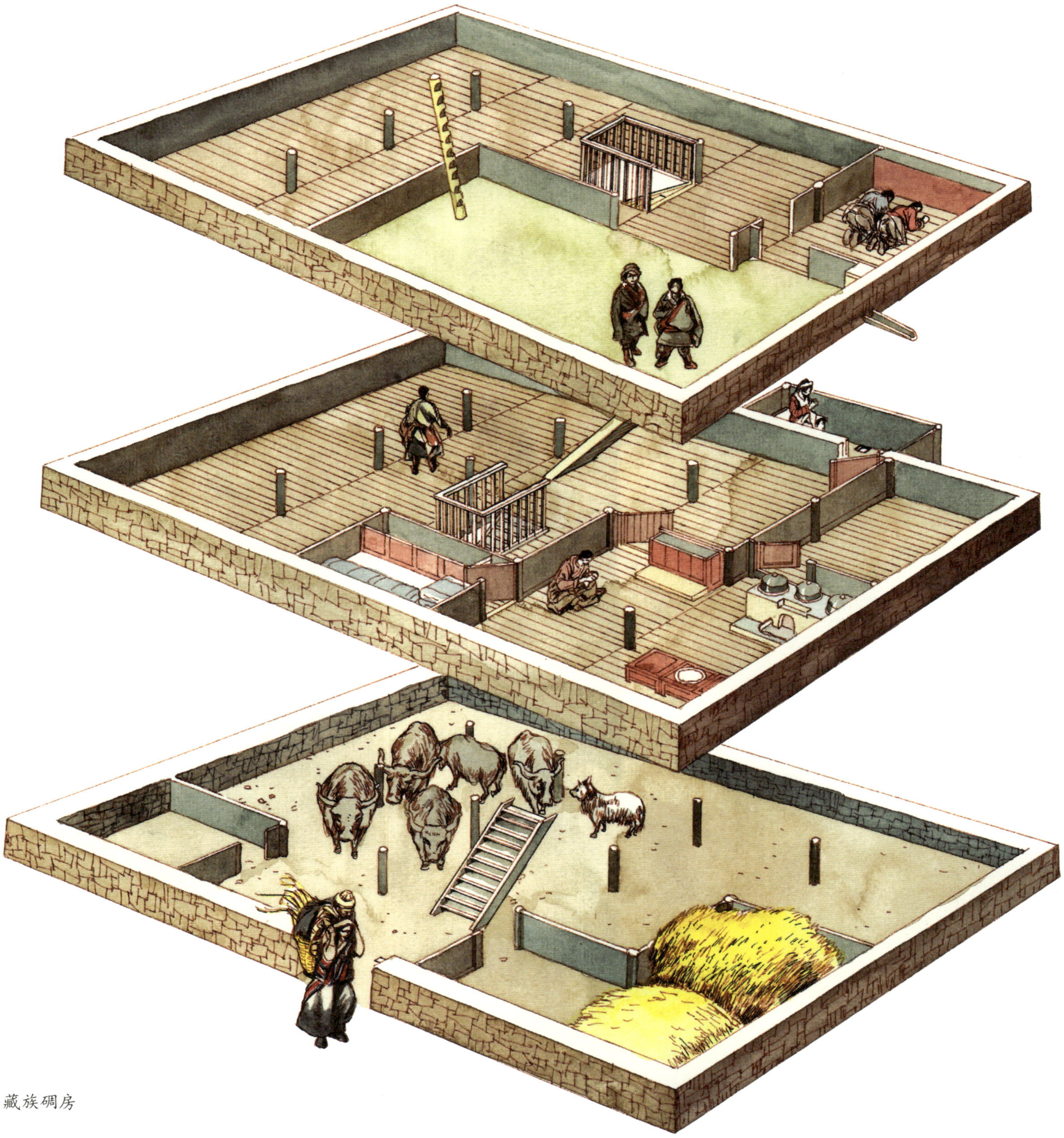

藏族碉房

藏族碉房

丹巴藏族碉房

藏族碉房

藏族碉房

丹巴藏族碉房

干栏式民居

位于我国西南的云南、贵州等省以其风景绮丽而吸引四方来客，这里的民居也风格各异。境内的少数民族包括侗族、苗族、傣族、景颇族、佤族、哈尼族和水族等，他们的民居有使用“干栏式”住宅的。

这种建筑形式历史悠久，早在原始社会就已经存在。位于长江中下游的浙江余姚河姆渡遗址的沼泽地带出土了大量的干栏式建筑的构件，而且其构件制作就今天的眼光来看已经具有了相当高的水平，可见干栏式建筑是一种古老的建筑形式。《梁书·林邑国传》记载：“国其俗：居处为阁，名曰干兰，门户皆北向。”“干兰”也作“干栏”。《旧唐书·陀洹国传》记载：“俗皆楼居，谓之干栏。”干栏主要分布在我国南方，《魏书·僚传》说：“僚者，盖南蛮之别种，自汉中达于邛笮川洞之间，所在皆有，种类甚多，散居山谷。……依树积木，以居其上，名曰干栏。”

我们现在看到的干栏式民居和早期的干栏式民居有很大的不同。古代的干栏式建筑的下层是用许多树干作为柱子搭成一个平台，然后在平台上建造房屋。不过现在除了极少地方仍使用这种古老的建筑以外，常见的干栏式民居只是把底层架空，形象上和古代的干栏式建筑相似之处在于，都是采用的穿斗式结构。

干栏式住宅的特点是用竹或木为柱梁搭成小楼，上层住人，下面做牲畜圈或储存杂物之用。《旧唐书》解释：“人并楼居，登梯而上，号为干栏。”干栏式民居又分高楼式和低楼式，以下层透空柱梁空间的高度区分。高楼式干栏，上层起居，下层可做仓库和牲畜圈。

干栏式住宅尽管室内较暗，但出檐深远，遮住阳光的辐射，外廊也对此做了补救。对于多雨潮湿的地面有隔离作用，通风较好，适应当地气候；另外，在人烟稀少的地区，还可以防止被野兽伤害。

干栏式民居的屋顶大多采用歇山顶和悬山顶。不过这种歇山顶只是在悬山的屋脊下面设置一个披檐，形制非常简单。早先人们都是用树皮或茅草来覆盖屋顶，后来才使用了青瓦。由于干栏式是采用穿斗式的木构架结构，随时都可以进行扩建，规模较大的干栏式屋顶形成了造型灵活、形式多样、高低错落的景观。

一般来说，干栏式民居建筑分为三层，外部造型大多形式灵活，也有少数是规整的矩形平面。最能体现干栏式民居特点的地方就是底层。底层用很多根柱子架空，周围有时以木板围起来，形成一个四周围合的小空间，作为圈养牲畜或是放置一些农具及杂物的场所。

另外，有的干栏式建筑底层下面的柱子较低，人不能直腰进入底层架空的空间，这种干栏式民居也被称为低楼式干栏。低干栏式民居的底层一般不用木板围合，而是形成一个自由敞开的空间。低式干栏的楼梯设在底层的一侧，由地下直接顺着梯子上到二层。二层是家人起居、日常生活和招待客人的地方。

二层外面设有外廊，侧面与外界相通，上面带有很长的檐廊顶，形成一个半开敞的空间。人站到这里可以看到外面的情况，

干栏式民居立面图

也可休息、晒太阳，非常方便。和外廊相连的屋子叫作中堂，相当于汉族家里的堂屋。中堂是二层面积最大的空间。室内的火塘是每个干栏式建筑中都有的设置。火塘下部用砖石铺成，以防止燃料掉到地板上，上部用三脚架支撑锅灶，而且火塘里的火是终年不灭的。火塘的上方悬挂着肉和菜，因为有烟火的熏烤，这些食物可以保持长时间不坏。

除此之外，二层的外面往往还设有一露天的阳台，也就是从屋中出挑出一块地方，下面用柱子支撑，上面铺上木板，叫作晒台。晒台上的木料一般比较粗糙，因为相对于整个房屋来说它是独立的，拆建都比较方便，所以建筑材料也比较简单。晒台是家里洗衣、晒衣的地方。

卧室设在二层的内廊两侧，由柱网与公共空间分开。如果是只有两屋两层的住宅，还要另外辟出一间作为储藏室。

三层也有设置卧室的，不过大多数都是作为储藏室使用。另外也有在二层的卧室内设有楼梯直接和三层相连的，这样两层之间形成跃层的复式结构，形制也比较特别。

云南景颇族外廊式民居，就是一种低楼式干栏民居。据云南祥云大波那村木椁铜棺墓出土的随葬青铜器证明，大约在公元前 400 年的战国时期，就已有这种长脊短檐倒梯形屋面的干栏式建筑。这是因为当时滇人有“剽牛”“猎头血祭”的宗教习俗，常在山尖屋脊下系挂牛头甚至人头等，以表示房主人的勇敢与勤劳。现在的景颇民居山墙上端虽不再系挂头骨，但那陡峭的茅草屋顶，深远的出檐，粗犷简朴，别有一番野趣。现在的民居，楼下已不关牲畜，而是做仓库使用。而且一般都设单独厨房，这样也改善了居室内的卫生条件。海南黎族船形民居也是一种低干栏建筑，有的草顶垂下紧贴两侧，竹笆形成筒状，有的在屋山一头用草顶做成半球形以做谷仓。因外形很像一艘船，故名船形民居。

使用干栏式民居的民族，基本都保持了火塘文化，且火塘里的火终年不灭。他们在建筑火塘时都有不少巧妙方法，总的来说都是依靠砖石铺底阻燃。

这样大型的木楼是怎样兴建的呢？乡民们说，先到山上相中成材的树木，做上记号，然后请人帮忙，砍倒运回，刮去树皮，打卯眼做榫头，拼成一个个的穿斗式榀架（山头），然后把榀架一个一个地竖起来，用横木相连，形成房屋的框架结构。这个过程，当地人称为“架排”。整个过程都在现场一天内一气呵成。不用一钉一铁和任何金属连接物。全寨子的男人都自愿来帮忙，建房场面很有气势。尤其是架最后 12 根横梁时，木头被涂成红色，有些地区还要杀一只公鸡，把鸡血滴在木头上，一方面祭神，另一方面避邪。

有趣的是木楼的框架结构是直接摆放在地面上的，并不埋在地里。如果哪一根木料不着地，用几块石头垫一下就行了。

叁 赣南围屋

“围子”是指一种类似福建土楼中的方楼的民居建筑，而且往往都带有近似于广东开平碉楼那种形式的角堡。为什么叫围子？在江西省龙南市，当地人称方形围龙型的防御建筑叫作“围”，包括围屋、围龙屋、村围等形式。另外，查阅当地族谱可发现，早在过去人们就称这种建筑为“上堡围”“盘石围”等，“围”就是“围子”。

一般来说，每个围子都有一个十分典雅的名称，但因为过于咬文嚼字，对一般居民而言，既不好理解也不便记忆，所以几乎每个围子都有一个俗称，像盘安围俗称“沙坝围”，燕翼围俗称“高水围”。俗称中使用最多的是“老围”“新围”“田心围”和“水围”。老围和新围是从建筑的年代先后来说的，有老围就有新围，有新围也必定有老围。老围和新围的主人通常是父子关系，也有祖孙关系。田心围则是根据所处位置来说的，过去位于田中，便于防御，故行其名。不过随着人口的繁衍，田心围的周围有时又增建了新的房子，所以往往形成了村，很难见到有保存田心围当初情形的实例。水围这个名字比较费解，万幼楠先生从语音学的角度推测，当地“水”与“守”同音，而水围是守围的谬解，最初老百姓说的是守围，而后来，人们把守围说成了水围。是否真的如此，还有待考证。

为什么赣南人要建围子，可从地理和历史的角度来考察。赣南，也就是江西省的南部地区，现属赣州市所辖，位于赣江上游，地形如一个“U”字，地势周高中低，平均海拔为500米，往北流的赣江及其支流，几乎贯穿全境各县。

赣南地域东靠武夷山与闽西地区相连；西傍罗霄山脉同湖南相接；南横五岭和粤东北相邻，面积约为40000平方公里。民谚称：“七山一水一分田，还有一分是道亭。”由于赣南市地处四省之交，又重峦叠嶂，所以自宋元以来，这里就较混乱，小乱不断，大乱总有，“自古以来，江右有事，此兵家之所必争”。元代一度设“赣州行省”，辖江西、广东、福建；明朝后期设“都御使”管理赣闽湘交界的“八府一州”；清朝设“赣南道”。这种险恶的生存环境，也就成了围子出现的主要原因。

赣闽粤边是客家人的主要聚居地，赣南是客家民系形成的摇篮。

古时，中州丧乱，大量中原汉人涌入赣南闽西，到了宋元年间，形成了一个独特的汉族民系——客家。

此后，客家人继续南迁，明清时由于闽粤客家人口膨胀，导致更大范围的客家人四处迁徙，其中有一大支就近又回迁入赣。赣南现有人口700余万，其中客家人约占90%，而其中大部分人是从闽粤返迁到赣南的那些客家人的后裔。大量闽粤客家回迁赣南，激起新老客家人争夺生存空间的矛盾。因此，宗族械斗、土客矛盾，也是围子发展的一个重要因素。

客家人受先祖士族门阀观念的影响，加之自身的坎坷历史，形成了一种家族讲宗亲的传统，为了本姓氏宗族的利益，往往为一些小争执而不惜身家性命，宗族械斗结下世仇，以至于数十上百年不解。在这种情况下就不难理解，为什么当地人要建这么复杂的围子民居。

赣南围屋与闽西南的土楼、粤东北的围龙屋有千丝万缕的关系，属于同一建筑文化的不同类型，都是非常强调防御功能的民居。

赣南围屋大多分布在龙南市、定南县、全南县（地方习称“三南”），以及寻乌县、信丰县的南部，大致分布在江西南端嵌入粤东北的地区。此外，在石城县、瑞金市、会昌县分布有少量小土楼和零星围子。据估计，赣南围屋现存总数在500座以上。

围子以龙南市最具代表性，也最为集中。像杨村、汶龙、武当等乡镇，往往一个较大的山谷村庄，就有七八座围子。不过其不像土楼那样形式简单、外形整齐。龙南市的围子中，以燕翼围和新围最为著名。

俗称“高水围”的燕翼围位于龙南市杨村镇的镇子里。这是一座外墙全部砖砌的围子，燕翼围的周围很早就建了房舍，形成巷子，在正对巷子口对面的墙上还刻有“泰山石敢当”。

燕翼围的赖姓房主人最早是靠放木排致富的，赖氏有钱后就自然成为别人抢掠的对象。清顺治五年（公元1648年），广东的一帮土匪要来洗劫杨村，赖氏闻讯后立即携钱寄宿在外村一个姓廖的人家里。廖氏发现赖氏身怀巨款，便计划谋财害命，但赖氏察觉了此事。到了晚上，赖氏让一个老实憨厚的长工睡在自己的床上，结果夜里这个长工被廖氏误当作赖氏杀死。

有了这个经历，赖氏决心自己建座能防土匪、保安全的围子，燕翼围就是这样建起来的。因为当年是广东土匪要来袭击他，于是燕翼围的大门不朝南开，而朝东开，另外，碍于风水，大门朝正东有煞气，所以围子的正立面朝东，而大门略偏南向。这种大门略偏的处理在赣南围屋中十分普遍。

燕翼围由于外墙用的是青砖，更显得牢固、威严。当地的赖永发住在围子凸出带炮楼的那一个大间里，从他家，我们可以看到三个方向的枪孔。这种枪孔，从外面乍看很小，但里面却很大，人可以趴在枪孔里向外射击。从枪孔的部位测量外墙的厚度，厚达 1.45 米，是相当坚固的。

燕翼围高四层，底层基本都是用石料建成的墙体。不要说子弹，就是炮弹轰击也问题不大。日本人占领龙南市时，曾经到杨村扫荡。日本人来到围子门口，用枪托砸了几下大门，由于大门坚固，又包了铁皮，日本人无可奈何，对着楼开了几枪也就悻悻地走了。事实上，燕翼围的门有三层，外面是铁门，中间有闸门，里面是木门。除此之外，门上还有注水孔，即使是火攻，也无济于事。围子之所以不怕围困，还有一个原因，就是楼内的墙皮是用蕨粉做的，在长时间被围困时，一旦粮食吃完，楼内的人还可以吃墙皮。

一般而言，燕翼围的防御功能比土楼要考虑得周到。燕翼围的枪眼分布在每个楼层，而且总平面上有几个凸出的碉楼，所以没有射击死角，敌人从任何角度都不可能靠近围子。围子顶层没有通廊，而且紧靠外侧，便于战时调动兵力，来阻击进攻最强一侧的敌人。围子的顶层不住人，以免因乱堆杂物而阻塞通道，顶层房间没有后墙将房间与隐通廊隔开，也没有门窗将房间和中间的院落隔开，阻击者易于从外侧的走廊回顾楼内的情况，一旦

其他楼面需要增援，非常容易相互招呼。

龙南市关西乡的新围，这个目前所知赣南地区最大的围子占地超过7000平方米。除了一圈的围楼外，围子的里面还有一片祖屋。除了宅屋外，还有与之配套的花园、杂物间和佣人住房等。房屋之间用廊、墙、圆门、坊门、角巷连通或屏隔，使之具有强烈的秩序感。

新围可以说是赣南围屋中最精彩的一例。围子不但宽敞，而且建筑材料精美，装饰丰富。新围约建于清乾隆至嘉庆年间，创建人徐名钧年少嗜赌，后来浪子回头，随父亲从事木材生意。一开始老是亏本。有一次外出做生意时，他救助了南昌道台大人的儿子，因而被道台大人召见。徐名钧讲述了自己做生意不顺的经历，道台大人表示同情，于是便将他的木材统统打上府印，这样，他的木材享受了免税的待遇，从此徐名钧便发达起来。他又在龙南和赣州等地经营当铺，购买田产，家业越来越大，终于有实力建起了新围。

关西新围的老围叫西昌围，尽管规模较大，但内部格局也较乱，多个中心，没有规律，而新围在赣南则是卓然超群的，建筑结构也保存完好。新围长92.5米，宽83.1米。围屋周边建筑高两层，四角（角堡）高三层。外墙下部是三合土（石灰砂浆、卵石、黄泥）版筑，上部用青砖砌成。

新围有东西两门，东门进轿、西门入马。围内主要建筑为三排，每排分五组，每组三开间。三排的中间一组都是开敞的大厅，形成一个三进的大型祠堂，都是水磨方砖铺地，镂空的雀替、雕花的柱础。祠堂门前有一对石狮，造型俊秀别致。有趣的是围内还有月洞门、花园等类似江南园林的建筑，据说是徐名钧在苏州做生意时，将一个苏州姑娘纳为妾，因而将围子建得有些苏州味。

典型的围子，平面为方形，四角构筑有朝外凸出一米左右的炮楼（碉堡），外墙厚80厘米至1.5米。围子外观高二至四层，四角炮楼又比普通外围房屋高出一层。外墙上均不设窗，但在层楼上设有一排枪眼，有的还设有炮孔。

赣南围屋与闽西土楼最大的区别在于，围子筑有朝外和往上凸出的炮楼。这些炮楼形式多样，除四角建堡外，也有对角建的，少数还有在墙中部建的，如同城防的马面突出在外。还有一些炮楼不落地，而是抹角悬空横挑，也有的在炮楼上抹角再建出挑的小碉堡。另有一些则只朝外突出而不往上突出。其功用显然是为了便于警戒和打击已进入围屋墙根及瓦面上的敌人。因此，与土楼相比，避免了单纯的被动防御，消减了死角，使防卫功能趋于完善。

围子外墙所用材料多种多样，有砖墙、石墙、土墙、三合土墙。赣南山区多小溪，溪流多卵石，当地居民就地取材，用卵石建围子。经过长年磨滚出来的河卵石，石质坚密，大小不一，既圆且滑。在工匠精湛的砌艺下，卵石成了建围的优质材料，而且具有重复使用性，居民可利用坍塌老围子的卵石再建新屋。河卵石不仅大量用于砌墙，且广泛用于铺砌围屋内的散水、露天过道、门坪等，且多用俗称为“金包银”的砌法。也就是三分之一的外皮墙体用砖或石砌，三分之二的内面墙体则用土坯或夯土渗筑。不过砖石与生土质地不同，冷热胀缩不一，年代一久，往往导致表层砖石墙体出现裂缝或剥塌。

围门，是围子最容易被攻破的地方。为了加强围门的防御功能，门的位置多设置在近角处，使门纳入角堡的监护之下。门墙特别加厚，门框往往是由巨石制成，一般有三重门。第一道门为厚实的板门，板门上包钉铁皮，门后再置几道粗大的门杠。第二道门是自上而下的闸门，是战斗情况下使用的防御门。第三道门则是木头制造的便门。此外，很多围子在第一道门前，还备有一重自门框上伸出的栅栏门，俗称“门插”。这种门里外的人都能相互看到，是白天使用的一种门，既通风，又能挡住外人的闯入。

有时当围子的两角相近时，人们便用一堵墙把两角连接起来，如此，村子的外围都有高墙围护，这样就形成了村围，对于全村的防御能力起了很大的增强作用。估计村围的历史较短，大概是在晚清时期修建的，其原因是当年出于全村的防御需要，居民不得不将村子的外围全部筑上高墙，形成整个村落联防的寨堡。

村围的形式可谓五花八门，应有尽有。有单姓的，也有不少各个姓氏合筑的“十姓围”。不过村围的墙体只是较厚，并不像城墙那样在墙上还可以走人。至于村围的防御主要在于拐角处耸立的若干个碉堡。

定南县历市镇修建村有一个何姓村围，人称老围。据围子内的老人说，他们是从广东返迁回来的客家人。围子首建于明代的隆庆年间。围子楼内平面复杂，巷道多为弯曲形状，还好我脑海里尚有整体布局的概念，所以我不仅顺利找到了正中的祠堂，而且也找到了几个不同位置上的大门。说实话，这个围子建筑简陋，房屋拥挤，仿佛贫民窟。

老围的旁边地势较高，所以从上向下俯瞰过去，那鳞次栉比、黑压压相连的屋顶，遮掩庇护着这些从外乡迁来的客家人。在这几乎不透阳光的空间中，邻里间炊烟相接。这些居民为了防止外来侵害，得以生息繁衍，就用这种简单的围屋将自己重重包裹。

龙南市武当乡岗上村的叶姓寨堡建立在一座小山上，要进入村围，必须先过一座古老的石桥，石桥后是一片古树。过桥时，那潺潺的流水声自然会把人带入一种意境：听涛、观松。古树的背后透出村围入口的石阶。石阶是一条长长的道路，由于历史太久，所以石头上长了青苔，缝中还长出了青草。石踏步的上面就是古老的寨门。

燕翼围

江西赣州安远县镇岗乡东生围

江西赣州定南县鹅公镇客家围

江西赣州龙南市杨村镇乌石围

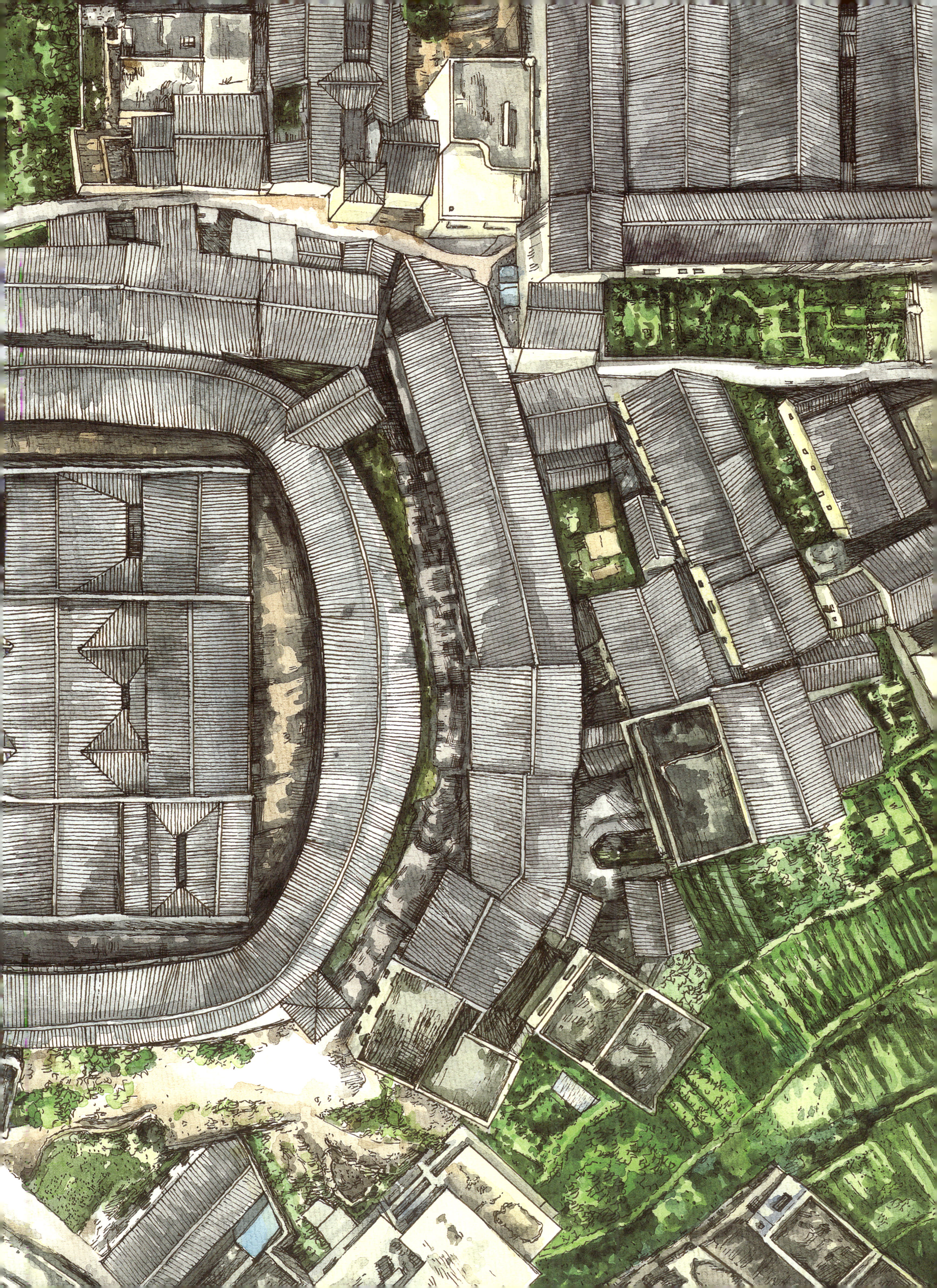

叁 侗族民居

在西南的少数民族中，同为干栏式结构的侗族民居和侗族村寨的建筑风格很有个性。

侗族民居采用穿斗式木构架，屋顶铺以小青瓦，墙壁为木材板壁，建筑底层也就是地面层架空，二层住人。和所有的干栏式民居一样，侗族民居内设火塘，火塘内的火是从远古传下来的，每家的火塘内的火从不熄灭。建新房时，转移火种要举办仪式。

侗族民居之所以会被专门重视，不仅仅因为民居本身的施工技艺精湛，还因为侗族村寨总是少不了公共建筑。公共建筑包括鼓楼、戏台、寨门和风雨桥。

侗族居住区域皆为山地，村寨中鼓楼因其高大的尺度而最为显眼，与汉族城市中“晨钟暮鼓”的鼓楼用于报时的功能不同，侗族鼓楼是一村一寨或同一族姓社会、政治、文化等聚众议事的

侗族民居

多种文化活动中心。鼓楼坐落在村寨中地位最为突出的地方，或位于寨子的中心，或位于寨子一侧地势最好的地方。鼓楼的一侧或周围留有广场。鼓楼外部呈现密檐的形式。鼓楼底部平面形式为四边形、六边形、八边形等。其檐层多为奇数，虽然鼓楼的屋顶看上去层层叠叠，但是其内部的楼层多为一层，多层的罕见。

侗族的风雨桥也是其建筑艺术的精华。因为村寨的选址多临河，所以需要桥梁联络交通。侗族风雨桥一般由巨大的石墩、木结构长廊式的桥身和廊桥屋顶上部凸出的亭阁组合而成。侗族风雨桥不像中国东南汉族地区的风雨桥使用“五节苗”结构的虹桥形式，而是使用叠木，类似于“叠涩”的形式，位于桥墩上水平延伸的木梁，从下向上，一层比一层长，一层比一层向外出挑多，最后形成跨越两个桥墩之间、桥孔上部的梁架结构。

叁 贵州石板房

不同地区的民居有不同的形式特点，但无论是南方还是北方一般都是根据自己当地的地理环境和气候特点，以及生活需求来建筑自己的住宅，这就是人们常说的“因地制宜”。

贵州石板房是贵州民居中最具代表性的住宅建筑形式，这种石板房主要分布在贵阳市周围的几个县区和安顺的大部分县区。

从外表看来，石板房是石板铺的房顶，石头砌的墙壁，整个房子全部是用石头做成的。其实不是这样，石板房真正起支撑作用的是木头，采用的是穿斗式木构架结构。而外面石头的墙壁和屋顶就好比是给木头构架穿上的“外衣”，将里面的木头全部覆盖，所以从外面根本是看不到木头的。

从石板房的造型上来看，贵阳和安顺两地区的房顶是不同的。贵阳附近的石板房是悬山顶，而安顺地区的石板房则为硬山顶。贵阳的大部分石板房的房顶由一层一层的石板上下叠压铺成，看上去显得整齐美观，极富层次感，具有艺术效果。而安顺地区的房顶却不同，采用各种形状的石板随意铺成，虽然没有一定的规则性，不过也会自然形成一些图形，颇具艺术效果。不过要将这些异形的石片铺成房顶，而且还要坚固、不漏雨，也是要有一定技巧的。另外，石板房的屋面不像瓦屋面那样留有排水道，而是在屋顶的屋脊处将一侧屋面的石片向外伸出压住另一侧屋面，转弯处自然形成有坡度的弧形，很好地防止雨水漏入室内，这种极富创造力的做法也是当地人多年来积累的经验。

常见的典型石板房是三开间，一边为一层，一边为两层楼房。楼房中间的楼板也是由石片铺成的。中间的堂屋是一层，其实和两边的楼房一样高，只是上下通透。堂屋是家里的主房，这里设有祖宗的祭祀牌位或神位，也是平常招待客人的地方。堂屋中间还留有类似于门廊一样的宽敞空间，当地人称为“门斗”，这种设置在贵阳一带多见。两侧的房屋中，上层都是卧室，下层是牛住的地方，或是作为储藏室。这种人和牛住在一栋房子的习俗在我国很多地方都有。而且早先的石板房只有堂屋一个门口，人和牛都是从同一个门口进入屋内的，当时又称为“叉叉房”。后来逐渐在一边的房前又开了一个门专供牛出入。

不过现在的石板房中，牛和人已经不住在一栋房子了，而是另外单独给牛建了牛圈。人们大都将楼上作为储藏室，存放粮食及其他物品。卧室和起居室都位于楼下。一般情况下都是将房屋分为两个部分，前面设有火塘，做厨房；后面是卧室，人们平时不用上下楼，住起来也比较方便。

在石板房中，几乎看不到有什么装饰，房子是石头的，楼板也是石片铺成，用大石板围成的四方体水缸像一件自然形成的艺术体。走出屋来，远望是高耸的山林，近处是形状各异的石板房，石头的墙，石头的房顶，在群山绿水的环抱下，在蓝天白云的映衬下，不用任何东西来装饰，石板房本身就是一个石头的艺术世界。

贵州石板房

叁

台湾民居

台湾民居

台湾民居立面图

中国

古代陵墓

中国古人向来有『事死如事生』的观念，普遍重视丧葬。周代就有了『封土为坟』的做法，以后陵墓的建造越来越被重视，尤其是帝王和贵族的陵墓。

秦汉时期帝王的陵墓是在地宫基础上层层夯筑而成。秦始皇陵是中国历史上第一位皇帝嬴政的陵墓，位于今天的陕西临潼骊山，是中国古代最大的一座帝王陵墓。始皇陵的发掘还没有全部完成，但其规模已可根据现有发掘与部分文献来推测想见，气势宏大壮阔，陪葬品也极奢侈。出土兵马俑近8000件，另有战车数十乘、兵器数十万件，被誉为『世界第八大奇迹』。

唐朝是封建社会发展的高峰时期，为显示雄伟壮观，防止水土流失和盗墓，帝王陵墓改为以山为陵的形式，大多选择有气势的山脉为陵体开凿墓室。宋代又恢复了秦汉时期陵墓形制，但规模小得多。明清陵墓采用宝城宝顶式。在地宫上砌筑圆形高大的砖城，城墙设有垛口和女儿墙，犹如一座小城，称为宝城。砖墙内填上黄土高出城墙形成一个圆顶，称为宝顶。北京的明十三陵、河北遵化的清东陵和河北易县的清西陵是明清陵墓最具代表性的陵墓群。

第四章
DI-SI ZHANG

肆 汉代石墓

汉代的陵墓是在先秦陵墓的基础上发展并定型的，它是我国古代陵墓建筑发展史的一个重要转折，陵墓类型和建筑材料都非常多样，并且都对其后陵墓的结构形制等产生了重要且直接的影响。汉代陵墓主要有崖洞墓、土圹墓、石墓、空心砖墓、砖拱券墓和混合结构墓等多种类型与结构。根据其类型与结构可知，其材料主要有土、石、砖，另有一些陶类、沙、卵石、炭、胶、金属等附属材料。

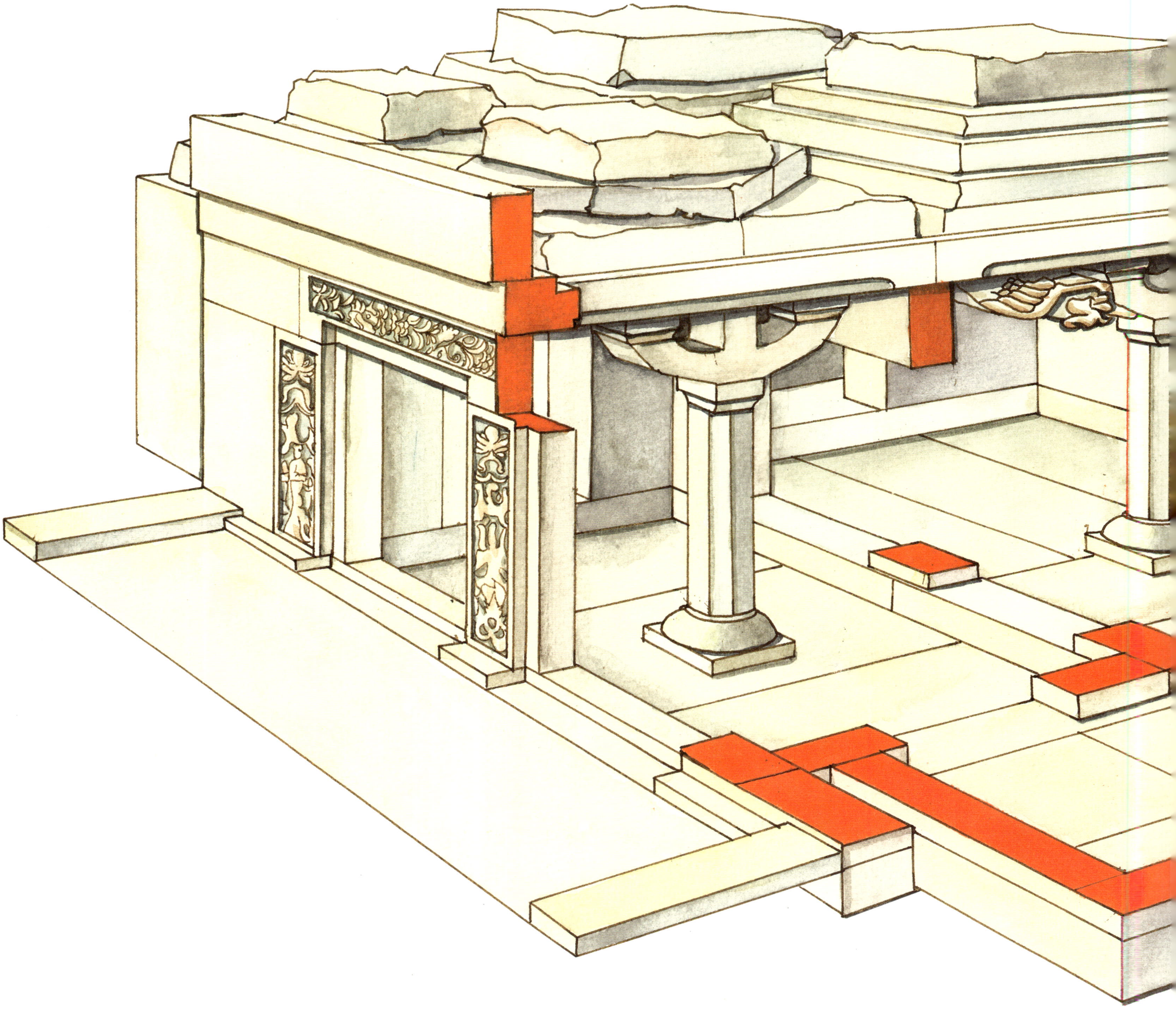

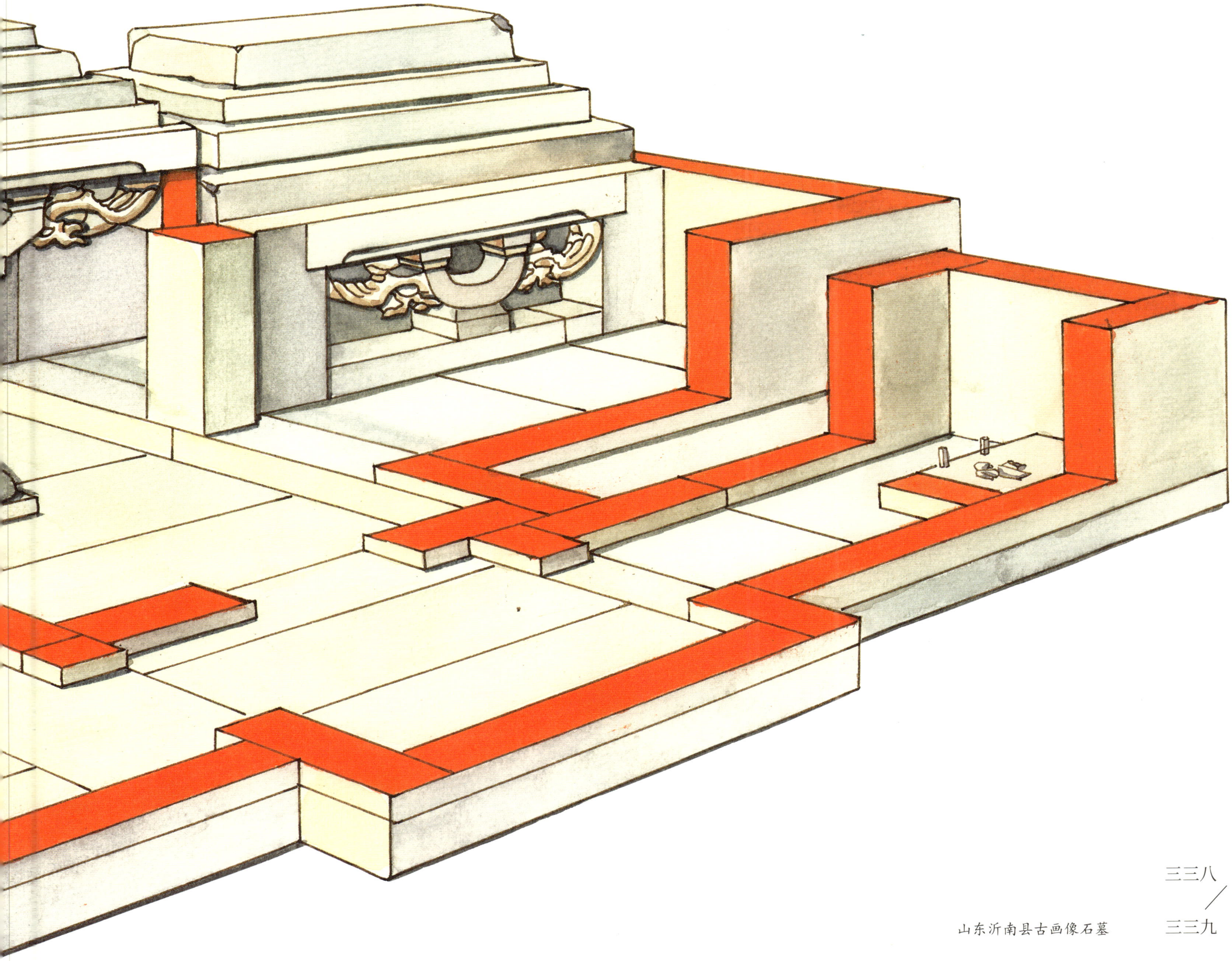

唐乾陵

唐代帝陵主要建于唐代长安城附近，也就是现在的陕西西安附近。陕西唐陵共有 18 座，称唐十八陵，目前经考古发掘、遗迹较为完整的有唐太宗的昭陵、唐高宗的乾陵、唐肃宗的建陵等几座，其中又以昭陵和乾陵更具代表性。

陵墓建筑主要分地面和地下两部分，地下部分相对少遭风雨腐蚀，因而大多保存较好。而地面陵墓建筑则如一般地面建筑，大多都已毁损或不存。

乾陵位于乾县之北，依山而建，三面环水，是唐高宗李治和武则天的合葬墓，也是唐代唯一一座帝后合葬的陵墓。乾陵气势雄伟、规模宏大，位居唐十八陵之冠。乾陵修建于公元 683 年唐高宗驾崩之后，是武则天命人建造的。中宗、睿宗时又有所扩建。工程全部结束用时 28 年。

在朱雀门的前方有一条长长的神道，神道前方两侧各有一座山峰呈夹护之势守着陵墓，两座山峰顶部各有一石阙遗址。而神道由前至后所存地面设置主要是石像生，另有华表一对，它们是陵墓建筑的重要组成部分。

神道的尽头，矗立着两座碑。一座是述圣纪碑，位于神道西侧，与无字碑相对，是武则天亲撰、其子唐中宗李显书丹，是为唐高宗歌功颂德的一座功德碑，北距西阙 8.65 米。述圣纪碑记述高宗文治武功，开帝王陵前立功德碑之先例。在乾陵之前，帝王的陵墓不树碑，墓内也不放墓志铭，乾陵突破了这一惯例，因此述圣纪碑具有特殊的历史价值。

全碑由顶、身、座等七部分构成：碑首象征太阳，碑座象征月亮，中间五节象征金、木、水、火、土五行。古人认为，万事万物都是由“日、月、金、木、水、火、土”这七个部分所组成，所以，述圣纪碑又有“七节碑”之称。七节取“七曜”之意，故立七节碑也就是寓意高宗皇帝的文治武功如日、月、星、辰一样普照天下，光照千秋。

神道东侧耸立着无字碑。为什么立无字碑，有三个说法：第一种说法是武则天觉得自己功高盖世，她的功德无法全部体现在这个碑文上，所以就没有刻字；第二种说法，说武则天认为自己罪孽比较深重，在碑上不刻碑文比较好；另外还有一种说法，说武则天是个有自知之明的人，立无字碑是聪明之举，功过是非留给后人去评论。

神道东西两侧，分布着两组石人雕像。石人群像整齐恭敬地排列于陵前，西侧 32 尊，东侧 29 尊，共 61 尊。这些石人是当时唐王朝属下的少数民族官员和邻国王子、使节，唐高宗入葬时前往参加葬礼，武则天为炫耀大唐威势，将他们的雕像立于陵前，体现了大唐盛世四方来朝的繁荣昌盛。在石人像的背部刻有国别、官职和姓名。

这些与真人大小相仿的石人像，穿着打扮各不相同，有的袍服束腰，也有的翻领紫袖。但他们都双双并立，两手前拱，姿态极为谦恭，仿佛在这里列队恭迎皇帝的到来。

乾陵陵区的布局是仿照唐代长安城的格局设计的，由内城、

外城、享殿及部分附属建筑组成。外城目前已无迹可寻，内城遗址已经探出较为清晰。乾陵内城又叫皇城，城的周长近6000米。据已探测出的基址位置来看，其南城基址东起沈家池村、西到黄巢沟后再上坡岭，北城基由西华门村至东华门村西北，东城基由沈家池村至东华门村西北，西城基由西华门村经何家沟后再上坡岭。此外，四座城墙上各开有一座城门，东为青龙、西为白虎、南为朱雀、北为玄武。

乾陵除了埋葬帝后的主体陵墓外，还有一些重要的陪葬墓，目前已被发掘而且保存较为完好的首推永泰公主墓，它是唐高宗李治和武则天孙女永泰公主李仙蕙的墓。永泰公主墓堆高约14米，四周有围墙，不过围墙现仅存遗址。墓堆的南面立有石狮子一对、石人一对、华表一对。

唐乾陵

唐乾陵局部

唐代永泰公主墓

永泰公主墓地下部分主要由墓道、便房、甬道、墓室等部分组成。墓堆室内为砖拱券结构。墓室全长87米多，宽近四米，深近17米。共有六个天井，八个对称排列的便房。

在永泰公主墓室里发现的唐三彩俑、陶瓷俑和各种生活用具及各类彩绘有1300多件。此外，永泰公主墓内还有颇为珍贵的壁画1000多平方米，以人物为主。前墓室内的壁画多为侍女，描绘的是宫廷内的生活。其中，最为精彩的是位于前室东壁南侧的一幅，画面中绘有九位形象、神态各异的宫女，或低首，或默然凝视，或倾听，刻画传神。

永泰公主墓及其随葬品，是研究唐代社会风俗、文化艺术与宫廷生活的重要资料。

永泰公主墓墓室剖透视图

南唐钦陵

钦陵位于南京市江宁区祖堂山南麓，是南唐国皇帝李昪和皇后宋氏的陵墓，建于公元943年。地下宫殿全长21米，分三进，中间通道相连。有三个主室，两侧共有10个侧室。墓室为砖石仿木结构。前室平面呈长方形，穹窿顶，中室平面近方形，东、西、南壁正中各辟一拱形洞门。后室为穹窿顶，顶部有彩绘。

江苏省南京市南唐钦陵剖透视图

河南禹州市白沙宋墓第一号墓

白沙宋墓位于河南省禹州市花石镇白北村（原白沙镇北）。1951 年河南省文管会和文化部文物局、中国科学院考古研究所等单位配合河南省禹县（今禹州市）白沙水库工程进行考古工作，发掘了三座宋墓，称为白沙宋墓。白沙宋墓是北宋末赵大翁及其家属的三座墓葬。一号墓为北宋元符二年（1099 年）赵大翁墓，砖室为仿木结构，墓门正面是仿木结构的建筑门楼，上部有砌斗、檐椽和瓦脊。墓室分为前后两室，前室平面呈扁方形，后室平面为六角形，前后室中间有过道相通。墓室内壁绘有壁画，题材为家居情景。二号墓、三号墓并列在一号墓北面，都是平面为六角形的单墓室。白沙宋墓是迄今为止发现的结构最完整、壁画内容最丰富的北宋仿木建筑雕砖壁画墓。

河南禹州市白沙宋墓第一号墓剖面图

河南禹州市白沙宋墓第一号墓剖透视图

肆

北宋皇陵献殿立面想象复原图

北宋皇陵献殿立面想象复原图

明十三陵

明代陵墓在继承传统方面，主要是沿袭依山为陵、帝后同陵、诸陵处于同一个大的区域等。而发展与创新主要体现在：改变了唐宋等传统陵墓以陵体居中、四向出门的方形布局，而改为以祾恩殿为中心，并且主体呈长方形；在宝城（即埋葬死去帝王之后于地宫上方堆起的坟头和围墙）的前方创建了方城明楼。此外，在明代埋葬帝王最多的陵墓群北京十三陵区，使用了一条共用的神道，这也一改唐等朝代每个陵墓单有一条神道的传统。

神道

明代帝陵主要分布在五个地区，安徽凤阳、江苏盱眙、江苏南京、湖北钟祥、北京昌平和西山。位于安徽凤阳的是皇陵，埋葬的是朱元璋的父亲朱世珍；位于江苏盱眙的是祖陵，埋葬的是朱元璋的祖父；位于江苏南京的是孝陵，埋葬的是朱元璋；位于湖北钟祥的是显陵，埋葬的是明世宗的父亲；位于北京昌平的是十三陵，埋葬了明代的十三位皇帝，北京西山埋葬的是景泰皇帝。五个地区共有陵墓 18 座。

明皇陵位于安徽省凤阳县城西南郊，也就是明初中都城的西南郊。皇陵建筑现已大部不存，仅有陵体、墙垣遗址和一些石像生、石碑尚存。不过，在《中都志》中对这座皇陵有相对详细的记载，还附有一幅《皇陵总图》，与现存遗址勘测还是比较相符的。

根据《中都志》所载，明皇陵共有内外三重围墙，陵区总体坐南朝北，略微偏西向。外围墙四面皆辟有门，门楼均为单檐庑殿顶，其中北向是正门为大红门。内围墙也四面辟门，门上建有门楼为明楼，都是重檐庑殿顶，其中以北明楼为主，其前方另建有类似瓮城的围墙。内围墙之内便是陵区建筑的中心部分，主体建筑为单檐庑殿顶的享殿，四面有廊、庑、门楼相围护。享殿后部（南面）即为覆斗形的坟头。其中，在内围墙和享殿正门之间相对着设置石像生。

明祖陵和明皇陵一样始于明初，其建筑规制据明代的《帝乡纪略》载，与皇陵相差无几甚至更为简洁一些。因此，这里不再赘述其具体建筑与布局。总之，明代皇陵和祖陵在中国帝陵发展历史中具有承上启下的作用，是其后的明代帝陵乃至清代帝陵规制的开端。

明孝陵位于江苏省南京市钟山之南，是明太祖朱元璋的陵墓，在明代众帝陵中，它的发展形制在明代各地区帝陵中居于中期，前承明皇陵，后启明十三陵。

明孝陵外围有两重围墙环绕，陵区内北为陵墓主体，顺次建有御河桥、陵门、享殿（孝陵殿）、内红门、御河桥、方城明楼、宝顶宝城。主体建筑前方是一条长而曲折的神道，由外围墙正门大金门开始，神道上依次建有神功圣德碑碑亭，立有石像生、石望柱、石人，直至棂星门，再到陵区主体建筑前方的御河桥。明代在北京所建的十三陵，其陵墓形制与建筑布置基本就是依照孝陵而建。

明代帝陵建制的发展与变化，是从明皇陵和明祖陵开始的，到了明孝陵时已基本成形，最终定型于明十三陵，因此，在明代陵墓中以明十三陵最具代表性，最为典型。

明十三陵是明代 13 位皇帝的陵墓，即明成祖朱棣的长陵、明仁宗朱高炽的献陵、明宣宗朱瞻基的景陵、明英宗朱祁镇的裕陵、明宪宗朱见深的茂陵、明孝宗朱祐樘的泰陵、明武宗朱厚照的康陵、明世宗朱厚熜的永陵、明穆宗朱载坖的昭陵、明神宗朱翊钧的定陵、明光宗朱常洛的庆陵、明熹宗朱由校的德陵、明思宗朱由检的思陵。十三座陵墓组成一个大的陵区，位于北京昌平境内的天寿山麓。

十三陵陵区的景色优美天然，四周群山环绕，气势壮观，

明十三陵石牌坊

这里背倚群山，前有两山如护卫一般左右侍立，天然一块风水宝地，加之没有地名、景名等方面忌讳（古人对风水、禁忌非常在意），所以明成祖朱棣便将它选作为自己日后的万年吉地。十三陵陵址由朱棣所选，葬入陵区的第一位皇帝也是朱棣，其陵号长陵，是十三陵的第一陵，也是十三陵的主陵，地位最尊。其后的十二座陵都以它为尊，环衬其左右而建。

明代的十三陵区不但是明帝陵最为集中之处，而且处于明帝陵发展最为成熟的时期，也是明帝陵规制的定型期，又是现今我国陵墓建筑中保存比较好的实例之一，是明代保存最好的帝陵群。

朱棣的长陵建于明永乐七年（公元1409年），陵墓的布局总体与明孝陵相同，分为前后两大部分，前为以祾恩殿（享殿）为中心的地面建筑群，后面是宝顶宝城。其中以祾恩殿为中心的地面建筑群，外建围墙围护，围墙内前后有三进院落。

长陵第一进院落前方墙体正中开设陵门，陵门是一座单檐歇山式黄琉璃瓦顶的门殿，门殿前后墙体上各开设有三座拱券门。陵门后的院落内建有碑亭、神厨、神库等。第一进院落北面正中墙体中部建有一座五开间歇山顶的门殿，门殿前带廊、廊内安隔扇，这座门殿为祾恩门，殿体立在一层汉白玉的台基之上。

祾恩门后部正中建有一座体量宏大的大殿，这就是祾恩殿，也称享殿，是举行祭祀礼的中心殿堂，殿内供明成祖朱棣和皇后的神位。祾恩殿是一座体量堪比紫禁城内的太和殿的大殿，平面面积略小于太和殿，它与太和殿是我国现存古建筑中两座最大的殿堂。祾恩殿面阔九开间，重檐庑殿顶，四面带回廊，廊内安朱红隔扇，殿顶覆盖黄色琉璃瓦，而殿基为三层的汉白玉石须弥座，其建筑形制在我国古建筑中属于最高等级。

从明长陵祾恩门看祾恩殿

祾恩殿之后过内红门即为第三进院落。院内轴线上立有单间两柱的牌坊一座，称为二柱门。二柱门后设有石五供，即一香炉、二宝瓶、二烛台等五件供器，供器置于石质须弥座上。石五供之后就是方城明楼。

方城明楼由上下两部分组成，上为明楼，下为方城。方城是砖石砌筑的方形的墩台。墩台上方建一座重檐歇山顶的楼阁即为明楼，明楼内立有刻着“大明成祖文皇帝之陵”字样的墓碑，因此，明楼其实就是存有陵墓所葬皇帝谥号碑的碑亭。

明长陵祾恩殿正立面图

方城明楼之后是宝城圈护的宝顶，也就是坟丘，坟丘之下就是埋葬死去帝王的地宫。宝城宝顶是陵墓建筑的尾声。

献陵是明仁宗朱高炽的陵墓。献陵是仁宗朱高炽的儿子宣宗朱瞻基所建。献陵的始建时间为明洪熙元年（公元 1425 年），建成之后的布局形式大体与长陵相同，但在形制与建筑气势上都逊于长陵。其陵区前部没有陵门，而以祾恩门作为大门，享殿祾恩殿的体量也比长陵祾恩殿小很多，面阔只有五开间。

不过，相对于长陵来说，献陵除了形制稍简外，也有一些自己的特色。其中最主要的就是在方城明楼和宝城之间建了一个哑巴院，哑巴院后有一面影壁。设置这样一个哑巴院并没有实际的功能，而是为了增加陵区的建筑气势，也更有变化。献陵哑巴院的设置在十三陵中还是一项创举，一是其之前的帝陵内没有设置，二是其后的帝陵中多有沿袭设置。

景陵是明宣宗朱瞻基的陵墓。景陵完全遵循以祖、父为尊的古制，在陵墓规制上低于长陵，也低于献陵。虽然在简朴程度上献陵为十三陵第一，但景陵在占地面积与气势上却比献陵要小。

宣宗之后，英宗朱祁镇的裕陵、宪宗朱见深的茂陵、孝宗朱祐樘的泰陵、武宗朱厚照的康陵等，虽然在建筑规模上没有完

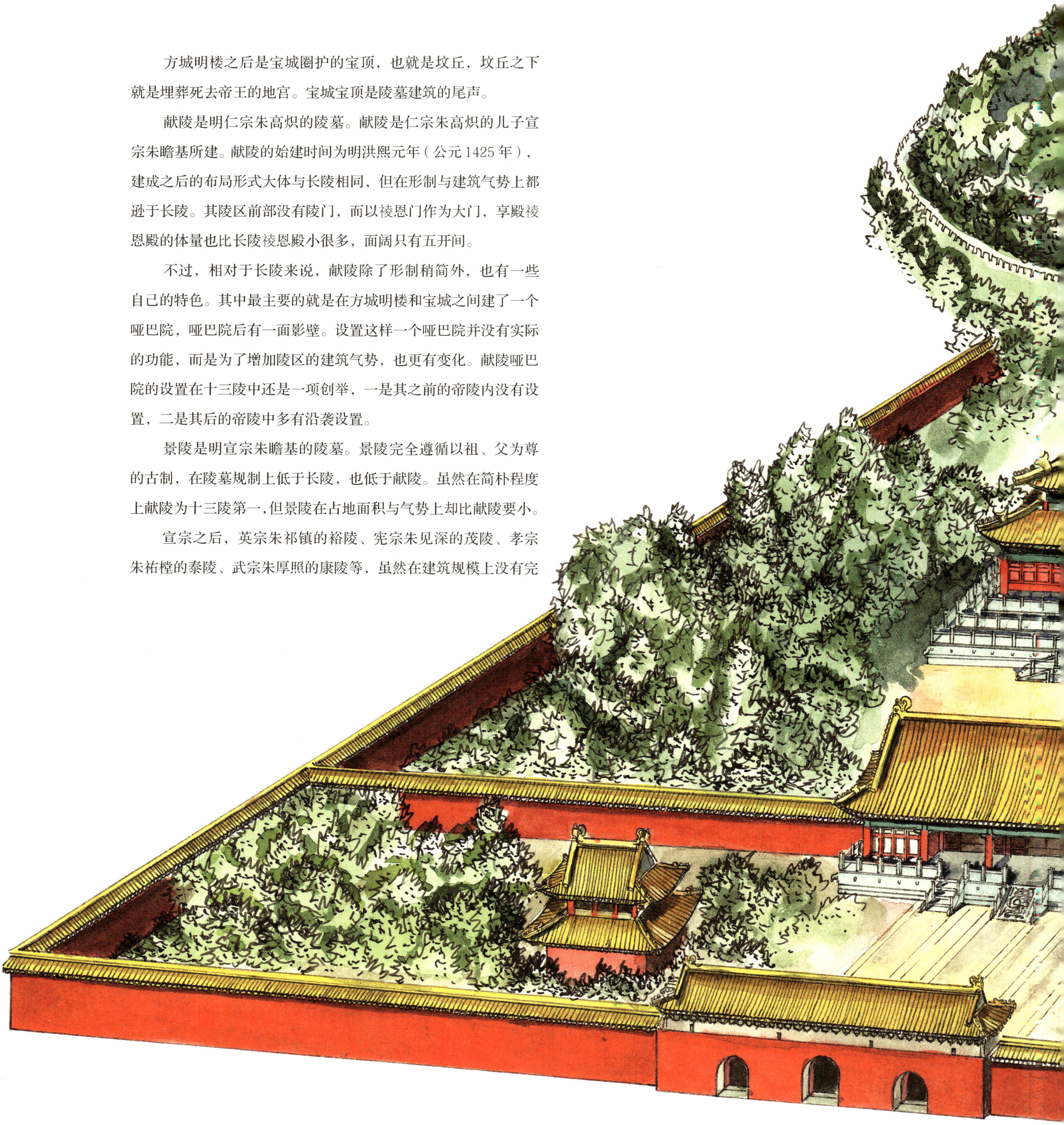

全遵循古制而是高于献、景二陵，但总的来说并未高出很多，气势基本在相同的层次上，并且都是前部省略了陵门，后面建有哑巴院，宝城形状呈椭圆形。轴线建筑与设置依次为：祾恩门、祾恩殿、内红门、二柱门、石五供、方城明楼、哑巴院、宝城、宝顶。但是康陵之后的永陵则有了极大的变化。

永陵是明世宗朱厚熜的陵墓。明十三陵中，从永陵开始便极显著地不再遵循长尊幼卑的古制。永陵是十三陵中的第八座陵墓，是朱厚熜生前建造，其选址于嘉靖十五年（公元 1536 年）即开始。永陵建成之后，其规模在明十三陵中居于第二位，仅次于长陵，而在建筑的精致与华丽程度上却比长陵更甚。嘉靖在帝位时间长达 45 年，有足够的时间为自己营建陵墓，因此他的陵

明泰陵

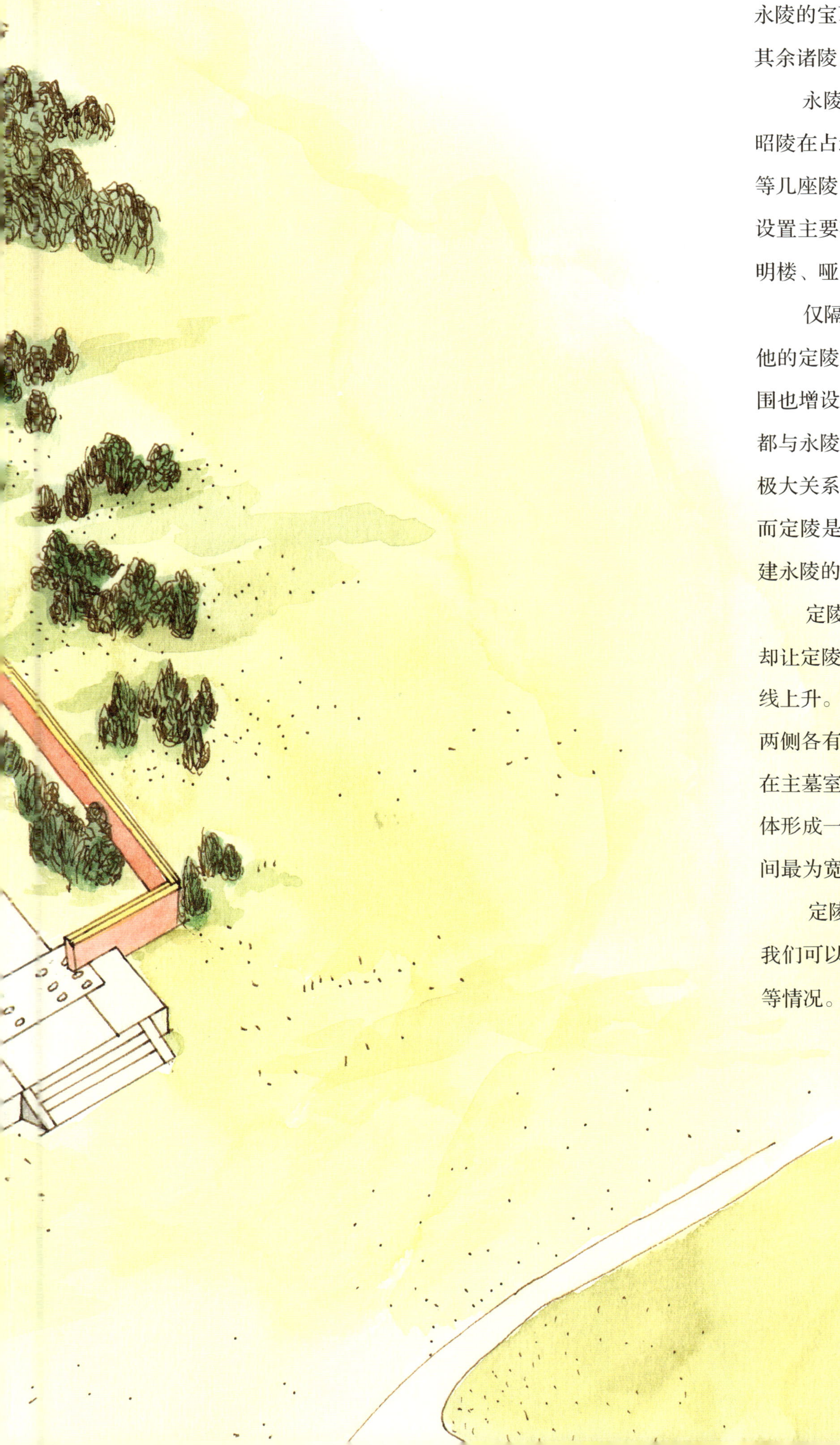

墓气势宏伟、建筑华丽也就不足为奇了。

永陵地面建筑由前至后有：无字碑、陵门、祾恩门、祾恩殿、二柱门、方城明楼、宝城、宝顶。与长陵相比，它没有建内红门，与献陵等相比，它没有设哑巴院。它在不遵古制方面的变化更大，除了其规模超出一般而直追长陵之外，其陵区最外围还另设了一圈围墙围护，称为外罗城，增强了整体的气势与独立性。同时，永陵的宝顶还一反其前各帝陵而在宝顶上再起土丘，气势更强于其余诸陵。

永陵之后的第九座陵是昭陵，它是明穆宗朱载垕的陵墓。昭陵在占地面积与建筑规制上没有仿永陵，而是前继裕陵、茂陵等几座陵，只是宝顶形状同永陵为圆形而非椭圆形。地面建筑与设置主要有：祾恩门、祾恩殿、内红门、二柱门、石五供、方城明楼、哑巴院、宝城、宝顶，没有建陵门。

仅隔明穆宗一代，明神宗朱翊钧时陵墓再次辉煌奢侈起来，他的定陵在规模、气势与建筑华丽程度上都直追永陵，并且其外围也增设了外罗城，除了宝顶没有再起土丘之外，其他地面建筑都与永陵相同。定陵的宏伟规模与墓主朱翊钧在位时间长久有着极大关系，朱翊钧在位48年，是明代在帝位时间最长的一个皇帝，而定陵是他在万历十一年（公元1583年）即开始修建，比嘉靖建永陵的时间还要充裕。

定陵地面建筑的毁损相对严重，但近年来对其地宫的发掘，却让定陵吸引了更多的游客，定陵的研究与观赏价值都因此而直线上升。定陵地宫的平面布局非常整齐对称，居中是一主墓室，两侧各有一个附属墓室，三室之间以相对窄小的墓道相连。此外，在主墓室的前部是纵向的前墓室，而后部则是横向的后墓室。总体形成一个近似“干”字形的平面。在几座墓室中，以后墓室空间最为宽敞，是安放帝后棺椁的地方。

定陵墓室为巨石砌拱券结构，非常稳固。由定陵地宫的发掘，我们可以推想出明十三陵中其他几座陵墓地宫的布局与材料使用等情况。

定陵棂星门

明光宗朱常洛的庆陵与明熹宗朱由校的德陵，在气势与规模上和明穆宗朱载垕的昭陵相仿，地面建筑也相仿，只是庆陵和德陵在圆形宝顶上又起土丘与永陵相同。

明思宗朱由检即明朝的末代皇帝崇祯，他的陵名为思陵，是十三陵中的最后一陵。崇祯帝本无陵，李自成攻入北京城后发现了自缢煤山的崇祯，遂命人将他葬入崇祯生前为妃子修建的陵内。清朝帝王入关以后，为了笼络人心按帝王之礼为他增建了地面上的享殿和明楼。但无论是在气势规模还是在建筑华丽程度上，思陵都是无法与其他十二陵相比的。

按古制来说，作为子孙辈的皇帝的陵墓应比长辈的陵墓形制略低，但从十三陵各陵墓建置的实际情况来看，虽然后辈陵墓都是围衬在第一座陵墓长陵的周围，处于从属地位，但在陵墓形制上却并不是一代比一代简、小，而大多是皇帝生前自己建陵者陵墓较壮大，有的甚至可以与长陵比肩，而死后由子孙修建者则陵墓较简小，这也是明十三陵的一个特色。

在明代五个地区的帝陵中，位于北京西山的景泰帝陵和湖北钟祥的显陵是比较特殊的两座陵墓。

景泰帝就是代宗朱祁钰，他做了七年皇帝，在世时为自己修建了陵墓，也就是庆陵。但是他却没能入葬为自己所建的陵墓，这是因为“土木之变”和“夺门之变”。明正统十四年（公元1449年），英宗朱祁镇与太监王振领军迎击入侵的蒙古瓦剌军，毫无作战经验的英宗和王振不战而败，在土木堡英宗被瓦剌军生擒，史称“土木之变”。朝中不可一日无君，英宗之弟朱祁钰被推举为帝。后来，兵部尚书于谦领兵击败了瓦剌军救回了英宗。哪知英宗回朝后，趁着代宗病重时夺宫门、复帝位，史称“夺门之变”。代宗被废后不久又被害死，因而没有能入葬昌平的庆陵，而是被另葬在了西山。

后来，光宗朱常洛因为被其父的宠妃所害，误食红丸而亡，

定陵明楼

祾恩殿遗址

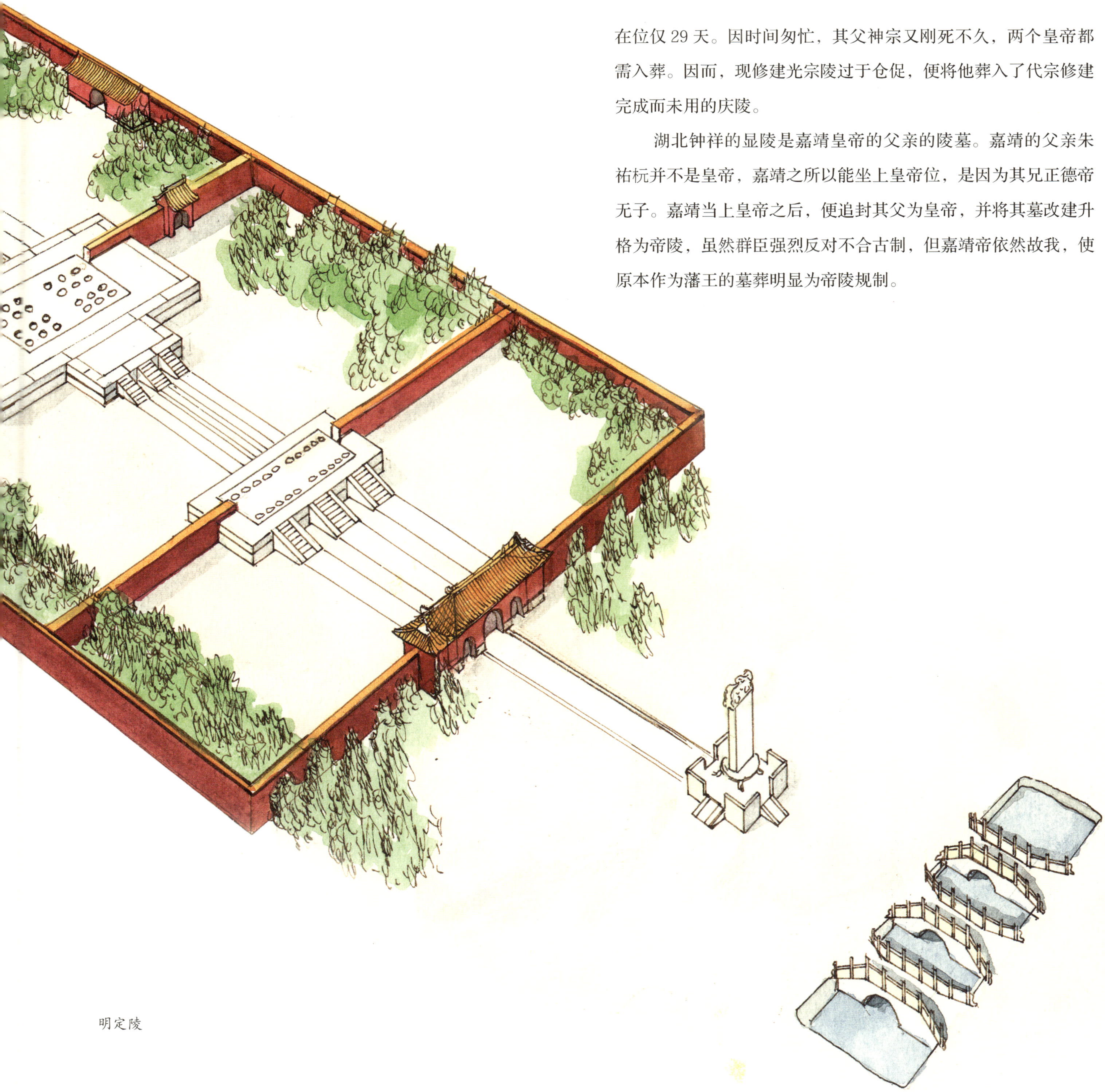

在位仅 29 天。因时间匆忙，其父神宗又刚死不久，两个皇帝都需入葬。因而，现修建光宗陵过于仓促，便将他葬入了代宗修建完成而未用的庆陵。

湖北钟祥的显陵是嘉靖皇帝的父亲的陵墓。嘉靖的父亲朱祐杬并不是皇帝，嘉靖之所以能坐上皇帝位，是因为其兄正德帝无子。嘉靖当上皇帝之后，便追封其父为皇帝，并将其墓改建升格为帝陵，虽然群臣强烈反对不合古制，但嘉靖帝依然故我，使原本作为藩王的墓葬明显为帝陵规制。

明定陵

北京明十三陵神道石牌坊正立面图

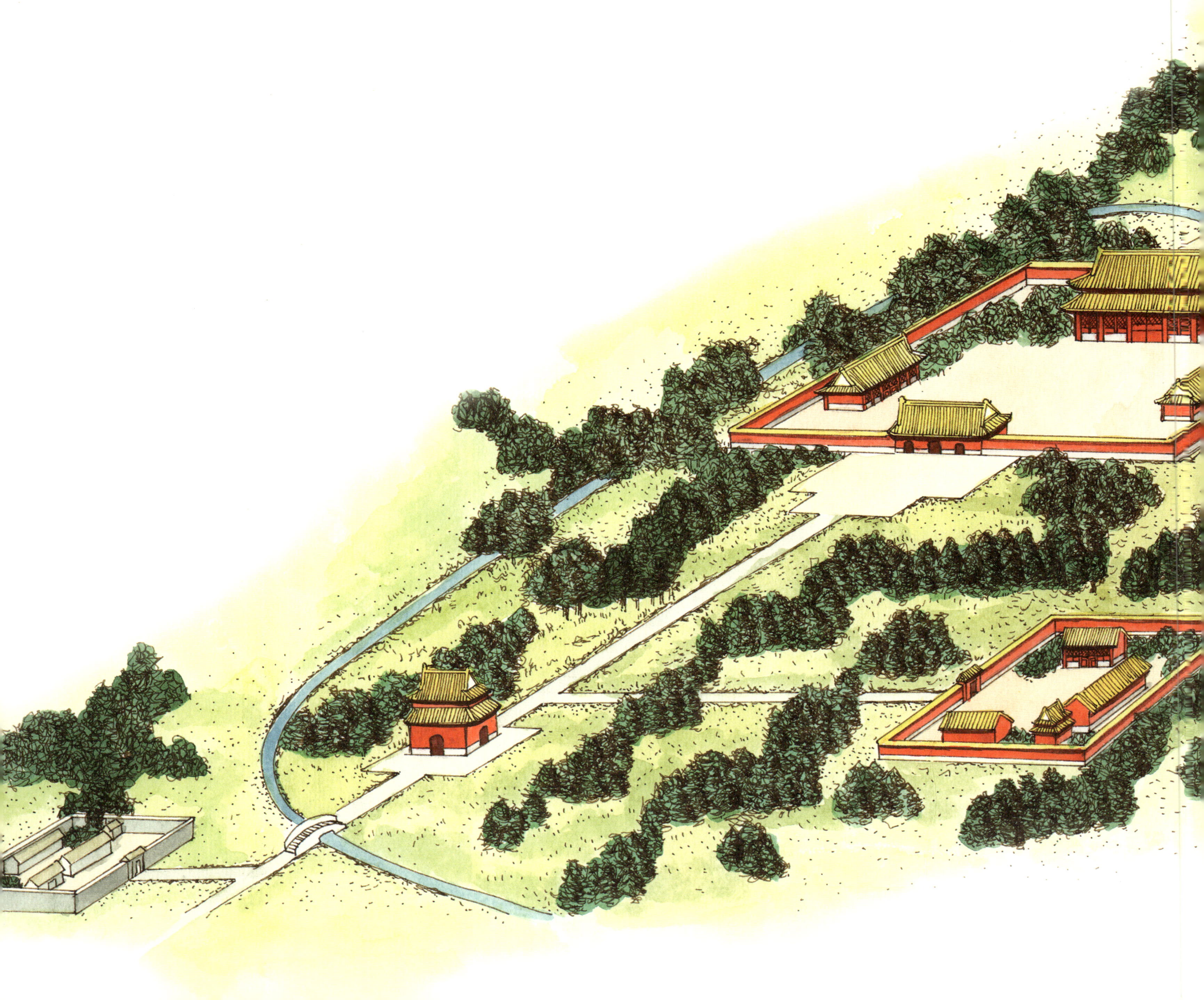

从祾恩门看明楼

明德陵明楼

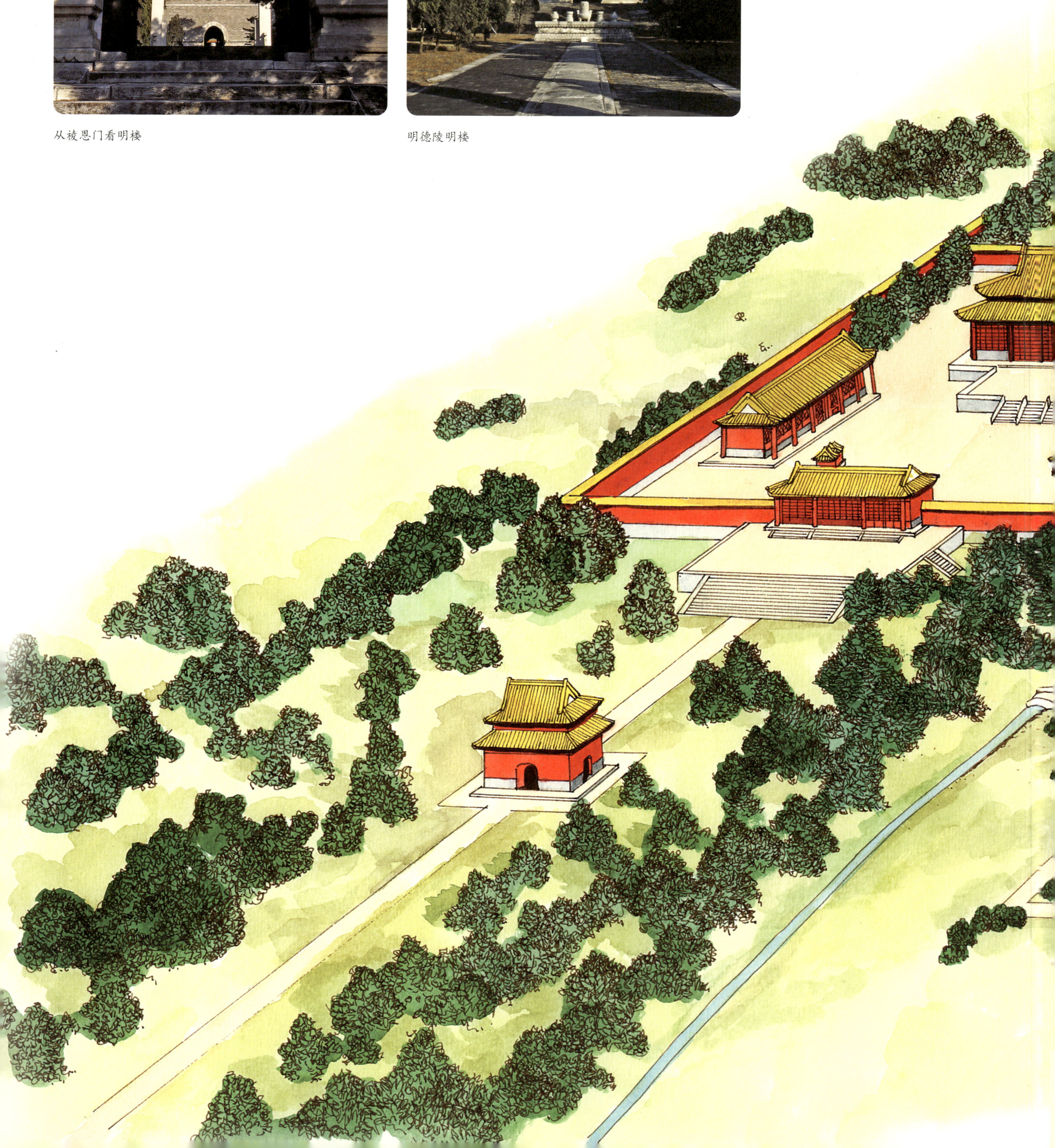

明十三陵神道碑亭

明十三陵华表

明十三陵神道两侧的石像生

明十三陵总体布局

明十三陵神道上的麒麟

明十三陵神道上的文官

明十三陵神道上的武官

清东陵

清代的陵墓共有六处，包括东京陵、永陵、福陵、昭陵、清东陵、清西陵。其中，前四座在关外，是清王朝入关前所修的陵墓，葬的也是清王朝入关前在位的皇帝和其祖上。后两座是清王朝入主中原以后建造的，埋葬的是清王朝入关以后的各帝王，是清代两处最重要、最具代表性的陵墓群。

关外四陵中的前两座为祖陵，后两座才是皇帝陵。祖陵之一的东京陵位于辽宁省辽阳市太子河东的积庆山上，埋葬的是努尔哈赤的祖父、伯父、父亲和兄弟、长子。祖陵中的另一座为永陵，位于辽宁省新宾县启运山南麓，初时埋葬的是努尔哈赤的远祖和曾祖，后将其祖父与父亲迁来同葬，是清帝真正的祖陵。

福陵建在辽宁省沈阳市东郊的天柱山上，埋葬的是清太祖努尔哈赤和他的皇后。昭陵则是埋葬清太宗皇太极和他的皇后的陵墓，位于沈阳市北郊的隆业山。

清初所建关外四陵中的两座帝陵都是一帝一陵，而清东陵和清西陵则都是陵墓群，其中都有多座帝陵，分别葬着不同的皇帝和后妃。

清东陵位于河北省遵化市马兰峪的昌瑞山，是清王朝入主中原之后修建最早的一处帝陵群，也是现存清代帝陵中规模最大、保存最为完好的一处。清东陵始建于清代顺治十八年（公元1661年），从顺治帝开始，又陆续埋葬了康熙帝、乾隆帝、咸丰帝、同治帝，共有五位皇帝。同时，又葬有后妃、公主、王子等。计有帝陵五座、后陵四座、妃陵五座，以及附葬的王爷、王子、公主、勋臣等的墓10多座。

历代皇家成员以帝王为最尊，其次是皇后，再次是妃嫔，所以在陵墓建筑上也明显地表现了这种等级关系，以帝王陵最宏伟壮观，建制最全，后妃陵次之。而且，清陵的特别之处是其陵区不但有帝王陵，也有皇后陵，甚至还有妃嫔陵。而其前朝各代帝陵则只葬有皇帝或是葬有皇帝和皇后，没有妃嫔。这表明清代的陵墓制度更加成熟。

清朝入关后的第一位皇帝是顺治帝，因而第一位葬入清东陵的皇帝也是顺治帝。顺治陵名为“孝陵”，是清东陵陵区的第一陵，也是主陵。孝陵地宫共葬有三人，即清世祖顺治帝福临和他的两位皇后孝康章皇后佟佳氏和孝献皇后董鄂氏。

清东陵陵区各陵的建置规制基本是对明代十三陵的沿袭，而又有所发展和改进。陵区以第一座陵孝陵为主，其他各陵围绕着孝陵布置。同时，仿十三陵在孝陵前设置主神道，由石牌坊起，沿线有下马碑、大红门、具服殿、神功圣德碑亭、望柱、石像生、龙凤门、碑亭等。碑亭之后就是孝陵建筑的主体，由前至后有东西朝房、隆恩门、燎炉、东西配殿、隆恩殿、陵寝门、二柱门、石五供、方城明楼、月牙城、宝城、宝顶等。

孝陵南端有三重大门，除了石牌坊和大红门之外，在它们的最前端还有一座天然的门户，称为兴隆口。这里有峭拔挺立的烟墩山和天台山，其东西陡壁相对而立，两山夹峙之间有一湾碧水奔腾而出，形成一道天然门户。清时入葬帝王后妃前会在这里预先架设木桥，事后即行拆除以防闲杂人等进入。

孝陵的第二道门是一座石牌坊，五间六柱十一楼形式，气势壮观雄伟，堪与十三陵神道石牌坊相媲美，甚至有过之而无不及。陵墓设立这样的石牌坊门，并非是真正意义上可以使用的门，而是一种礼仪的体现。孝陵这座石牌坊在大小、材料和设置位置等方面，都与明代十三陵神道前方的石牌坊相近，明显可以看出其对明十三陵的继承性。

石牌坊之后的大红门才是陵区真正的第一道大门，面阔三开间，单檐庑殿顶，黄色琉璃瓦，朱红色的砖石墙体，墙上前后相通辟有三个拱券门洞。大红门是清东陵陵区内现存唯一一座庑殿顶建筑。它是孝陵神道的开端，也是陵区风水墙的起筑点。大红门前东西各立有一座石制的下马碑，上书刻“官员人等至此下马”字样，以提示来往人等，表现出帝陵神圣不可侵犯的高高在上的地位。

大红门北面有一座面阔三开间的殿宇，名为具服殿，是后代帝后来陵区拜谒时的更衣之处。具服殿北不远即是陵区神道另一座重要的建筑，名为神功圣德碑亭，俗称“大碑楼”。碑亭的建筑形式为平面方形，下有四面朱红墙体，墙上四面各开设一拱券门，上为重檐歇山黄琉璃瓦顶，形体高大，气势壮观。碑亭内置龟趺石碑一座，碑的两面分别用满文和汉文刻着顺治皇帝一生的功绩。功绩内容是其后代皇帝所立，自然难免有夸饰成分，但也记述了一定的史实，是今人研究清顺治时期历史的珍贵资料。

神功圣德碑碑亭之后的石像生，是清代帝陵神道上最重要、最显著的设置之一，它的设立也是对前朝陵墓设置的一种沿袭。孝陵神道石像生共有18对，起于南端的一对望柱。望柱之后就是18对石像生，即一对卧狮、一对立狮、一对卧狻猊、一对立狻猊、一对卧骆驼、一对立骆驼、一对卧象、一对立象、一对卧麒麟、一对立麒麟、一对卧马、一对立马，以及三对文臣像和三对武将像。

石像生的北面建有一座龙凤门，它是清东陵内唯一的龙凤门。龙凤门由四面琉璃影壁和三道火焰牌楼组成。四面影壁为黄色琉璃砖贴面，每面影壁的中心盒子和四个岔角则用黄绿琉璃雕龙和花草图案，壁顶为黄色琉璃筒瓦，色彩华丽，雕刻精美。壁座为汉白玉的须弥座，没有雕饰，更衬托琉璃壁的辉煌亮丽。三座火焰牌楼全部为汉白玉制成，分别由顶蹲望天犼的两柱夹横枋与枋上的火焰石组成，柱上部还雕饰有云纹夹板，线条柔美。火焰牌楼整体色调洁白高雅，既是实用的门洞通道，也是对紧挨着的琉璃影壁的衬托。

龙凤门在建筑形态、色彩等方面，都与前部的石像生不同，形成了高低不同的层次与景观。同时，又因龙凤门的亮丽色彩非常抢眼，相对于洁白的石像生等设置来说，它又起到了一个开敞之后收束视线的作用。

碑亭也称神道碑亭，在龙凤门之后，是孝陵神道建筑的收尾。神道碑亭与前部的神功圣德碑碑亭造型相仿，也是一座重檐歇山顶的建筑，四面红色墙体，四面开门，只是体量上要小。碑亭内置有龟趺碑一座，碑面上用满、汉、蒙三种文字刻着“世祖体天隆运英睿钦文大德弘功至仁纯孝章皇帝之陵”字样，是一座顺治帝的谥号碑。碑座下的一圈方形范围内的地面刻有海水江牙纹，中有鱼、虾、蟹、鳌等水族，雕刻写实、生动。

神道碑亭之后就是孝陵建筑的主体，由前至后有东西朝房、隆恩门、燎炉、东西配殿、隆恩殿、陵寝门、二柱门、石五供、方城明楼、月牙城、宝城、宝顶等。

隆恩门是孝陵陵区的大门，它是一座殿式门，面阔五开间，单檐歇山顶。隆恩门的前部两侧建有朝房，是制作祭祀所用面食等供品的地方。隆恩门内有东西配殿和燎炉，燎炉也就是焚帛炉，通体使用琉璃件。燎炉所烧帛、版之类即存放在东西配殿中。

隆恩殿也叫享殿，是陵区的主殿，建于中轴线上，是每年举行重大祭祀的场所。孝陵隆恩殿是一座面阔五开间、重檐歇山顶的大殿，殿下是高大的台基，台基前部为月台，月台上对称设置有铜鼎、铜鹤、铜鹿等。大殿内中央开间主供顺治皇帝和孝康章皇后神牌，另在西侧间供孝献皇后神牌。

隆恩殿后即为陵寝门，自陵寝门始至陵区结束，为孝陵的后半部。对应皇帝在阳世所坐拥的紫禁城来说，陵寝门之间以隆恩殿为主的前部分相当于紫禁城的前朝，而陵寝门之后以地宫为主的后部分相当于紫禁城的内廷，正是皇帝生前所居紫禁城前朝后寝的再现，意味着让皇帝死后在阴间也能做主宰一切的王。

陵寝门之后过二柱门、石五供，即是陵区地面建筑的最后一个高潮，这就是方城明楼。方城明楼由方城和明楼两部分组成，下为砖砌方城，上为重檐歇山顶的明楼。明楼内立有一方石碑，碑上刻“世祖章皇帝之陵”字样。方城明楼本就体量高大，前部开阔的空间中又只有相对低小的石五供，更衬托出楼体的雄伟气势。

方城明楼之后过月牙形的哑巴院（即月牙城）即为埋葬帝后的地宫。孝陵地宫内埋葬的是顺治皇帝和孝康章皇后、孝献皇后三人火化后的骨灰。之所以火化后入葬，一方面是因为顺治信佛而依佛家规矩处理遗体，另一方面是因满族旧俗。地宫上方凸起的圆顶为宝顶，是地宫的坟头；宝顶周围砌以墙垣围护，称为宝城。

孝陵是清东陵陵区其后各个帝陵的参照模式，其后各陵除地宫所葬人数有所变动外，基本形制都是沿袭孝陵。当然，这同时也是清西陵各陵的建置模式。

虽然在大的规模、规制、气势、布局等方面，孝陵为清东陵第一，其后各陵都依其而建。不过，其中也有几座陵在小的特色、局部设置和一些独立的建筑上，往往带有别致之处，是不能与孝陵一概而论的。甚至可以说，不同的墓主有不同的身份地位，有不同的故事，因而也是其陵墓隐含的不同之处。

景陵是康熙皇帝的陵墓。康熙皇帝在位 61 年，是清代在位时间最长的一位皇帝，也是清代康乾盛世的开创者。因而他的陵墓也表现出一位雄才大略的君主的气势。景陵规制在继承孝陵的基础上又有所创新。对于其后的清代各陵来说，景陵有许多建置堪称首创。

景陵在地面建筑与地宫位置的设置上，从整体上来看，都与清代其他帝陵为一个模式。陵区主要建筑有朝房、隆恩门、燎炉、配殿、隆恩殿、陵寝门、二柱门、石五供、方城明楼、宝城、宝顶等。但实际上景陵还有诸多开创。

首先，最大的创新是景陵打破了陵区只有一座神功圣德碑碑亭的传统，也建立了神功圣德碑，并且碑亭内所置不再是孝陵一般的单碑，而是双碑。景陵神功圣德碑是雍正帝所立，这是因为康熙大帝伟业无双，雍正帝称其为“集千圣之大成，超百王而首出，鸿猷骏业，史不胜书”，虽然说是盛赞之词，但也确是事实。碑亭内的碑数按孝陵之制为一座，但因康熙圣赞碑文太长，以至一座碑无法容纳，便增设为两座碑，一碑刻满文，一碑刻汉文。其后的清泰陵、清裕陵、清昌西陵也都循景陵之制，都建了神功圣德碑亭，并立双碑以记，直至道光帝止。

其次，孝陵自神功圣德碑亭起，依次立石像生，置龙凤门，

建一孔桥、七孔桥、五孔桥，而景陵则根据其陵区的地形特点而加以改变，产生了新的顺序，即神功圣德碑亭、五孔拱桥、石像生、牌楼门。自此，清代以后各陵都遵照此制而设。

清东陵中的第一座帝陵孝陵，其殿堂、楼阁等处悬挂的匾额，题字都非康熙所书，也就是非嗣皇帝手书。而自景陵始，各殿、楼的匾额题字都由嗣皇帝手书，景陵匾额题字即为雍正手书。

景陵内除了康熙皇帝之外，又合葬了四位皇后、衬葬了一位皇贵妃，是清东陵内埋葬皇后最多的一座陵。而且景陵内的一帝、四后和一妃都没有遵循满族旧制进行火化，而是直接葬入遗体。其后清代各帝、后、妃死后都是直接入葬。这种明显不同于其前一位帝王顺治孝陵的做法，表明了汉族丧葬制度对清代皇室的影响，表明满人渐渐接受了汉族的文化。

景陵是清代帝陵史上具有承前启后作用的一座陵墓。

清代统治的最鼎盛时期史称“康乾盛世”，制造康乾盛世的除了景陵埋葬的康熙皇帝之外，另一位重要人物就是埋葬于裕陵的乾隆皇帝。裕陵位于孝陵西面的胜水峪，与孝陵东面的景陵东西相对。裕陵内所葬者除了乾隆皇帝外，还有两位皇后和三位皇贵妃，分别是孝贤皇后、孝仪皇后（嘉庆帝的生母）、慧贤皇贵妃、哲悯皇贵妃、淑嘉皇贵妃。

裕陵建造时正值清代经济发展的鼎盛期，因此建筑不但建造精美辉煌，而且全部选用珍贵的木材和石料等。其地宫建筑与装饰更是清代诸陵中数一数二者。裕陵地宫是清代第一座被打开的帝陵地宫，它是一座华美的地下宫殿。地宫位于宝顶之下，主要是为安放帝王后妃的棺椁而建，也称玄宫。对于丧葬来说，地宫才是墓区最具有实际意义的所在。

裕陵地宫有九券四门，门、券和墓道墙壁上都有各色雕刻。如四道石门的门楼都是石仿木结构，用整块大石料雕制而成，门楼上有清晰的屋脊、脊兽、正吻、瓦垄等图案，脊上半月形的石面上还雕刻有孔雀翎、执壶、海螺、佛像等多种图案。在满布裕陵地宫的图案中，以佛教题材最为常见。有表示吉祥内容的佛教图案，有佛教造像，还有佛教经文等。经文大多用梵文书刻而成，看起来比汉字更具有图案的意味。

裕陵地宫的四道石门有八个门扇，每扇门上雕刻有菩萨立像一尊，合为八大菩萨。分别为文殊菩萨、大势至菩萨、观世音菩萨、地藏王菩萨、除盖障菩萨、虚空藏菩萨、慈氏菩萨、普贤菩萨。八大菩萨虽名为佛教人物，而实际上的浮雕形象却有如现实生活中的少女，身姿曼妙，姿容秀美，形象生动，感觉亲切。

裕陵三间棱恩门及琉璃牌坊

清东陵定裕陵祾恩门前的石桥

除了经典的佛与菩萨像之外，还有很多佛教飞天形象和天王形象。飞天主要为伎乐飞天，手执乐器，动情演奏，衣袂蹁跹，线条流畅如水。天王像则如现实中的武将，威武挺拔，身穿铠甲，足踏战靴，铠甲和战靴上装饰有龙纹和云纹等，浮雕精致。铠甲上还多系有丝绦，线条柔顺流畅，为形象勇猛的天王平添一丝柔情、一份亲切感。

清裕陵地宫复杂的石结构是今人研究的重要而珍贵的资料，而地宫内丰富的各色雕刻则是难得一见的雕刻艺术宝库。

清东陵外有一座特别的后陵，名为昭西陵。昭西陵葬的是清代的孝庄文皇后，是清太宗皇太极的妃子，按清代丧葬祖制应该将她合葬于关外的清太宗的昭陵，但事实却并非如此。一是昭陵内的太宗皇太极在顺治帝未登基时已葬，而孝庄文皇后却在顺治之后的康熙二十六年（公元 1687 年）才去世，因此，太宗梓宫于昭陵安奉已久，不便再开地宫。二是清代在孝庄文皇后去世时早已入关，而昭陵远在关外，将孝庄衬葬昭陵多有不便。

虽然如此，康熙时却并未将孝庄定葬，只是将她的遗体安放在东陵的“暂安奉殿”，暂安奉殿其意即谓这里不是永息之地而是暂安之地。这一暂安就是近 40 年，直到雍正帝继位才正式建陵，陵址即在暂安奉殿处，陵建成之后，以其总体方位在太宗昭陵之西而命名为“昭西陵”。

昭西陵建筑和清东陵其他陵墓在大的建筑安排上相仿，而又有许多独特之处。陵区坐北朝南，建筑主要有神厨神库、下马碑、神道碑亭、东西朝房、隆恩门、琉璃花门、燎炉、配殿、隆恩殿、陵寝门、石五供、方城明楼、宝城、宝顶等。清代各陵均是将陵寝门建在隆恩殿的后面，作为前后陵区的过渡，而昭西陵则是将陵寝门建在隆恩殿两侧，因此有两座，在位置和数量上都是与众不同。此外，昭西陵没有桥、沟、靠山、砂山等，但有两重围墙，这都是昭西陵的独特之处。

定陵东侧的定东陵更是一处特别的陵，它包括慈安陵和慈禧陵两座陵。两陵并排建置，中间只隔以马槽沟一道。两座陵墓同时营建，同时建成，始建时的规制也相同，这是清代陵墓中唯一的例子。

定东陵的建制在清代后妃中是最高等级的，它是集其前各后妃陵寝之长而成，建筑最多，建制最全，最体现其逾制的是仿昭西陵建小碑楼，而按清代规定：近傍皇帝陵的后陵是不能建小碑楼的。而其后慈禧陵在如此奢华的基础上又有所升级。慈禧在独自掌握政权之后，将自己的陵寝又重修了一次，使之更为奢华、富丽。重修主要集中在大殿等主要殿宇的内外檐装修上，如：使用珍贵的楠木、紫檀、花梨等；彩画全部改为贴金；全部殿柱改为金龙盘柱，而不是大殿中间金柱用金漆、其余柱子只用红漆的做法；栏杆望柱都使用龙凤望柱头；御路石雕刻都是龙凤，并且凤在上、龙在下。

清东陵于顺治十八年（公元1661年）开始修建，历时247年，其中建有帝陵五座（顺治帝的孝陵、康熙帝的景陵、乾隆帝的裕陵、咸丰帝的定陵、同治帝的惠陵）、后陵四座［包括东（慈安）、西（慈禧）太后等］、妃园五座、公主陵一座，埋葬15位皇后、136位妃嫔、3位阿哥、2位公主，共计161人。清东陵是中国现存规模最宏大、体系最完整、布局最得体的帝王陵墓建筑群。

慈禧陵隆恩殿金龙和玺彩画

慈禧陵明楼

定东陵隆恩殿

定东陵前的三孔桥

清东陵的慈禧陵和慈安陵

清西陵

相比于清东陵，清西陵在总体规模和建置上相差无几，因此，清东陵和清西陵是清代在关内所建的气势相等的两处陵墓群。清东陵初建于顺治时，而清西陵则初建于雍正时。

清代帝陵有六处之多，按祖陵和帝陵各占一处来安排，而关内首建的清东陵是一处帝陵群而不是一帝一陵形制。在清西陵造之前，清东陵内已葬入顺治、康熙两帝，为什么雍正要另辟新陵址建清西陵呢？关内清帝陵从建置规制上明显承袭了明代的十三陵，显然是应将关内当政的清帝同葬于一个大的陵区内，而不应另辟西陵。史料记载，雍正初时确实是要按子随父葬的古制在东陵选址，但后因其处“规模虽大，而形局未全，穴中之土又带砂石，实不可用”作罢，其后便于别处选址，定在了河北省易县永宁山下的太平峪。

清西陵陵址自然景观优美，有作为万年吉地的好风水。《清朝文献通考》载：“在易州西三十里有永宁山，本名太平峪。山势自太行来，巍峨耸拔，脉秀力丰。峻岭崇山远拱于外；灵岩翠岫环卫其间。前则白涧河旋绕，而清、漋、沙、滋诸水汇之；后则拒马河潆流，而胡良、琉璃、大峪诸水汇之。信天设之吉地也。”清末更有人总结出了陵区八景：易水寒流、云蒙叠翠、拒马奔涛、福山捧日、华盖烟岚、峨眉晚钟、荆关紫气、奇峰夕照。

清西陵陵址由雍正帝选定，葬入的第一位清帝也就是雍正。雍正帝陵名为泰陵，是清西陵中规模最大的一座陵，也是清西陵的主陵。西陵各陵均有神道和中轴线，泰陵前的神道由三座五间六柱十一楼的汉白玉石牌坊开始。石牌坊之前顺次建有火焰牌楼、大雁桥、平桥、五孔桥；石牌坊之后顺次建有大红门、具服殿、神功圣德碑碑亭、华表、七孔石拱桥、望柱、石像生、琉璃龙凤门、神道碑亭、神库神厨、井亭、朝房、隆恩门、燎炉、配殿、隆恩殿、陵寝门、二柱门、石五供、方城明楼、月牙城、宝城、宝顶。

在泰陵众多地面建筑中，体量最为高大、建筑最为辉煌的是隆恩殿。泰陵的隆恩殿是一座重檐歇山黄琉璃瓦顶的殿堂，面阔五开间，进深三间。大殿下有石砌台基，台基四面围设汉白玉的石栏杆，台基前半部的开敞者称为月台，台上陈列有铜鹤、铜香炉、铜鹿等。台基、台基的月台部分、陈设品等都是大殿的组成部分，与大殿是一体的。

隆恩殿是帝陵中祭祀的主要场所，泰陵隆恩殿当然也不例外，在每年的清明、中元等四时大节之际，现任帝后都要到各陵举行祭祀活动，以尽孝道。隆恩殿内设有陵区所葬皇帝神牌，以及宝座、供案、文案、供器等。

隆恩殿之后的陵寝门、二柱门、石五供、方城明楼、月牙城等，与陵区内其他几座帝陵所设名称相同的建筑形制相同或相近，只是方城明楼内所立的石碑上刻的是“世宗宪皇帝之陵”字样，也就是陵主雍正的庙号。与此相对应，这座陵的最后部的宝顶下面的地宫内埋葬的就是雍正皇帝，同时，还葬有一位皇后和一位皇贵妃，分别是孝敬宪皇后和敦肃皇贵妃。

而雍正的另一位皇后，也就是乾隆皇帝的生母孝圣宪皇后，则另外单独建有陵寝，其陵名泰东陵，在泰陵东侧 1.5 公里处。泰东陵是清西陵中规模最大、建筑最早、规格最标准的皇后陵寝。虽然当时处于乾隆盛世时期，但泰东陵并未逾制，主要建筑有三孔桥、下马碑、井亭、神库、神厨、朝房、隆恩门、燎炉、配殿、隆恩殿、陵寝门、石五供、方城明楼、宝顶、宝城，而依制减去了神道碑亭、牌楼门、龙凤门、石像生、望柱、二柱门等。

清西陵自雍正帝葬入之后，又葬有三位皇帝，即嘉庆帝、道光帝、光绪帝，三帝的陵名分别是昌西陵、慕陵、崇陵。清西陵中的泰陵因是陵区第一座帝陵而位居至尊，孝圣宪皇后陵则恰因其谨遵祖制而显得与众不同，因此两陵成为清西陵各陵中必须介绍者。但自雍正帝陵之后，清西陵中的帝、后、妃陵，总体并没有什么特别之处，只有其中的一座昌西陵备受关注。

昌西陵是嘉庆皇帝的孝和睿皇后的陵墓。孝和睿皇后生前未建陵，直到她死后道光皇帝才为她选择陵址，其时间为道光三十年（公元 1850 年）。虽然安排好了陵址，也颁布了某些具体修建规制的圣谕，但是道光皇帝却还没有来得及为她着手建造便去世了。此时，清朝政府正处于内外交困之际，又要同时修建这座皇后陵和刚死的道光皇帝陵，新继位的咸丰可以说是肩负重担。

因此，对于昌西陵这座皇后陵的建筑也就有了较大的缩减：其一，缩减了隆恩殿等几座主要殿宇的规制，隆恩门、配殿都由五间改为三间，隆恩殿则由重檐歇山顶改为单檐歇山顶，规模小了很多；其二，完全省略了方城明楼，另有其他一些细部缩减。所以，昌西陵与先前的几座皇后陵相比，规模明显不及，甚至可以说是清代皇后陵中最简陋的一座，但是昌西陵却有它独具的魅力。

昌西陵的魅力和特殊之处并不在于它的规制的缩减，而在于它独具的几个特色。一是在陵寝门前设有玉带桥，这与其他皇后陵不设玉带桥、没有沟河的情况有很大的不同。昌西陵玉带桥为石桥，有三座，中间一座带石栏板，两侧两座均不带石栏板，

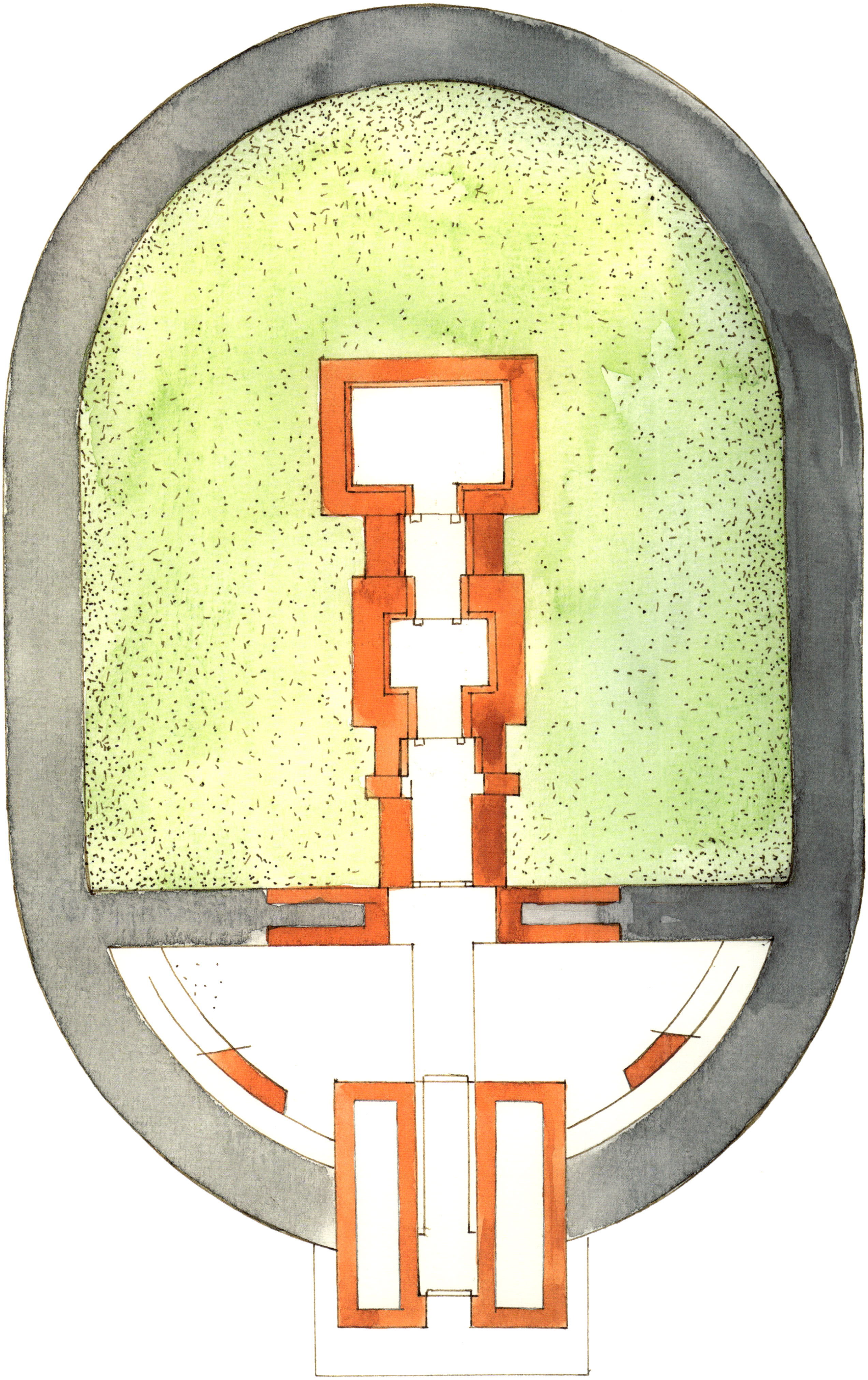

清西陵昌西陵地宫平面图

以分主次。二是昌西陵隆恩殿的彩画天花主题图案为一只展翅于祥云中的金凤，而清代其他帝后陵隆恩殿天花图案都是水浪衬三朵莲花（另有一特别者是泰东陵隆恩殿天花为蝠云图案）。三是昌西陵拥有清陵中独一无二的回音壁和回音石，这也是昌西陵最大、最为吸引人的特色所在。在昌西陵宝顶外围有一圈围墙，墙体朱红，顶覆黄色琉璃瓦，这就是回音壁，其回音效果堪与北京天坛皇穹宇的回音壁相比。回音石则仅是一块石头，即宝顶前方神道上的第七块条石。

清西陵陵区内还有一座非陵墓类的建筑，它是一座寺庙，名为“永福寺”，建于乾隆年间。永福寺建造的最初的目的是“兴黄教，以绥远人”，就是以宗教来加强对少数民众的统治。后来则成了清代帝王来陵区祭祀的专用寺庙。

永福寺临近易水河，周围松柏丛生，因而环境清幽，正是佛家静修之地。寺庙是清西陵的一处附属建筑，但也是作为清西陵内的一处特别的建筑群。寺庙主要建筑有石拱桥、山门殿、钟鼓楼、大雄宝殿、牌楼、配殿、碑亭、普光明殿、藏经阁等。寺庙建筑与布局是比较严谨的明清汉地佛教寺庙形制，而它又是一座藏传佛教寺庙，表现了清代帝王对于藏传佛教的重视。

永福寺山门是一座五开间单檐歇山黄琉璃瓦顶的门殿，歇山顶下面是实砌朱红墙体，门殿正面辟有三门两窗，都为带白色石券脸的拱券形式，券脸都雕刻着缠枝牡丹花，茎叶缠绕，花朵突出，雕刻精致生动。山门殿内供奉大肚弥勒佛和四大天王像，因此，这座山门殿也就相当于某些寺庙中的天王殿，是山门与天王殿合一的形式。

山门殿内院落左右建着钟楼和鼓楼，这种设置方式也是明清寺庙布局的一个特点所在，是佛教寺庙建筑与布局于明清时在汉地定制后必不可少的建筑。永福寺的钟楼和鼓楼造型相同，都是上下两层，且上下层皆有出檐，上层平面小于下层，白台基、红墙体、拱券门，只是楼内一置钟、一放鼓。

钟鼓楼院北轴线大殿为大雄宝殿，是寺庙的主体建筑，面

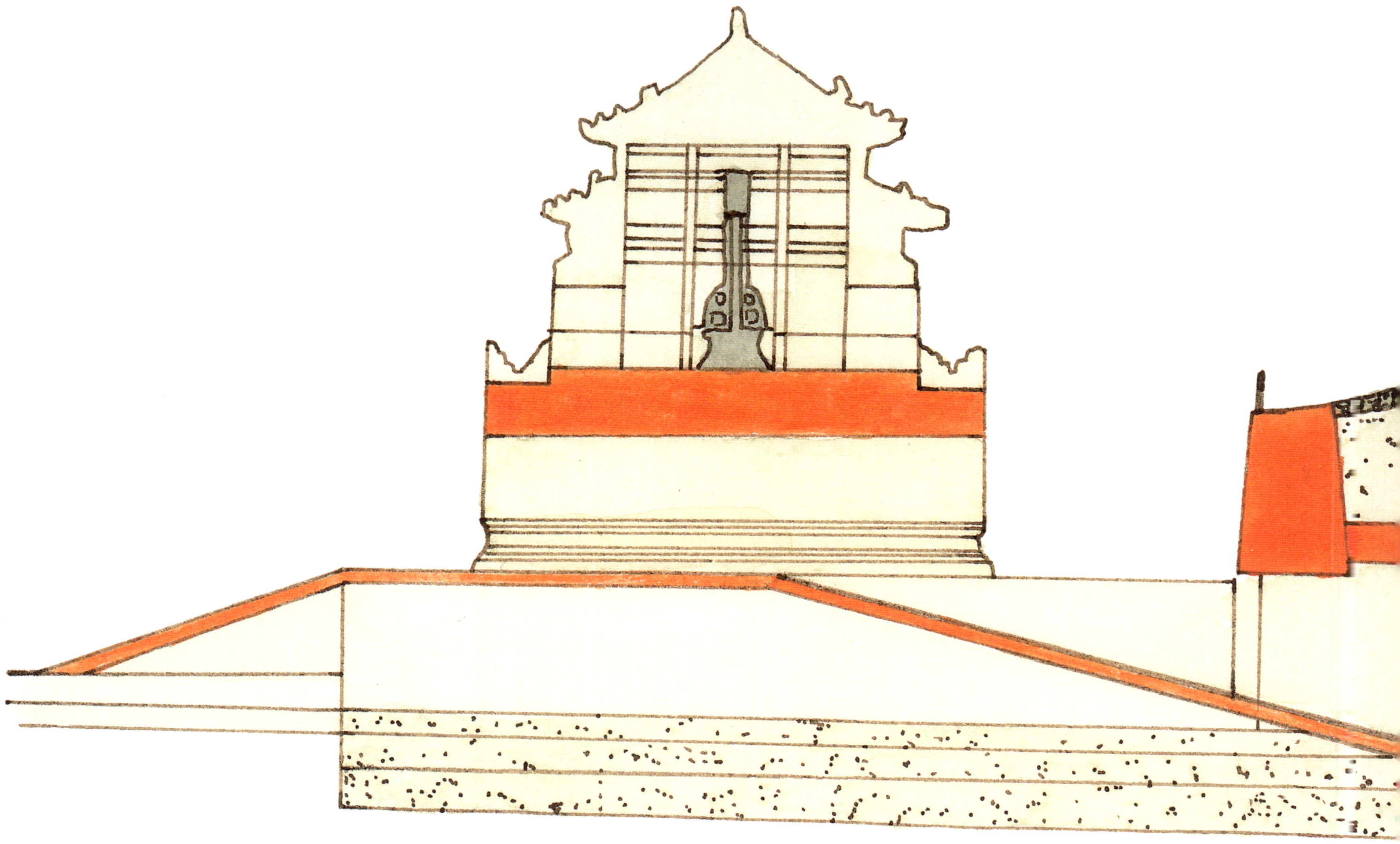

阔五开间，单檐歇山黄琉璃瓦顶。虽然开间数与山门殿相同，但其体量要比山门殿雄伟得多。同时，大雄宝殿门窗为菱花隔扇，中央开间为隔扇门，两侧两个开间为隔扇窗。在红色隔扇门窗和黄色琉璃瓦之间起过渡作用的是青绿的额枋彩画，与皇家宫殿一般无二。大殿四周虽然没有带回廊，但殿的基座高大，有上下两层，因而大殿整体的气势非常雄伟、壮丽。

大雄宝殿其名中的“大雄”二字指的就是佛祖释迦牟尼，因而大雄宝殿的主供像就是释迦牟尼，这在几乎所有的中国佛教寺庙中都相同。永福寺大雄宝殿内除了释迦牟尼之外，还供有过去世迦叶佛和未来世弥勒佛，另有十八罗汉像。因此，永福寺大雄宝殿是由十八罗汉拱卫的三世佛殿。

大雄宝殿之后轴线上的另一座重要建筑是普光明殿，是一座五开间的歇山黄琉璃瓦顶大殿，三间隔扇门、两间隔扇窗，青绿彩画，与大雄宝殿相仿。不过，普光明殿为重檐歇山顶，在体量上比大雄宝殿更雄伟，更富有气势。普光明殿内主供的是无量寿佛、药师佛、大日如来佛，另有八大菩萨侍立。

在大雄宝殿和普光明殿之间的院落中间，建有一座重檐歇山顶的碑楼，四面实墙体上各开设一门，额枋青绿彩画，底层是石砌台基。碑楼内立有一座石碑，上刻乾隆御制“敕建永福寺碑记”，铭文对永福寺的修建时间、名称的由来、修建的原因、修建后的用途、建筑的规模，甚至是建寺的花费等做了详细记述。

永福寺的最后一座建筑是藏经阁，是一座两层的楼阁，上下层前部皆带走廊。藏经阁的整体平面为倒凹形，这是它与前部殿堂最大的不同之处。同时，藏经阁顶部覆盖灰瓦，也与前部覆黄色琉璃瓦的殿堂有较大不同。藏经阁主要是用来收藏经书，不过，永福寺藏经阁除了收藏经书之外，还供奉很多佛教造像。

清西陵昌西陵地宫剖面图

第五章
DI-WU ZHANG

中国古代礼制建筑

礼制建筑应该来源于最早人们祭奠万神与先祖的传统，此后随着社会的发展和祭祀仪式的复杂化，与各种祭祀活动相关的方面也迅速发展起来。专门功能的祭祀建筑出现之后，对这些建筑的等级规制，设置种类与级别的对应关系，以及位置甚至建筑构成方式等方面的规则，也开始出现和不断完善，最终形成中国古代礼制建筑规则体系。

传说从黄帝之孙高阳氏时期就已经有『郊天』之礼，并在此后逐渐形成了相对固定的祭祀类别，如祭祖的太庙，占星云卜吉凶的灵台，告朔行令的明堂和行礼乐宣德化的辟雍等。总体来看，中国传统礼制建筑大体可分为四类。第一类是从《周礼·考工记》中记叙的『左祖右社』之制而来，建于皇城的太庙和社稷坛。第二类是遵从『郊祭』的古制，建在都城近郊，多由帝王主持祭祀的天地坛等，还包括在全国各地由皇帝派出官吏主持祭祀的岳庙、镇庙、海庙和渎庙等。第三类是为纪念一些重要的人士而建的祠庙，如孔庙、关帝庙、武侯祠、司马迁祠等。第四类是民间所建的家庙，即祠堂。

灵台是一种较为特殊的礼制建筑，高台的建筑形式也是早期建筑的主要特征。作为一种可远观瞭望以及拜祭、占卜的建筑形式，灵台的设置在周代已有，且最初与明堂、辟雍的设置同样重要。三国时期，还承袭着在国都建高台的做法，曹魏邺城的西北部曾建有三台，并且在洛阳新都中也按照汉制兴建明堂、灵台之类的祭祀建筑。在此之后，随着我国建筑从早期台榭式向后期木构架形式的转变，灵台建筑随之消失，转变为祭祀天、地、日、月的各种祭坛。

历朝都城中最重要的礼制建筑，即是『左祖右社』中的祖庙与社稷。祖庙，明清时又称太庙，是都城中最重要的礼制建筑。太庙的建筑位置自周代就已经确立，位于皇宫正门之外的左侧，是皇帝家族的祖庙，为祭祀皇帝的先祖而设。在中国历史中，对于太庙的设置形式有两种做法，即多庙制和一庙制。

伍

汉代明堂全景及环境

汉代明堂全景及环境

伍 汉长安城南郊礼制建筑的中心建筑

汉长安城南郊礼制建筑的中心建筑想象复原图

伍 北京太庙

北京太庙位于天安门东侧，西侧是社稷坛（今中山公园）。这种对称布局标准地反映了《周礼·考工记》关于古代王城“左祖右社”的建筑规制。北京太庙是世界上现存最大、最完整的祭祖建筑群。主要有牺牲所、神厨、神库、井亭、燎炉、配殿等。最为重要的是大戟门和三重殿堂，即享殿、寝殿、祧庙。俗称“大殿”“二殿”和“三殿”。

太庙整个建筑布局严谨，巍峨宏丽，庄严肃穆。建筑采用中轴对称式布局，琉璃门、汉白玉石拱桥、戟门、三大殿依次排列在中轴线上，井亭、神厨、神库配殿依次排列于两侧。殿宇均为黄琉璃瓦顶，建筑雄伟壮丽。前殿面阔 11 间，进深 4 间，重檐庑殿顶，周围有三重汉白玉须弥座式台基，四周围石护栏。太庙虽经清代改建，其规制和木石部分大体保持原构，是北京最完整的明代建筑群之一。

社稷被统一为国家的代名词，实际上社与稷是两种神，即社为土神，稷为谷神。由于我国封建制时期以农业经济为基础，因此土地与谷物，也被视为立国之本，从很早就已经有设坛祭拜这两种神的传统。而且祭拜社稷的处所，也历来被作为国家重要的礼制建筑，在新都城的兴建中，最先确定位置建造的礼制建筑，

除了太庙就是社稷。对于社稷的祭祀并不局限于天子，而是上至皇城，下至地方都建有社稷以供祭祀。由于社与稷分别代表两种神，因此从汉代起，对社稷的祭祀是分开的，即分别建有太社和太稷，但太社与太稷有时并非是成对设置的。社与稷的建筑形式方面，已经形成了设坛祭祀的形式，以及用“五色土”祭祀的做法。历史上将社与稷合二为一进行统一设置与祭祀的做法始于明代，在明代之前虽然也有过这种做法，但大多历时很短，就又改为社与稷分坛而祭。

明代初期仍延续古制。明迁都北京之后延续了南京在午门之外西侧设置社稷合祭坛的做法，清代时又沿用明代的做法，使社稷合祭取代了早期社、稷分祭的做法。位于北京紫禁城南门以西的社稷坛，是由汉白玉砌成的三层石台，均四面出陛，其中上层石台边长 15 米，第二层石台边长约 16.8 米，下层石台边长约 17.8 米。在坛上设置采自全国各地的五色土，分别埋设“社主”与“稷主”，其中社主为石柱，稷主为涂朱红色漆的木柱。

北京太庙井亭立面图

北京太庙大门

伍 郊祭天地

对天地的祭祀源于原始社会时期对自然神的崇拜，并不仅限于对天和地的祭祀，祭祀的对象还包括日月星辰等其他自然神祇，是一项古老的祭礼。我国历代都有"郊祭天地"的传统，清代朱鹤龄撰《尚书埤传》中提及，皇帝以天地之子自居，这种郊祭天地的传统来自于周礼，可见其历史之悠久。

皇帝的郊祭也是国家的大事，因此其祭祀级别要高于祭祀太庙，即使因大事停止太庙的祭祀活动时，郊祭天地的活动也不会中止。西汉时最重要的郊祭是对五帝的祭祀。关于五帝，按照东汉末年郑玄的说法即五色之帝，唐代贾公彦的解释为东方青帝、南方赤帝、中央黄帝、西方白帝和北方黑帝。

对五帝的祭祀在早期曾经是国家重要的祭祀活动，东汉时期曾经为五帝另建有独立的庙来进行祭拜，当时的五帝庙已经位于郊外，应该是重要郊祭项目。西汉末年战乱，使许多祭礼也因此佚失，到东汉时虽然对前期的一些祭礼有所恢复，但大部分祭礼仍被省略了。东汉时大规模改制之前祭祀制度的另一重要原因是儒学逐渐兴起，并成为社会主流思想，早期的许多自然神祭祀都因有碍儒礼而被简省。不再建单独郊祭五帝的庙宇，而是改在明堂中行祭五帝之礼，同时也确立了南郊祭天、北郊祭地的做法。西汉之后，南北郊分祭的做法相对固定下来，对早期五帝的祭祀活动有很大影响，五帝的祭祀活动也开始有所变化，出现废立反复的情况。到宋代之后，郊祭五帝的活动等级下调，由原来天子祭祀改由相关的官员祭祀，甚至一度因负责祭祀的人员编制级别较低，而引得大臣参奏来加强政府对相关祭祀活动的重视程度。

两宋之后，不再建独立的明堂建筑，早期祭五帝的做法也被后世南北郊分立祭天地的做法所代替。祭祀天地是分而祭之还是合而祭之，在历史上各朝的做法也并不相同。对于分祭、合祭天地的做法以及理由，历朝的相关史籍中都有所记载。明代《明集礼》一书中，对天、地祭祀活动的历史发展有一个大致的梳理，大体从唐、宋、元时期，天地祭祀有分有合，以合为多，至明代时确立了南北郊分祭制度。这一制度也被后世的清代所沿用，形成了今天北京天坛与地坛南北遥相对应的建筑格局。

清嘉靖时不但改建了天坛、增建了地坛，还重循古制增建了日坛和月坛。日出于东方，所以日坛在东，月坛在西。按古有礼制，日坛和月坛应该单独建置，并有正式的祭祀。其中，日坛正祭在春分之日的早上，而月坛正祭在秋分之日的晚上。日、月除了正祭之外，在祭祀天、地之时，也常常将它们作为从祀同祭。

除了祭祀天与地之外，还有对日月星辰以及风云雷雨等自然之神的祭祀，也都带有早期自然神崇拜的余迹，这种祭祀活动也早从周代就已经存在。西汉时继承了周代祭祀自然神的传统，在汉高祖建汉初期，就确定了"各以其时礼祠之如故"的祭祀规则。到西汉时，儒家学者们废弃了早期的许多自然神崇拜，其相应祭祀活动也减少，但日月星辰诸神并不在被废止的诸神之列。到明代时，还特别诏令各级地方也设置风云雷雨山川等的祭坛。《礼记·祭仪》中对诸礼制建筑有"端其位"的要求，即是要求对天地日月不同神祇的祭祀要在对应着的不同方位上进行。我国古代以南属阳，则在南郊阳位上祭天；北向属阴，则在北郊阴位上祭地，另外祭日于东郊，祭月于西郊。这些祭祀对象与祭坛的位置在城市中相对应设置。虽然我国历史上对以上诸神的祭祀并不总是采用分祭方式，如东汉光武帝在洛阳南郊建圜坛合祭天地，但在洛阳城北也依然建有方坛，晋及明初时也都采用合祭制度，但《礼记》中"端其位"的思想却在整个古代社会中占统治地位。因此祭祀天地的古制，即南郊祭天、北郊祭地的古制，也是城市规划中的主流思想。

也就是说，无论现实中所行的祭祀礼仪偏重于哪方面，这种天地日月祭祀建筑，按照上下左右、东西南北的方向设置的做法是不变的，这样做的目的是符合礼制中的正名定位原则。对不同神祇的各种祭祀活动，按照神祇重要程度以及与皇家的亲疏关系，被分成不同的级别，最高等级的祭祀活动由皇帝亲自进行，其他低一级的祭祀活动则要由专门的礼官或皇帝委派的人员进行祭祀。

清代继承了明代的祭祀制度，在雍正时期更另建风云雷雨山川坛，不仅如此，对风云雷雨诸自然神的崇拜，还由中央推及地方，在各州府都建有此类祭坛，只不过与其他神祇合祭。在清代《畿辅通志》中，记叙今河北地区设置风云雷雨山川坛的历史自汉唐延至明清，其历史颇为悠久。在清《江南通志》中，如江宁府、苏州府、松江府、淮安府、扬州府、安庆府、徐州府等各州府，也都有设置风云雷雨山川坛以祭祀的记载。

明代时还特祭太岁。太岁是古人设想的一颗天上的星宿，被认为与战争胜负、土木兴建和丰收有关系。对太岁的祭祀大抵从元代开始，明代时将其与风云雷雨合祀。明初即大建各种祭坛祭殿，一度有在一处建有多个不同功能祭坛的做法。北京城的设置基本延续了明初南京的各项建制，除在东、西、南、北四处分建日、月、天、地四坛之外，还将风云雷电以及山川等各路神明分为天神与地神，各建一坛祭祀，此两坛位于先农坛之南。

北京天坛圜丘坛

北京先农坛

先农坛与先蚕坛也是一组对应出现的祭祀神坛，分别是供皇帝行躬耕之礼与皇后行躬蚕桑之礼的场所，也是我国男耕女织传统两性理念的体现。皇帝亲耕的田地称籍田，其礼称籍田典礼。籍田典礼选择在籍田坛举行，是以皇帝亲耕的活动来表明对农业生产的重视，同时通过亲耕的活动祭祀农神，以祈国家农业丰收之意。从汉至唐都有这种皇帝亲耕的活动，当时称这种祭神农的坛为籍田坛，后由武则天改籍田坛为先农坛。

先蚕坛是为纪念先蚕嫘祖而设的祭坛，一般由皇后或皇后指定的人员进行祭祀。对先蚕神的祭祀起源也较早，大约从汉代就已经开始，虽然历代祭先蚕神的方式与制度不同，但由皇后来主持祭祀仪式的总体建制未有较大变化。先蚕坛在位置设置上与先农坛相对应，如北京先农坛位于南郊，与天坛相对而设，则先蚕坛位于北部，今北海公园东北部。

对先农坛的祭拜也由中央推及地方，从清代《畿辅通志》上的相关记载来看，祭祀的做法大体与皇帝亲躬相似，也是由地方长官主导进行的亲耕活动，以表明对农业生产的重视。

各地与都城兴建相同性质的祭祀场所，一般祭拜级别也较高。如五岳、五镇、四海和四渎之庙。五岳分别为东岳泰山、西岳华山、中岳嵩山、南岳衡山和北岳恒山；五镇分别为东镇沂山、西镇吴山、中镇霍山、南镇会稽山和北镇医巫闾山；四海分别为东海、南海、西海和北海；四渎则是指我国四条流入大海的河流，分别为（长）江渎、（黄）河渎、淮（河）渎与济（水）渎。在我国的古籍中，对人们祭拜山岳河海的活动记叙较早，在先秦时期即已经存在相关的祭祀活动，尤其是对五岳、五镇、四渎的祭祀也经历不断补充完善，以及分祭与合祭不断变更的发展过程。据《明集礼》的记载，对五岳、五镇、四海、四渎之神给予较高的封号并祭祀的制度始于唐代，大抵唐代之后的历代又都有封号。因此到明代时将此前的一干封号全部去掉，只以本名称神。明代在都城也修建风云雷雨、山川以及五岳、五镇、四海、四渎的祭殿和祭坛，但这些祭殿或祭坛多是作为某项祭祀建筑的组成部分兴建，在祭祀时也是作为从祀来进行祭拜。明初南京城中仍施行天地合祭之制，诸坛建在天地坛之西，与一众自然神祇组合在一起，迁都北京之后也仍按照南京制度建造，北京的祭祀活动仍由皇帝亲祭，南京的旧坛则由皇太子或另派遣其他官员行祭祀之礼。

而对于五岳、四镇、四海、四渎各自所在的地区，还要奉中央政府的指令兴建相关的祭祀建筑。在《大明会典》中，明确记录有岳镇海渎各庙如若损坏，则交由各地方修缮，如果损毁，则要先将复建的图样报请中央批示，得到允许后再会同地方重建，并且还明确规定了有关官员要对这些祠庙进行巡视的制度。在清代时有明确的史籍文献记录，对上述各神祭祀建筑所在区域都进

行了界定，其中如西海、北海其确切所在地不宜设立的，则特别指定区域进行“望祭”。

北京地坛鸟瞰图

伍

北京天坛

明太祖朱元璋在南京登帝位后，于钟山之南建圜丘以祭天，于钟山之北建方丘以祭地，但后来他又认为“人君事天地犹父母，不宜异处”，于是改为天地合祭，在圜丘旧址上建大祀殿。大祀殿建筑群主殿 11 间，前建大祀门，另设配殿与廊庑，形成完整的院落。其外围建两重围墙以护，外围墙之内、内围墙之外北建天库、西南建斋宫。

明成祖朱棣迁都北京以后，完全依南京大祀殿之制在都城之南建大祀殿合祀天地。直到明嘉靖九年（公元 1530 年），才于大祀殿南另建圜丘以祭天，又于都城之北建方泽坛以祭地，恢复了天地分祀。同时，于东西分建朝日坛和夕月坛。由此至清末，四坛分祀成定制未再改变。

嘉靖分天地而祀后，原有大祀殿曾作为祈谷所用，不久又拆建为明堂性质的建筑大享殿。按古制，祭天应以始祖配位，如若祭于明堂则应以当世皇帝之父配位。而嘉靖是继兄为帝，其父本非帝王没有庙号，不能入太庙承祀，嘉靖却借明堂祭祀之古制让其生父入了太庙。

大享殿为秋末大享祭天所用，它是一座三重檐圆形攒尖顶的亭式殿堂。其三重檐顶面铺瓦颜色各不相同，上层用蓝色琉璃瓦，中层用黄色琉璃瓦，下层用绿色琉璃瓦，分别象征天、地、万物。大殿下面是三层圆形的汉白玉石台基，使大殿更显高大壮观，更有直指天穹的气势。

大享殿与供奉风云雷电、星辰山川的左右配殿，四面一圈围墙，门殿等共同组成完整的建筑群，与圜丘坛南北相对，形成各自独立而又相互联系的祭天建筑群。

新建的南部圜丘坛为三层的露天圆台，坛面以蓝色琉璃砖铺砌，以对应天之颜色，突出这里作为祭天之处的意义。圆台四面设置栏杆，也为蓝色琉璃栏板，以与坛面相对应。圜丘坛之北还建有附属建筑皇穹宇，供奉皇天上帝的牌位。

嘉靖改建后的天坛建筑群，以两重墙垣相围护。在这里，其建筑的形象不但在立面、色彩等方面有极严格的讲究，在平面形式上也极为讲究。其平面的讲究主要是对应“天圆地方”的古制。天坛中的两组主要建筑圜丘坛和大享殿，其主体部分都是圆

北京天坛皇穹宇殿周围的院墙为回音壁

形平面，而它们的外围墙都是方形；同时，两组建筑群的外围两重墙，南部为方形，北部为圆形。正是《晋书·天文志》中所说的“天圆如张盖，地方如棋局”观念的承继与反映。

乾隆时期对圜丘坛的改变还有一大方面，即尺寸。圜丘坛坛体在明代时规模较小，乾隆时将之改建。并且，将坛面的相关尺寸数加以改变，使之更符合古代祭天坛庙建筑的礼制。圜丘坛四面出台阶可以上下，因为坛有三层，所以每面台阶分为三段，每段设为九级踏步。三层坛面的直径分别是我国古代丈量长度单位中的九丈、十五丈、二十一丈，合为四十五丈。由此，可以看出圜丘坛建筑所用数为一、三、五、七、九等奇数，也就是阳数，其中所用最多的是阳数中最大的“九”，充分体现了“天”的至高无上。

在圜丘坛的最上层坛面中心有一块圆形的石头，被称为天心石或圆心石，是坛面的中心和焦点。这块天心石不但是圜丘坛坛面的中心，而且还是一块非常特别的石头，具有很强的共鸣作用，人若站在石上说话能产生很大的回音，比在其他地方说话声音大出很多倍。

乾隆时期还对天坛内另一组重要建筑祈年殿进行了改建。祈年殿是明代中后期和清代帝王举行祈谷大典的地方，大殿坐落在三层的汉白玉圆台之上。祈年殿在明初时为长方形的大祀殿，是合祀天地之所。明嘉靖时将它改建为三层重檐圆形攒尖顶的大享殿，三层屋面以蓝、黄、绿三色琉璃瓦覆盖，并且将它作为专门祈祷丰年的地方。清代乾隆时，将三层的殿面全部改用蓝色琉璃瓦覆盖，以象征蓝天，同时将殿名更改为“祈年殿”，同样是作为祈祷丰年的建筑使用。

清代在祈年殿举行大典时，殿内正中的雕龙宝座上供奉的是满汉合璧的皇天上帝神牌，其两侧还配祀当政皇帝之前的清代各帝王牌位，体现了清代帝王敬天法祖的思想。

乾隆时期对祈年殿建筑群的改建还包括其配殿和正门，其左右的九间配殿和正面的祈年门屋瓦都被改换成了蓝色琉璃瓦。

此外，位于祈年殿建筑群和圜丘坛之间的皇穹宇也被进行了较大的改造。皇穹宇是祭天大典前后存放皇天上帝神位的地方。皇穹宇在明代嘉靖年间创建时是重檐绿琉璃瓦攒尖顶，清代乾隆时将之改建为单檐蓝琉璃瓦攒尖顶，其正面为朱红色木制隔扇，而背面为实墙体。殿体下面为石砌台基，台基四周设汉白玉的石栏杆，台基正面石阶中间是一方雕刻精美的汉白玉二龙戏珠丹陛石。

在皇穹宇的外围有一圈圆形的围墙，砖砌墙体，蓝色琉璃瓦的墙顶檐。这圈墙壁造型圆润，而且具有极好的回音效果，所以被称为“回音壁”，因其回音功能而成为天坛内闻名遐迩的建筑。这圈围墙之所以能够回音，主要在于墙体砌筑使用了磨砖对缝法，因而墙面光洁，能产生极好的回音。

北京天坛圜丘坛

北京天坛祈年殿剖透视图

北京天坛祈年殿

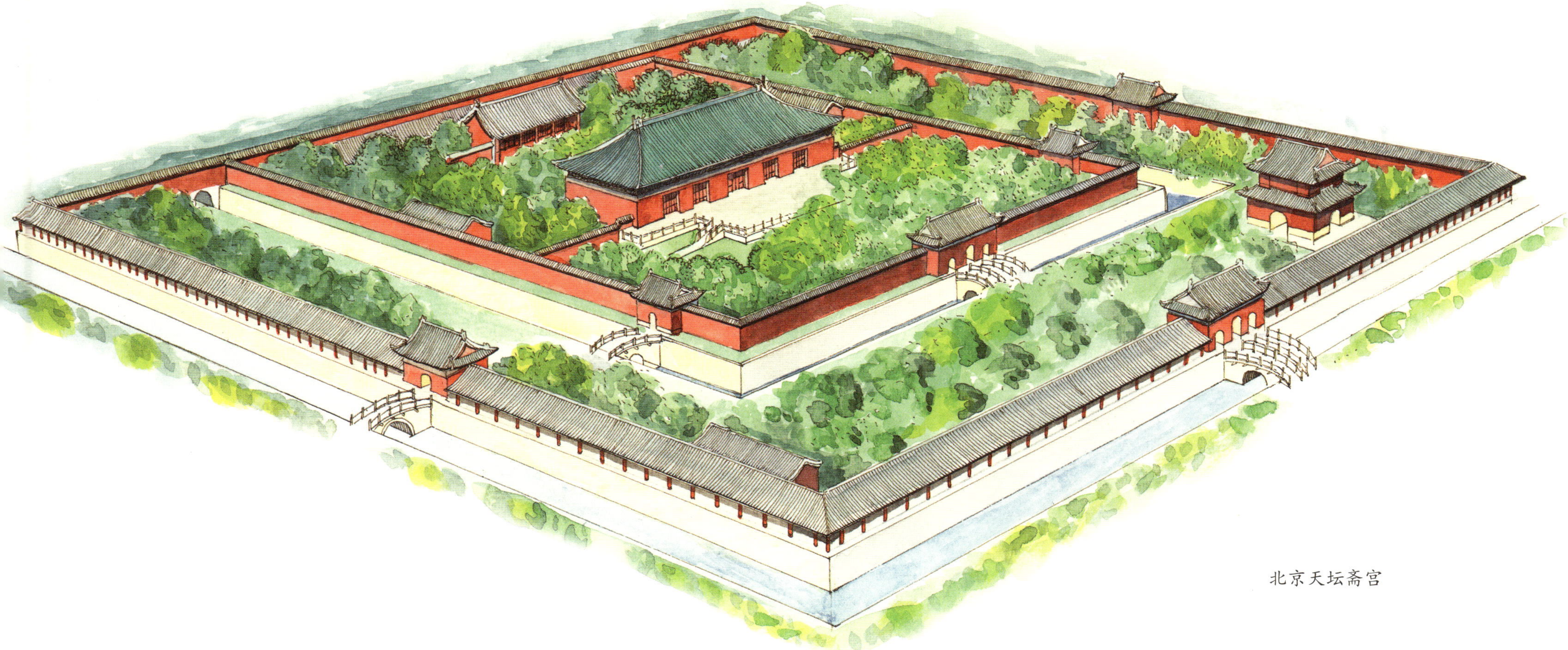

北京天坛斋宫

北京天坛祈年殿立面图

北京天坛祈年殿

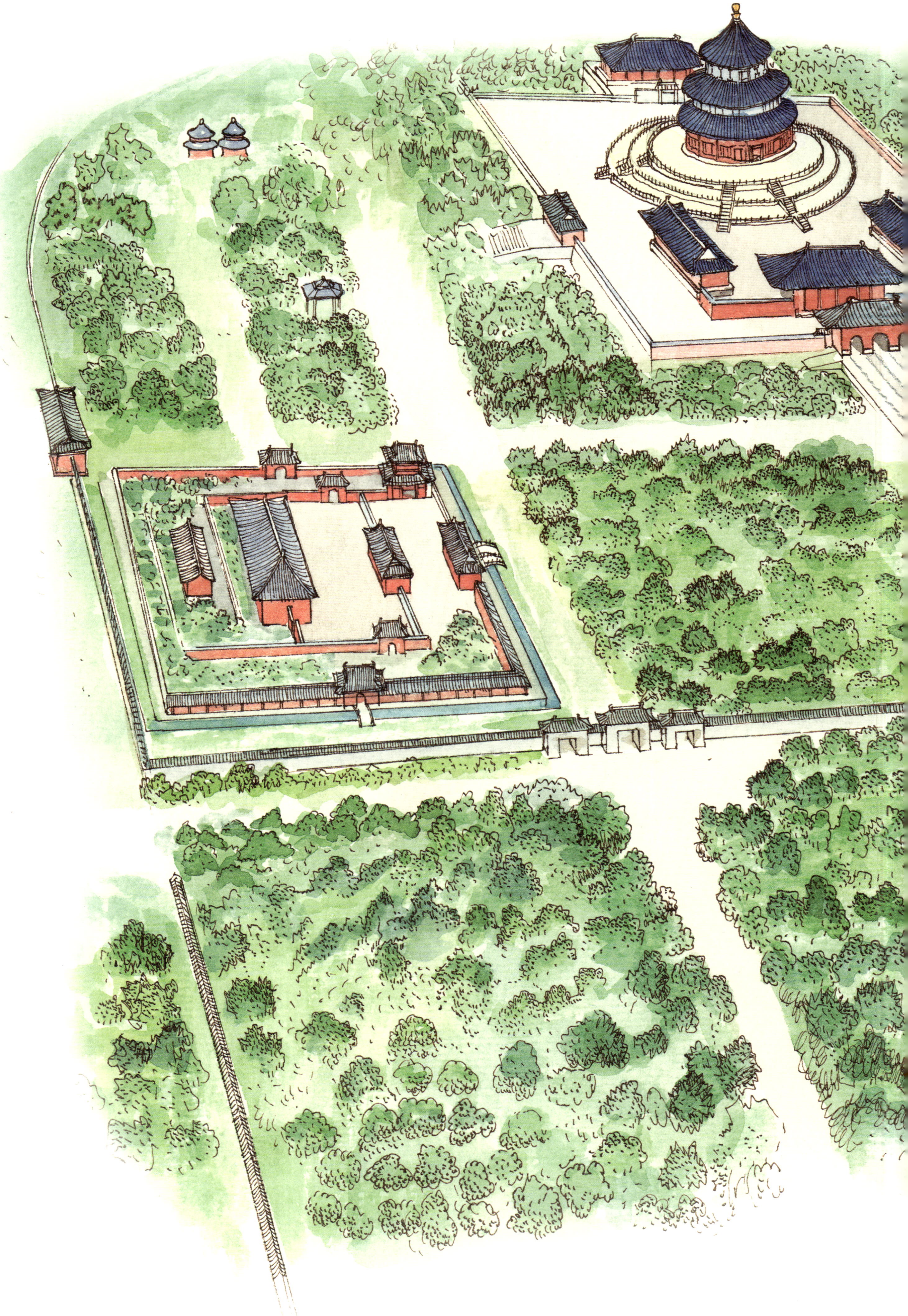

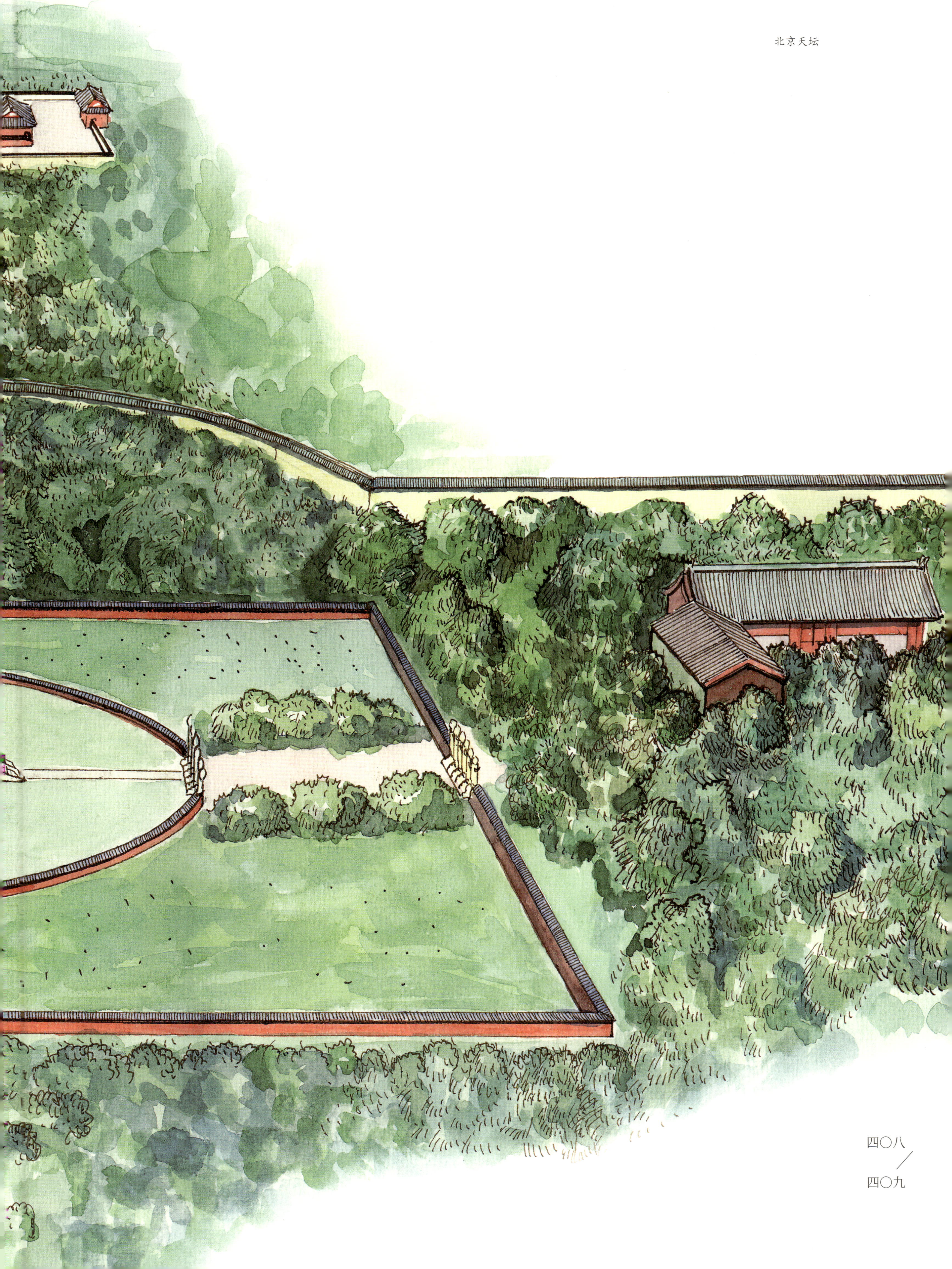

伍 北京地坛

天圆地方的观念在天坛和地坛中有清晰的表现，两者的总形态也符合这样的观念，即天坛为圆、地坛为方。天坛的总体平面和天坛中的主体建筑平面都为“圆”形，而地坛的总体平面和地坛中的主体建筑平面都为“方”形。

嘉靖增建的地坛位于都城之北的安定门外，在位置上与天坛南北相对，坛内的建筑也与天坛一样按祭祀的要求分为若干个建筑群。地坛的主体建筑是位于中轴线上的方泽坛和皇祇室，是祭地的中心所在。方泽坛平面正方形，上下两层，两层皆用青白石和黄色琉璃砌筑，上层坛面设主祀的皇地祇神位，下层坛面设五岳、五镇、四海、四渎从祀。

天为阳，地为阴，阴者之物应为凹陷之状，所以“为下必于川泽”，因此，嘉靖建方泽坛也在其周围设水渠一道，方泽坛即为泽中之丘。方泽坛外围还砌有两圈围墙，并且四面均设棂星门，处于北方的一座棂星门为三间形式，是正门，余者都是一间。

地坛的另一重要建筑皇祇室位于方泽坛的南面，它是一座五开间单檐歇山顶的殿堂，殿顶覆盖黄色琉璃瓦。皇祇室是平时供奉皇地祇神位的地方，相当于天坛中的皇穹宇。

方泽坛和皇祇室两组建筑群的外围，再建有两圈方形的围墙，它们与坛区的斋宫、神库、神厨、宰牲亭等辅助建筑，共同构成一座完整的祭地神坛。

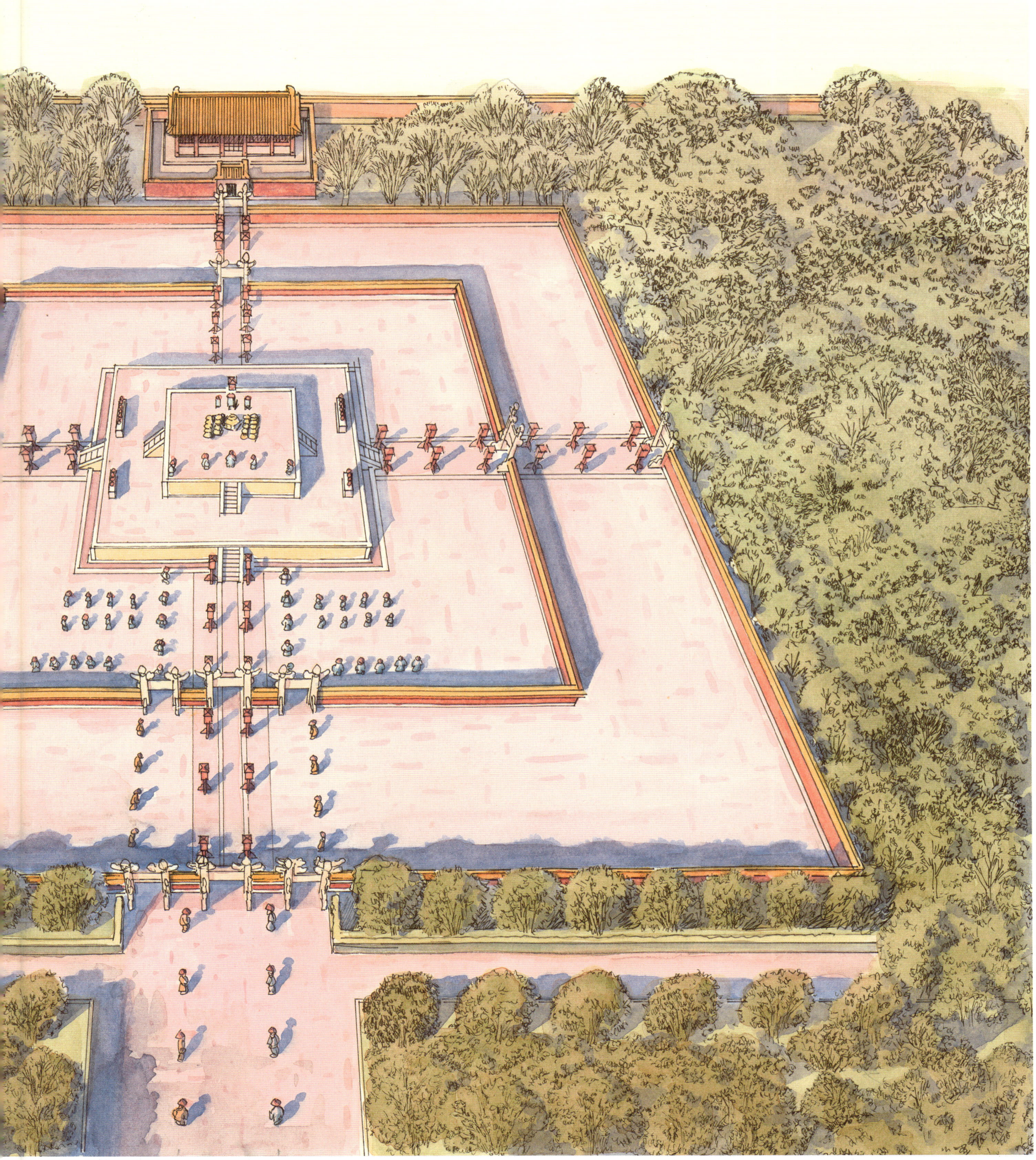

伍 北京先农坛

先农坛，又名山川坛，位于北京市西城区永定门内大街西侧。建成于明永乐十八年（公元 1420 年），先农坛是明清两代帝王祭祀先农及举行亲耕籍田典礼的地方。中国祭祀先农和亲耕的传统可溯源到周朝，发展至明清时，已经成为国家重要的祭祀典礼。先农坛太岁殿内有一幅《清雍正帝先农坛亲耕图》，记录了雍正皇帝祭先农的场景，农历惊蛰时节，雍正帝乘着龙辇率领文武百官从紫禁城出发，穿过正阳门到先农坛，在太常寺官员的导引下，进行迎神、初献、亚献等一系列隆重非常的仪式，然后更衣休憩，再到先农坛东南的观耕台前举行耕籍礼，亲耕田地，以示对农耕的重视，祈求五谷丰登，天下太平。

先农坛以内坛墙为界，分为内坛、外坛。祭祀先农神和行耕籍礼的主要建筑多建在内坛。先农坛主要建筑有太岁殿、先农神坛、神厨库、观耕台、具服殿、庆成宫、神仓及祭器库、神坛等。

北京先农坛井亭立面图

北京先农坛宰牲亭东立面图

北京先农坛宰牲亭正立面图

北京先农坛鸟瞰图

伍

北京国子监

北京国子监位于北京市东城区安定门内，是元、明、清三代的太学，是当时的最高学府。国子监坐北朝南，按“左庙右学”之制，东邻北京孔庙。

太学主要建筑有辟雍殿、圜河、琉璃牌楼、东西御碑亭、彝伦堂、钟鼓亭、灵台、敬一亭、十三经石刻等。其中，除了彝伦堂、钟鼓亭、灵台、敬一亭等为元明两代建造之外，辟雍殿、圜河、琉璃牌楼、东西御碑亭、十三经石刻等都是清代乾隆年间增建。乾隆之前，由于没有辟雍殿，皇帝临雍都在彝伦堂举行。乾隆皇帝也曾临雍于彝伦堂，但他认为：“太学之有辟雍，古之制也；有国学而无辟雍，名实不符。”因此，他决定建造辟雍。

辟雍于乾隆四十九年（公元 1784 年）建造，建成后的辟雍殿为重檐四角攒尖顶的方形大殿，五开间，周围是一圈回廊，廊下立朱红隔扇与廊柱、栏杆，重檐顶则覆盖着黄色琉璃瓦，顶立镏金宝顶。大殿造型稳重，结构合理，屋角上翘，屋腰下沉，顶面既线条优美又能较好地防止下雨时雨水溅入回廊内。殿内使用磨制光润的金砖铺地。

按照古制，建辟雍离不开水，所以乾隆在所建辟雍殿的四周还辟了一圈圆形水池，简称“圜池”。圜池与方形大殿的形态，正符合“天圆地方”的古制。圜池上建桥，池岸与桥的两侧都设有汉白玉的石栏杆。辟雍殿四面开门，与圜池上的四座桥相通，连着外围的池岸。

在辟雍殿前部的正门太学门内有一座琉璃牌坊，是从属于辟雍殿的纪念性建筑，也是现存国子监内比较有代表性的一座建筑。这座琉璃牌坊是根据乾隆的旨意特别建造的。牌坊为三间三门七楼形式，门为带白色券脸的拱券门，红色墙体，黄绿琉璃砖贴饰的柱与枋，七楼则为黄色琉璃瓦顶。前后两面坊匾分别为“圜桥教泽”和“学海节观”，为乾隆皇帝手书后雕刻而成。

伍 曲阜孔庙

明代大力尊孔，对孔庙的修筑也空间绝后，特别是成化年间，一次修建了殿堂廊庑等建筑 300 多间，经过如此大规模的增建，其所定规模与布局此后基本未再被改变过。其时的总体布局是：前部为门和庭院，以围墙围绕，以门相通，疏朗开阔，不以建筑取胜；后部分为三路布局，中轴线上是庙宇的主体大成殿建筑群，由前至后是大成门、杏坛、大成殿、寝殿，东路建孔子家庙，西路建启圣王殿建筑群。基本是现存庙宇格局。

曲阜孔庙的外大门为仰圣门，是一座城门的形式，门额题“万仞宫墙”，表示孔子学问的渊博。仰圣门建于明代正德八年（公元 1513 年），中有瓮城。仰圣门内的第一座建筑是金声玉振坊，建于明代嘉靖十七年（公元 1538 年），是一座三间四柱式石牌坊，整体造型简洁大方。金声玉振坊之后是孔庙的第一道大门，称棂星门，明永乐十三年（公元 1415 年）始建，为木构建筑，三间，两侧连接黄瓦顶的红墙，清乾隆时将木构改为石柱铁梁。

棂星门之后经嘉靖年间所建的太和元气坊，即可到达孔庙的第二道大门圣时门，建于明代，门为三间带拱券门洞形式。圣时门后院落较为宽敞，中有三座东西并列的拱桥建于河水之上，桥名璧水桥，也是明代所建。璧水桥后是一座五开间的大门，名为弘道门，建于明代洪武十年（公元 1377 年）。弘道门之后就是孔庙的第四道大门，五开间的大中门，是金代时孔庙的大门，明代重修。

大中门之后的同文门是孔庙的第五道大门，是宋代时孔庙的大门，原为三开间，明代改建为五开间。同文门的特别之处是不与庙墙相连，而独自坐落在庭院中间。此外，在它的四周还有明代洪武、永乐、成化、弘治四帝所立的四座御碑，同时所建护碑的碑亭现今已毁。

同文门之后为奎文阁和十三碑亭，是孔庙前部门、院与后部主体殿堂之间的过渡建筑。奎文阁始建于宋代，时名藏书楼。金代改称奎文阁。明代弘治年间将之改建为三层三重檐歇山顶楼阁，面阔七开间，顶覆绿琉璃瓦，清代雍正时改用黄琉璃瓦。奎文阁后的十三碑亭院共存有唐、宋、金、元、明、清尊孔石碑 53 块，分别存放在金、元、清三朝所建的十三座御制碑亭中。

十三碑亭之后即是大成门，宋时已有，但在明代改扩建为五开间门殿。大成门之后为杏坛，传说为孔子讲学之所。宋代砌石为坛，金代于坛上建单檐歇山顶小亭，明代时又改建为重檐十字脊方亭。大成殿是孔庙的主殿，始建于宋代，清雍正年间重建，面阔九开间，重檐歇山顶。虽然大成殿不是明代所建，但基本保持了明代弘治年间形制，只是屋瓦换成黄琉璃瓦。而且这一区域的总体布局是形成于明代。

大成殿不但体量巨大，而且细部装饰精美，这仅从其前廊石柱即可见一斑。大成殿前廊石柱非一般的方柱或圆柱，而是柱体满饰飞龙戏珠图案的深浮雕石柱，浮雕清晰、线条流畅，显示出雕刻匠师非凡的技艺。因此，它们不仅是廊柱，更是精美的石雕艺术品。大成殿建筑造型雄伟、装饰精致华丽、风格稳重，等级等同皇家宫殿，是我国现存古建筑中难得的大型殿堂实例之一。

大成殿之后是专祀孔子夫人的寝殿，殿内供有孔子夫人的牌位。寝殿于明弘治年间扩建，清雍正时重修，殿体面阔七开间，进深四间，四周回廊，围绕着 22 根八棱石柱，殿内藻井华美，龙凤装饰，有如帝后居室。寝殿之后是圣迹殿，建于明代万历年间，面阔五间，进深三间，殿内存有表现孔子一生行迹的《圣迹图》，颇具价值。此外，殿内还存有画家顾恺之和吴道子的孔子画像、书法家米芾的孔子赞碑等珍贵遗物。

大成殿建筑群的西面是祭祀孔子父母的建筑区，主要建筑有启圣门、金丝堂、启圣王殿、启圣王寝殿等。启圣王殿是本区的主殿，殿阔五开间，殿内供孔子之父。启圣王寝殿在启圣王殿之后，是供奉孔子母亲的地方。

与西路相对的东路为孔子家庙区，主要建筑有承圣门、诗礼堂、鲁壁、崇圣祠、家庙、礼器库等。这一区域的主体建筑是崇圣祠和家庙正堂。崇圣祠是供奉孔子五世祖的地方，祭祀孔子五世祖肇圣王木金父、高祖裕圣王祈父、曾祖诒圣王防叔、祖父昌圣王伯夏、父亲启圣王叔梁纥。崇圣祠后面的家庙是孔子后人祭祀孔子之处，正堂内主供孔子夫妇，左右为孔鲤夫妇和孔伋夫妇。

山东曲阜孔庙大成殿须弥座的螭首

孔庙大成殿正立面图

孔庙大成殿次间龙柱大样

孔庙“太和元气”坊立面图

大成殿前檐石刻龙柱

大成殿明间龙柱

伍 韩城文庙

韩城文庙，位于陕西省渭南韩城市老城东学巷，是明清祭祀孔子的庙宇，也是陕西省现存最完整的文庙建筑群。庙始建年代较早，据明《一统志》记载："韩城县学于洪武四年（公元1371年）在旧址重修"。后经历代增修，但庙内主要建筑之结构形状，都基本未变。

整座庙宇坐北朝南，前后有四进院落组成，沿中轴线自南而北依次为琉璃五龙壁、棂星门、泮池、戟门、大成殿、明伦堂、尊经阁；两侧有东西木牌楼、东西庑、东西附院及碑亭、碑廊等。共有建筑22座，计80余间。另存明清"重修学宫碑""重修庙学碑""重修儒学碑""重修文庙碑"等10余座。

棂星门，建于明万历年间，坐落于长方形台基上，为四柱三间三楼式木牌楼，悬山琉璃瓦顶，用冲天柱，柱顶饰琉璃毗卢帽。明间额悬"文庙"竖匾一方。

戟门，原名大成门。面阔三间，进深二间，单檐悬山灰瓦顶。明、次间均辟板门，明间额悬"戟门"横匾。门外两侧设"八"字屏墙，镶嵌有琉璃雕龙；门内"八"字墙面上绘彩色凤凰。

大成殿为文庙主体建筑，规模最为宏伟。明代重建，清代修葺。整个殿基为石砌高台，台基上为月台，周围绕以石栏，雕蟠螭纹。月台正中设磴道，由三部分构成，中间为青石浮雕坡道，上饰龙腾戏珠、鱼跃戏浪等图案，两旁为台阶式踏道。大殿面阔五间，进深三间带前廊，单檐歇山顶，覆灰陶筒瓦，施琉璃脊，有吻兽。从平面上看，大殿可以分为殿身和前廊两个部分。前廊的檐下使用跨度大的额枋，额枋上面设置四朵补间铺作，减去了两根檐柱，只用了四根前檐柱形成三开间的正立面。因此外观上每个开间的跨度都大于殿内每个开间的宽度。殿内的上部结构形式为明栿草架，用金柱八根，前后各四根。东西两端的檐柱并不与前后金柱在一条直线上。明间后排两根金柱后移，使明间前后金柱之间的距离拉大，室内的空间感通畅，保留了元代建筑的手法。殿两侧为东西廊庑，各为13间。

明伦堂，建于明洪武四年（公元1371年），清代修葺。面阔五间，进深三间，单檐硬山灰瓦顶，施吻兽，前檐敞开，后檐设墙，墙正中辟一小门。这里，昔日是对诸生讲经、督课、训导、教育之所。

韩城文庙是属于地方性质但享有较高级祭祀礼仪的纪念性祠庙，用以祭祀孔子。孔子及其儒家学说，从汉代起就成为中原广大地区的主导性社会思想，并且影响颇广，因此历代对孔庙的祭拜活动都备受重视。从唐代起，就开始以政府为主导，规定在各州、县兴建孔庙。此后，各地的孔庙多为庙学一体式，即将孔庙与地方教育机构合并建设。各地区庙学一体式的孔庙，多由庙学的领导者带领一众儒生祭祀，而具有国家性质并享有高等级祭祀仪式的孔庙，则只有曲阜孔庙而已。

韩城文庙大成殿

伍 地方普通祠庙

除了这些高级别的祭祀建筑之外，各地区还有一些本地区重要的祭祀建筑，如后土祠。史籍中记载后土是句龙，是祭社的主神，即土神。对于土地的祭祀，与我国农业生产为基础的经济结构直接有关。我国从原始社会，经奴隶社会到封建社会的漫长历史发展中，都以农业生产为社会发展的基础，因此对土地的祭祀上至天子，下至百姓，都有不同的仪式。后土是土地的另一种称谓，对后土进行祭拜，是一种极具地方性的做法，但有些后土祠也备受国家的重视，如山西汾阴（今万荣县）后土祠。在现今所存的“蒲州荣河县创立承天效法厚德光大后土皇地祇庙像图石”碑上，明确表现了一座由八进院落构成的后土祠庙建筑群的形象。汾阴建后土祠的历史可追溯至西汉时期，此后几乎历代祭祀活动未断，至宋时尤其兴盛，自宋太祖到宋真宗时期，对后土祠有过较多的修建活动。

城隍庙也是一种遍布地区较广的神庙类型，对城隍的祭祀甚至与山川等一起，享有较高的国家祭祀礼。除了从祭于主坛之外，在各地的州府甚至村镇中都设置有城隍庙。除了土地庙和城隍庙之外，财神庙、山神庙、水神庙等也是各地较为广泛设置的几种地区性神庙类型。财神庙、山神庙、水神庙与灶神庙类似，都是为特定神祇所建的庙宇。此外，还有为历史名人所建的祠庙。此类祠庙分为两种形式：一种是在名人故里，就其故宅或坟茔而建的祠庙，如四川眉山三苏祠、四川成都武侯祠、杭州岳庙等；另一种是各地普遍建造的一般性纪念祠庙，如各地的关帝庙即属此类。这些祠庙建筑的位置分布有两种情况，一种是位于城外风景秀丽之处，这些祠庙大多依墓而建，而墓葬区一般都位于城外；另一种是位于城中的街道交叉处或城门等重要的建筑附近，如北京城的九座城门的瓮城内，就曾各建有一座关帝庙，大抵是借助关老爷的神力增加城门安全性的一种设置。关帝庙在城市中设置的数量并无要求，因此在一座城市中存在众多关帝庙的现象，从北京城到各地方都十分普遍。

广州陈家祠堂神龛局部

伍 汾阴后土祠

山西汾阴后土祠

祠庙与祭坛的最大区别就是：祠庙主要为屋宇建筑形式，而非是只有露天的坛。宋代的祠庙多为建筑群的形式，并多有轴线与主次殿宇之分等。宋代祠庙的大门前方大多留有一较开敞宽大的空间作为建筑群的引导部分，以设置下马亭、棂星门等。尤其是棂星门被各祠庙普遍采用，并且当时的棂星门多为三座两柱一间的乌头门并列的形式，山西的汾阴后土祠即是其一。

汾阴后土祠是宋代一座比较具有代表性的祠庙，虽然它也和当时的许多祠庙一样，其实物现已无存，但有诸多文字记载，特别是有碑刻存留其形象，因而可作介绍。汾阴是山西万荣县的古称，据记载汾阴建后土祠早在西汉时已开始，郦道元《水经注》有记载：“（汾阴）城西北隅曰脽丘，上有后土祠。”宋代时，在汾阴的后土祭祀活动最为兴盛，皇帝曾多次对这座祠庙进行重

修、改建，还曾将其庙址迁移，其后更将其祭祀活动升为大祀礼，并在这里进行了不止一次的大祀活动，使之成为宋代一座重要的后土祠庙。

汾阴后土祠早已不存，但人们仍然能够得知它大体的形象与布局情况，这是因为现今所存的一座庙貌碑，碑上刻记了祠庙的图像，此碑全名为“蒲州荣河县创立承天效法厚德光大后土皇地祇庙像图石”碑。

这座庙貌碑刻于金代天会十五年（公元 1137 年），记载的是祠庙被宋帝升为大祀庙以后的情况。根据碑刻可知其布局为以中轴线贯穿的前后相连的八个院落形式，外围由前方后圆的墙垣环绕。前四进院落主要建筑为门，共有五道门，都建在中轴线之上。第一进院落前为第一道大门棂星门，棂星门前有一对石狮和一对上马台。棂星门后即为第一进院落，院落内左右各建一座小亭，西亭旁有一眼水井。

第一进院落之后居中建有庙区的第二道大门，名为太宁门。太宁门面阔五开间，单檐歇山顶，是一座殿堂式的门。门殿的正立面中央三开间为门，两侧开间为实墙体。太宁门的两侧各建有一座三开间悬山顶的小门，作为侧门使用。三门之间连以走廊，同时廊子还延伸至庙外围的墙垣。廊与东西墙垣的连接处，墙上各建有望楼一座，望楼下有高出墙垣的梯形立面的高台，台上建单层三间的亭式小殿。

太宁门之后为祠庙的第二进院落，院落正北轴线上建有承天门，是祠庙的第三道大门，面阔三开间，单檐歇山顶。在这进院落中，东西也建有两座建筑，但其体量比第一进院落的小亭大得多，它们分别是唐明皇碑楼和宋真宗碑楼。两座碑楼都是两层，但居于院西的唐明皇碑楼两层均为单层出檐，而居于院东的宋真宗碑楼却是两层都有双层出檐，体量上也比唐明皇碑楼更为高大壮观，并且两层楼体之间还突出一层平座，正是宋代楼阁建筑的重要特征之一。

第三进院落正北为延禧门，三开间悬山顶，左右各带一间夹屋，使之在造型、体量上都与前面三座大门不同，丰富了祠庙建筑的形式。第三进院落内左右也各建有一座两层的楼阁，两楼均为中带平座的形式。东面一楼为宋真宗景德三年（公元1006年）修的庙碑楼，而西面一楼匾额名称不可见。

第四进院落仍然是门殿院，院落内东面建有钟楼一座，西面建有一座单层的小亭。院北轴线上即是第五进院落的前门，名为坤柔门，是一座三开间的门殿建筑。门殿顶式采用庑殿顶，为古建筑中顶式的最高等级，由此也显示出其作为主体建筑门殿的地位。坤柔门后的第五进院落是祠庙的主体部分。院落正中坐落着主体大殿坤柔殿，它是一座九开间重檐庑殿顶的大殿，殿下有高大的基座，整体气势宏伟。大殿两侧有斜廊连着东西的两道廊子。

坤柔殿的后面是第六进院落，其内殿宇主要为三开间单檐歇山顶的寝殿，寝殿两侧也有斜廊与东西廊相连。寝殿前部正中则以一段短廊与坤柔殿相连，成为工字殿。这是宋代宫殿或庙宇中主体建筑的重要布局形式，是宋代此类建筑的特色之一。

一般的庙宇至主体大殿后即是全庙的结束，但汾阴后土祠在主体大殿后仍有几座延续性建筑，主要有配天殿和一亭组成的工字殿、棂星门、轩辕扫地坛与坛殿等，更强烈地表现了祠庙的宏伟气势。

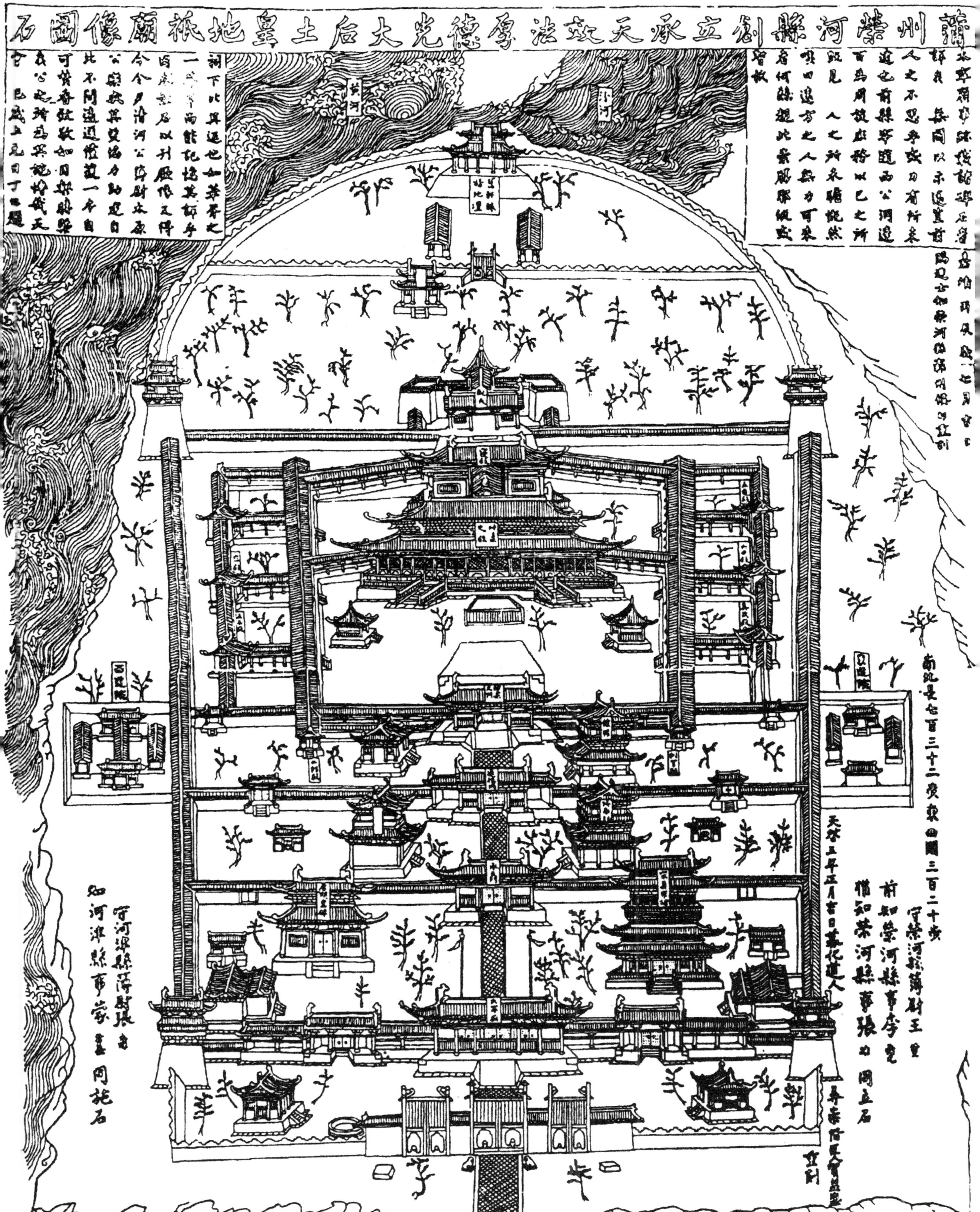

蒲州榮河縣創立承天效法厚德光大后土皇地祇廟像圖石
南北長七百三十二步東西闊三百二十步
守榮河縣簿尉王
前知榮河縣事李
權知榮河縣事張
同立石
守河津縣簿尉張
知河津縣事
同施石

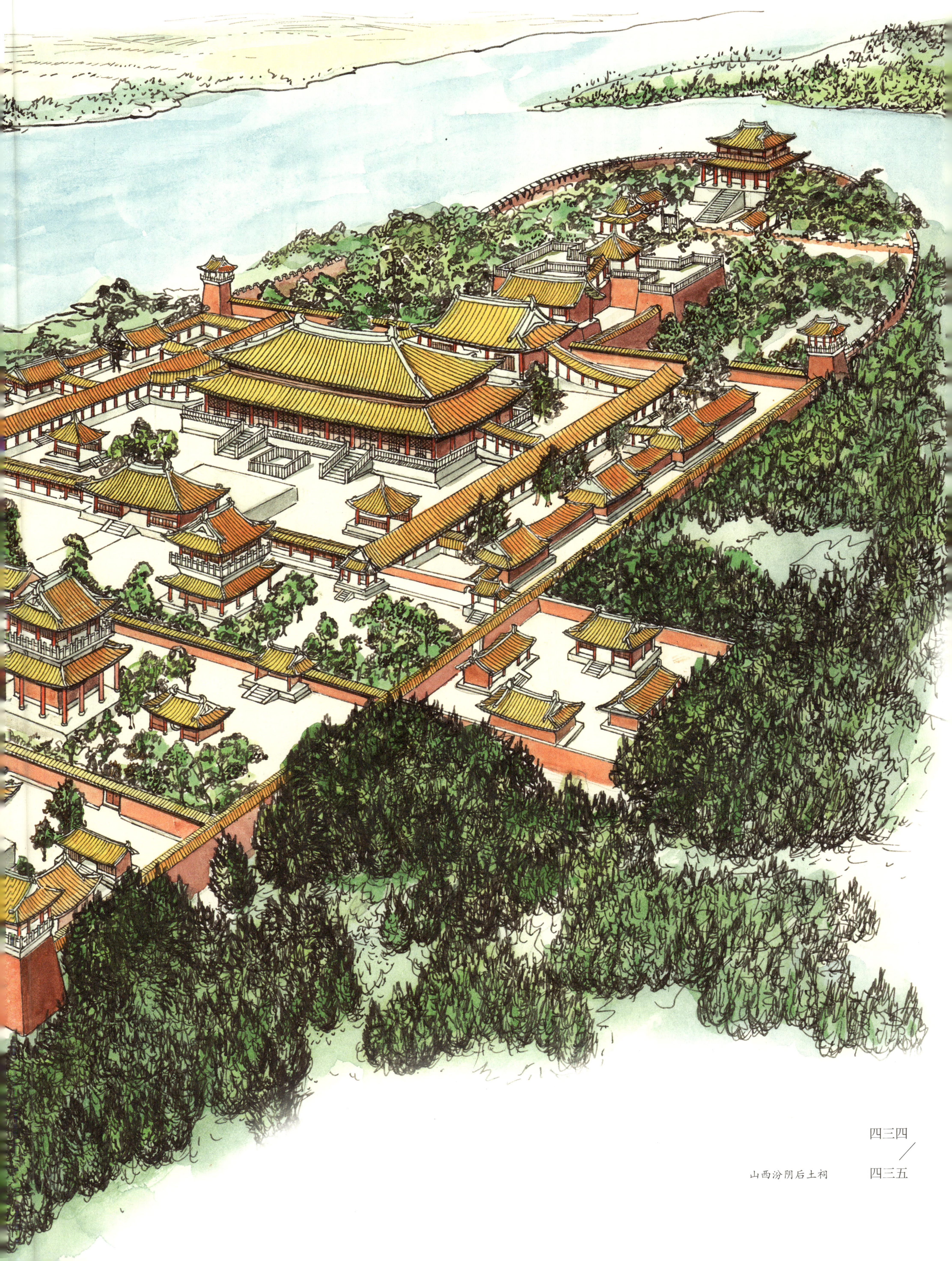

山西汾阴后土祠

伍

介休后土庙

介休后土庙，位于山西省介休市庙底街。后土庙是为祭拜后土夫人而设置的。对土地的崇拜在汉族文化区的民间以土地庙的形式出现，民间土地庙设置较为随意，多位于路口、树下或村子中的道路旁边，土地庙尊奉的有土地公一神，也有土地公、土地婆两神。整座庙宇坐北朝南，主要建筑有三清楼、后土庙、吕祖庙、关帝庙、土神殿等。

介休后土庙正立面图

伍 太原晋祠

民间村落、市镇或都城中所祭拜的神祇数量众多，与佛教、道教、儒家学派等都有着千丝万缕的联系。民间祠庙虽然在建筑规模方面受等级限制，但在设定地点上却相对灵活，设定数量一般较多，而且多与特殊的祭拜风俗方面相联系，变化较为多样。

晋祠是宋代祠庙的代表之一，但它并非创建于宋代，而是早在北魏之前，因北魏郦道元的《水经注》已有记载："昔智伯遏晋水以灌晋阳，其川上溯，后人踵其遗迹，蓄以为沼，沼西际山枕水，有唐叔虞祠"。晋祠初名唐叔虞祠，是后人为纪念周武王之子叔虞而建，叔虞在周成王继位后被封于唐地（也就是后来的晋）为诸侯。

宋太宗时灭北汉得晋阳城，在重建晋阳城时对晋祠进行大规模扩建，《修晋祠碑》记载："乃眷灵祠，旧制仍陋，宜命有司，俾新大之。……观夫正殿中启，长廊周布，连甍盖日……"根据这一记载可知，作为现存晋祠主体部分的圣母殿在宋太宗扩建晋祠时已创建，其后又因地震毁坏而重建，但仍然是宋代建筑。此外，这座大殿到宋真宗时才因祈雨有应，而加封号为"昭济圣母"，才有"圣母殿"之名。"圣母"即唐叔虞的母亲邑姜。

晋祠虽然早已创建，早期也有很多建筑，但现存最早的除唐碑外，便是宋代所建的圣母殿和鱼沼飞梁、金人台等，其余都是后代重建或添建。

圣母殿是一座面阔七开间的重檐歇山顶大殿，四周带回廊，也就是宋代所谓的副阶周匝。大殿梁架结构合理稳固而又具有技术性，其中最能表现宋代工匠对力学原理有着极好把握的是大殿采用了减柱法，殿内与前廊共减去了16根柱子，增加了殿内与前廊的空间，使殿内更适宜设置主供像与40多尊侍从塑像，前廊更空敞。圣母殿是晋祠内最壮丽、最古老的大型殿堂，也是我国现存规模最大的宋代殿堂建筑之一。

圣母殿前方形水池上的十字小桥被称为"鱼沼飞梁"，是一座造型精巧别致的桥类建筑，也是晋祠内与圣母殿一样闻名的宋辽时期的建筑。飞梁架设在池沼之上，为石木材料建筑，十字形的桥面下有34根八角石柱支撑，石柱顶端还设有斗拱、横枋。桥面为砖铺，桥面两侧则有汉白玉石栏杆挡护。俯瞰之下，这座飞梁有如展翅的飞鸟，造型极为优美别致。

金人台也是晋祠内一座重要的宋代建筑，位于对樾坊和会仙桥之间，是晋祠主体圣母殿建筑群轴线建筑之一。据《晋祠志》记载，金人台原名莲花台，始建于北宋绍圣年间（公元1094—1098年）。

晋祠金人台是一座青砖砌筑的方形台，台上四边缘同样用砖砌有矮栏。这座砖台之所以被称为金人台，是因为台上四角各立有一尊金人塑像。虽然称为"金人"，但并不是用金子打造而成，而是铁制，因为铁是五金之一，而金是五金之首，所以人们将晋祠四铁人称为"金人"，台则因金人而名"金人台"。

金人台上的四尊金人最初都塑铸于宋代，但其后因自然和人为

的破坏而有缺损，所以后世有所补铸。现存四尊金人中只有一尊是完全的宋代原物，也就是立于西南角的一尊。另外三尊或是缺头，或是完全已无存，其中两尊缺头者，其头为明代添铸，而东北角的一尊则完全是民国时期重铸而成。

太原晋祠圣母殿鱼沼飞梁

中国

古塔建筑

佛塔不是中国固有的建筑形式，是随着佛教的传入而出现的一种新的建筑类型。源于印度的窣堵坡(Stūpa)，翻译成中文最常见的是『浮屠』。佛陀涅槃后弟子们将其火化，得到许多五光十色的舍利子。以后，凡是德高望重的僧人圆寂后的骨齿遗骸，也称为舍利。由此可见，舍利是一种至高无上的神圣之物，特别是早期释迦牟尼的舍利，更是佛教徒顶礼膜拜的对象。为了表达对佛的虔诚信仰，信徒们争相供奉，于是保存舍利的建筑物『塔』就应运而生。

早期的印度佛塔是一个半圆形的大土冢，完全是坟墓的形式。这种半圆形的塔随佛教传入中国后，与中国原有的楼阁相结合而产生了中国式的佛塔。它的形象是下面为中国木结构的多层楼阁，在楼阁顶上安放一座『塔波』作为阁楼之顶，所以称为楼阁式佛塔。木结构的楼阁式塔因为很高，极易受到雷击而引起火灾而被烧毁，所以逐渐用砖代替木料建造高塔。这种砖造楼阁式塔在实践中又发展出一种密檐式塔，它的特点是把塔的底层以上的各层楼压低，形成多层屋檐相叠，将塔分为塔身、密檐、塔刹（即塔顶）三部分，其中密檐部分所占比例最多，故称密檐式塔。之后，又从印度等地传入佛教的藏传佛塔、金刚宝座塔等几种形式。

中国佛塔从建筑材料上可分为木塔、砖石塔、金属塔、琉璃塔等。

第六章
DI-LIU ZHANG

北京妙应寺白塔

藏传佛塔

佛教自传入西藏之日起，就开始受到不同建筑与文化的影响。在这个影响的过程中，不同因素在不同时期的表现显著程度有所不同。早期主要是在藏文化基础上受印度建筑文化的影响，元代时则开始受到中原文化的影响。当然，在受到中原文化影响的同时，藏地佛教建筑也反过来影响了中原同类建筑。

元代时，中原地区也兴建了很多藏传佛教建筑，其中比较著名、现存又较完好的要数北京妙应寺白塔。妙应寺白塔原名大圣寿万安寺释迦舍利灵通之塔，建于元至元八年（公元1271年），是由尼泊尔的匠师阿尼哥设计。

妙应寺白塔位于现在的北京西城区阜成门内大街路北，是典型的藏传佛教灵塔。因塔身外表涂满白垩，所以得名白塔。塔的最底部是一层平面略呈“T”形的台基，“T”形台基之上建有两层平面为“亞”（“亚”的繁体字）字形的须弥座作为白塔的底座。须弥座之上以一层硕大的莲瓣承托着上面覆钵式的塔身，巨大方正的基座为稳固屹立的白塔奠定了长存基础。

妙应寺白塔是我国现存年代最早、体量最大的覆钵式藏传

妙应寺白塔立面图

佛塔，总体高近51米，全塔主要由塔座、塔身、相轮、华盖、塔刹等几个部分组成，其中，塔身全由砖砌筑，华盖流苏为铜质，而塔刹则为镏金材料。华盖与流苏上面铸镂有佛字与梵文，是塔上最富有装饰性的部位。白塔各构成部分比例匀称，塔身又不加雕饰，与洁白的色调相映衬，朴素中透出洁净高雅之风，而气势上不失雄伟磅礴，堪称同类建筑中的杰作。

在白塔建成之后，元世祖忽必烈又命人以塔为中心建造了一座寺院，寺院名为大圣寿万安寺，但其后因白塔的闻名，人们便俗称之为“白塔寺”。这座寺院中的殿堂等建筑在建成不到100年时即毁于雷火，但砖砌的白塔却没有受到太大的毁坏。明代万历时对其进行了修缮。而寺庙则于明代天顺年间由民众集资重修，但其规模无法与元代初建时相比。因寺院重修后改名“妙应寺”，白塔便也被称为“妙应寺白塔”了。

妙应寺白塔不但是汉藏佛教文化相互交流的重要成果，也是中国和尼泊尔两国文化交流和友好往来的历史见证，它同时融合了中国的中原、西藏和尼泊尔的建筑风格。

北京碧云寺金刚宝座塔

金刚宝座塔是佛教密宗的一种佛塔建筑形式，起源于印度。金刚宝座塔建筑样式是塔的下部为一方形巨大高台，台上建五个正方形密檐小塔（代表密宗五方五佛）。这种塔在中国从明代以后陆续有修造，但是数量很少。

北京香山碧云寺塔院位于寺院最后，院内南部有雕工精致的汉白玉石牌坊，牌坊两侧各有八字形石雕照壁，照壁正面刻八个历史人物浮雕，并有题名。左有蔺相如为节，李密为孝，诸葛孔明为忠，陶渊明为廉；右有狄仁杰为孝，文天祥为忠，赵壁为廉，谢玄为节。照壁小额枋刻有八个大字，左为“精诚贯日”，右为“节义凌霄”。石牌坊后有两个八角形碑亭，南北相对，亭内放乾隆御制金刚宝座塔碑，左亭内为满、蒙文，右亭内为汉、藏文。

金刚宝座塔位于全寺最高点，建于乾隆十三年（公元1748年）。塔仿北京五塔寺形状建造。高34.7米，分塔基、宝座、塔身三层。塔基呈方形，砖石结构，外以虎皮石包砌，台基两侧有石雕护栏。塔身全部由琢磨过的汉白玉石砌成，四边还雕刻有藏传佛教的传统佛像。塔基正中开券洞，券墙上有一汉白玉石匾额，上书金字“孙中山先生衣冠冢”。

碧云寺金刚宝座塔在我国同类的十余座塔中年代较早，样式最秀美，堪称明代建筑和石雕艺术的代表之作，也是中外文化结合的典范。

北京碧云寺金刚宝座塔

北京香山碧云寺金刚宝座塔立面图

襄阳广德寺金刚宝座塔

襄阳广德寺金刚宝座塔鸟瞰图

登封嵩岳寺塔

南北朝时期建筑类型的发展最为突出的是佛教建筑。这除了延续十六国佛教建筑发展的势头之外，更重要的是南北朝继续分裂的政治局面让世人更向往佛教所说的西方极乐，因而对佛教的崇拜越来越甚，加之统治者对佛教的崇拜，以及统治者希望通过佛教统治人民的思想，佛教建筑得到了大力的发展，各地纷纷大量营建佛教建筑。

嵩岳寺在北魏时名为嵩高闲居寺，隋代时改为今名。嵩岳寺现今也早已不存，但寺内的塔却至今仍存，是现存唯一一座南北朝时期的建筑实物，堪称奇迹。现存的嵩岳寺塔为15层的密檐式砖塔，平面十二边形。

嵩岳寺塔不但因为存留年代久远而令人称奇，其造型就是在南北朝当时也是比较特殊的，北朝当时流行方塔，也就是平面四边形的塔，而十二边形的塔别说在当时，就是在其后的很长一段时间内都极少出现，堪称是奇中之奇。

虽然类似嵩岳寺塔这样的佛塔在南北朝时并不多见，但由此一实例已能充分说明当时造塔技术的高超水平，对后来的中国佛塔建筑产生了重要的影响，促使中国佛塔造型向更为丰富的方向发展。

北京西八里庄慈寿寺永安万寿塔

北京通州燃灯佛舍利塔

河南登封嵩岳寺塔透视图

陆

西安慈恩寺大雁塔

西安慈恩寺大雁塔

慈恩寺创建于唐代贞观二十二年（公元 648 年），是当时身为太子的李治为其母长孙皇后所造。寺庙规模宏大，气势雄伟，建筑辉煌华丽。寺内的山门、大雄宝殿、法堂等建筑和钟鼓楼、配殿等都是先期建造。后来又于永徽三年（公元 652 年）在寺庙的后部建造了一座塔，这就是著名的大雁塔。

据说，这座大雁塔是由唐代著名高僧玄奘创建，用来贮藏他从印度取回的佛经。大雁塔在初建时是塔因寺得名，所以也称为“慈恩寺塔”。而随着时间的流逝，慈恩寺渐渐毁损，大雁塔却一直安然留存，因此，如今则是寺以塔而闻名了。大雁塔初建时是一座五层高的土塔，长安元年（公元 701 年）时重新改建为十层的砖塔，后来毁掉三层而剩七层。唐以后有多个朝代对其进行修护，但基本保持唐代所建时的风格，成为珍贵的唐代佛教建筑遗存。

大雁塔平面为方形，这是唐代时佛塔平面最常见的形式。而从大雁塔的立面看则是上窄小、下宽大的锥形，造型稳固、踏实。塔体为砖材料砌筑，但细部构件如斗拱等则是砖仿木结构，这是砖塔发展过程中的一种过渡形式，也是一种典型形式。

西安慈恩寺大雁塔

应县木塔剖面图

宋、辽、金佛教建筑留存中有一件堪称震古烁今的遗物，这就是位于山西应县的佛宫寺释迦塔，俗称应县木塔。它始建于辽代清宁二年（公元1056年），是一座全木结构的楼阁式佛塔。塔的外观为五层六檐八角攒尖顶形式，每层檐之间有斗拱承托的一圈平座，实际上塔内部有九层，外观所见的四圈平座层即是塔的四个暗层。

应县木塔是佛宫寺内的建筑之一，佛宫寺内现今所存建筑只有木塔一座为辽代原物，其余都是明清重建。这样一座体量高大而且又是木结构的塔，能留存至今仍然屹立不倒主要得益于它科学合理的结构。木塔内由内外两圈柱子组成双层塔壁，柱子与斗拱、梁之间以榫卯咬合。同时，塔身上的四个暗层也是其坚固结构之所在，暗层的外观是斗拱承托的一圈回廊，斗拱具有承托作用也有装饰作用，而回廊则是为登楼赏景而设。暗层的内部则不像外观看起来那样简单明了，而是一圈非常复杂的铺作层，层层的构件组成了一个坚固如铁箍般的框架式结构，增强了木塔的抗震性和抵抗力。当然，其牢固的基础也是它立世近千年而不倒的重要原因之一。

在这座坚固的木塔中，斗拱在结构中起到了非常重要的作用。应县木塔所用斗拱多达50多种，而且其形态各异，细分功能有别，有用在内檐的，有用在外檐的，有用在平座下方的，有用在塔檐下方的，形象美观，功能性极强，被学者称为中国古老而完美的斗拱博物馆。

应县木塔的结构令人称叹，而它的外观造型也非常自然优美，塔身高大而上下宽窄差别较小，底层使用重檐、实墙体外设回廊形式，顶层以渐窄的塔刹将人的视线逐渐凝于一点，因而整座木塔粗壮而不失挺立俏拔之感，巍然矗立之间给人宁静淡泊之态，巨大的斗拱和长长的出檐在稳重的塔体上也便倍显轻灵。

应县木塔内部上下共供有五层佛像，或是以释迦牟尼为主尊，或是以四方佛为主尊，各层造像形式、内容均不相同。在佛像之外，还有众多佛教题材的壁画。因而，木塔又是一座佛教艺术的宝库。而木塔外檐各层所悬挂的内容各不相同的几十方匾额，则是匾额与书法艺术的集中呈现。

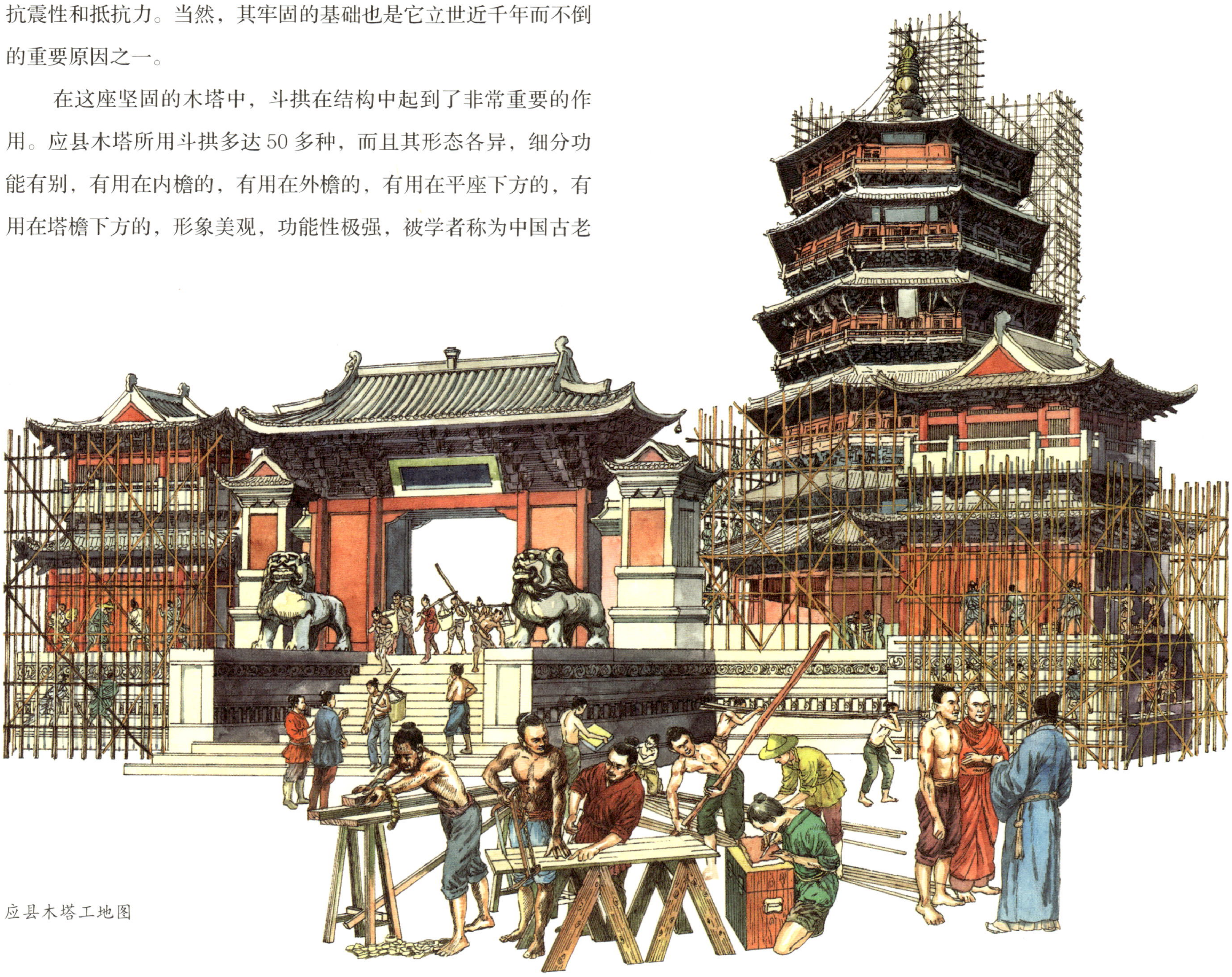

应县木塔工地图

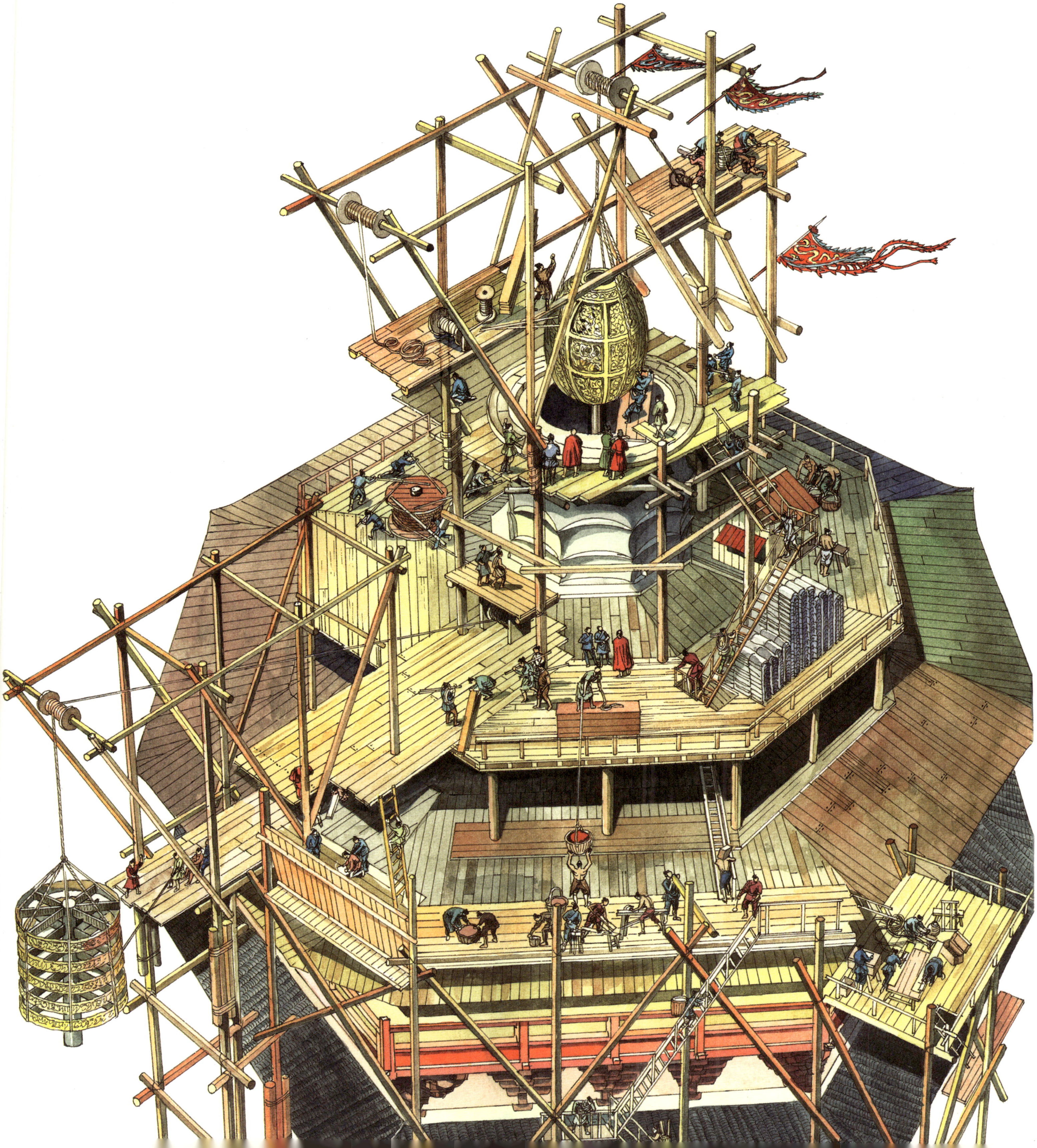

应县木塔工地图

明惠大师塔

山西平顺县明惠大师塔

明惠大师塔位于山西省平顺县城东 26 公里太行山深处的虹霓村。寺院早废，仅存孤塔一座，塔建在红褐色的紫峰山下，显得极为庄重古朴。

明惠大师塔创建于唐乾符四年（公元 877 年），距今已有 1000 多年的历史。明惠大师塔为单层亭阁式方形石塔。塔高 6 米余，分塔基、塔身、塔檐、塔刹四部分，整体比例匀称，轮廓秀美。

塔的造型为单层单檐方形亭式塔，塔基平面为方形仿木构建筑框架凿造，高 1.5 米，塔座为束腰须弥式，壸门内有高浮雕的石狮，塔身中空，高 1.8 米，正南面开门，门两侧各浮雕有金刚一尊，门上起半圆形券，浮雕伎乐天三躯。塔室内设方形小屋，四壁素面无雕饰。中央刻置一仰莲状覆盆式基座，是放置死者遗像或遗骨的基托。

塔身背面镶嵌有五代后唐长兴三年（公元 932 年）的铭记，记载了石塔雕造的年代和缘起。塔身四角柱上线刻有卷草、宝相花和化生童子，线条精美流畅。塔刹由束腰、山花蕉叶、覆钵和宝珠四部分组成，古雅优美。在已知的唐代石塔中，塔刹精致而保存完好者，此为最佳。它从侧面反映了我国佛教发展的黄金时代——唐代时的佛教石雕艺术已达到了高峰。

明惠大师塔整体由青石雕造，仿照木构建筑，古朴精巧，比例适度，雕饰华美，是研究我国唐代建筑技术和雕刻艺术极为珍贵的实物遗存。

曼飞龙塔

云南曼飞龙塔示意图

曼飞龙塔位于云南省景洪市勐龙镇曼飞龙寨的后山，由主塔和八座小塔组合而成，宛如一丛春笋破土而出，故傣语称为“塔糯”（笋塔），是一座金刚宝座式的群塔。因为它通体洁白，又称“白塔”。据傣文经书记载，此塔建于傣历565年（公元1204年）。相传，负责建塔的技师和工匠是三个印度教和尚。

结构主塔和八个小塔同建在一个塔基上，塔基呈八角形须弥座，人称这种塔式为金刚宝座塔。但它与中原及云南所有金刚宝座式塔不同。一般金刚宝座塔为供奉大乘佛教金刚界五部佛而通用五塔成组的形式，而傣族信仰南传上座部佛教，这是一种世俗化的宗教，形式自由得多，因此曼飞龙塔是九塔成组。主塔高16.29米，形如葫芦，上有尖顶，塔身洁白，雕饰精美的塑饰和彩画。佛龛背上有各种动物、花草、卷云纹装饰。塔刹由宝瓶、银铃、风铃等组成。主塔四周环抱着八座小塔，分布八角，小塔高9.1米，造型与主塔相似。

塔群建在山顶，塔基呈多瓣形莲花状，周长42.6米。塔群造型富有韵律，很好地体现了傣族的建筑风格和宗教信仰。

第七章

DI-QI ZHANG

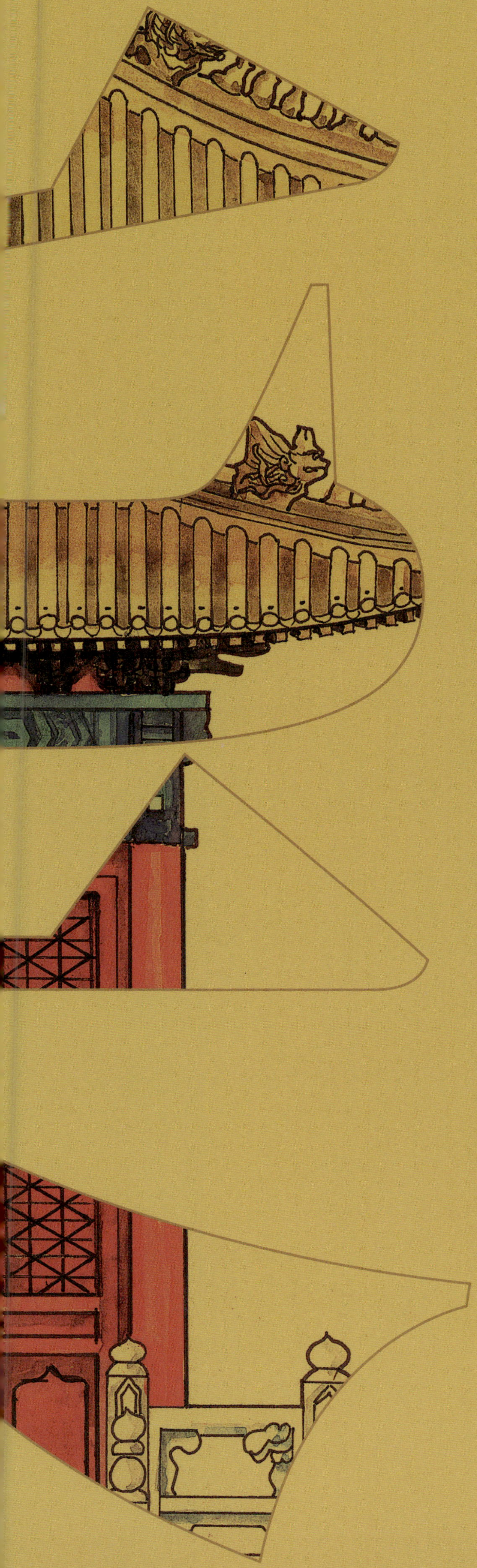

中国古代寺庙道观

佛寺主要是为僧人和崇佛者举行佛教活动而建。从东汉时佛教传入中国后建立了第一座佛寺白马寺，到南北朝时期佛教建筑大盛，佛寺形态经过了一定的发展与演变。

南北朝的中期是中国佛寺形态演变的分界线。其前是佛教传入中国的初期，佛教还处在逐渐被大众接受的阶段，并在接受的过程中营建相关的佛寺等建筑，佛寺在这一阶段的发展主要体现在佛寺功能的扩充和完善上。南北朝中期以后，佛教在中国逐渐形成了自己的体系，并最终形成了以中国传统建筑布局形式为主又兼有外来佛寺建造特色的特有的佛寺形式。

佛寺形态的演变，不论是从总体布局上看，还是从单体建筑上看，都是在中国传统建筑与文化基础上对外来文化的逐渐吸收与改造。因此，真正的中国佛寺主要反映的是中国的建筑与文化，又带有一定的外来建筑特色与文化。当然，只就中国佛寺来说，又因它们处在不同的地区，受到不同地域建筑与文化的影响，而带有不同的地方特色。

总的来说，中国的寺庙道观大多是由院落围合多座殿堂组成的建筑群。

拉萨布达拉宫

清代时的帝王是居于北方的满族人，因而对于在北方少数民族地区盛行的藏传佛教自然给予了更多的提倡。更重要的是，清帝王入关统治全国之后，相对于汉族帝王的统治要难一些，因为他们不被看作中华正统。所以，他们需要通过宗教来进行精神统治，尤其是要笼络北方的少数民族，使他们安心臣服。因此，清王朝提倡宗教信仰，大力支持藏传佛教。清代大力支持藏传佛教的政策，极大地影响了清王朝和蒙、藏等地区的政治，甚至是经济和文化的发展。

清代自太祖努尔哈赤时已开始重视藏传佛教，入关后各帝王也都极重视藏传佛教的发展。清代入关后的第一位帝王顺治，即支持了藏族五世达赖对布达拉宫的重建。清代藏传佛教建筑主要分布在藏地和汉地两处，而藏地最具代表性的清代藏传佛教寺庙就是布达拉宫。清代藏地藏传佛教寺院无论从数量上还是质量上看，都创了历史最高水平，布达拉宫则是其中质量最佳者，也是规模气势最为宏伟者，举世闻名。

布达拉宫是格鲁派的首府，也是达赖的宫室。相传布达拉宫初建于唐代，也就是吐蕃松赞干布迎娶文成公主的公元7世纪时，后来被毁坏。清代顺治二年（公元1645年）开始，用了50年的时间将布达拉宫重建，建成之后即成为达赖礼佛、理政和居住的地方。因此，它是一处具有宫殿和寺庙双重性质的建筑群，将政府和佛寺极好地合而为一。

布达拉宫占地面积达40多公顷，建造在西藏拉萨的红山之上，其主体部分为建在山巅的宫堡群。而山前有一座方城式建筑群，是僧俗官员等的住所，山后则是龙王潭花园。方城与龙王潭都是布达拉宫的附属部分，不能真正体现作为藏传佛教大型寺庙的特色，山顶绝世独立的宫堡群则突显了藏传佛教大型寺庙的建筑特色。

宫堡群从外观上看主要有红、白两部分：红色墙体部分被称为“红宫”，白色墙体部分则为“白宫”。红宫居中，是主体中的主体。不论是红宫还是白宫，墙体上都开设有数层的梯形窗，位于上部的都是真窗，而下面的几层则为盲窗，也就是假窗。

窗形为梯形，整座宫堡群和其中的每一部分细看起来也都是上小下大的梯形，并且顶部为相对轻盈的屋顶，而下面是厚重结实的实墙体，整座宫堡群的稳固性得到了很好的保障。宫堡群内部有宫殿、佛殿、经堂、僧舍、灵塔等众多建筑，功能各不相同，正因为这里汇聚了不同功能的建筑，才共同构成了一座功能完善的非凡的寺庙与宫室合一的建筑群。

红宫总高九层，由主楼、楼前庭院和围廊等组成。红宫内的建筑主要包括西有寂圆满大殿和十几座佛殿，即世袭殿、持明殿、菩提道次第殿、响铜殿、时轮殿、释迦能仁殿、无量寿佛殿、长寿乐集殿、殊胜三界殿、弥勒佛殿、圣观音殿、上师殿等，以及五座达赖灵塔殿，即五世达赖灵塔殿、七世达赖灵塔殿、八世达赖灵塔殿、九世达赖灵塔殿、十三世达赖灵塔殿。

在众多殿堂中，以西有寂圆满大殿最大，面积达725平方米。

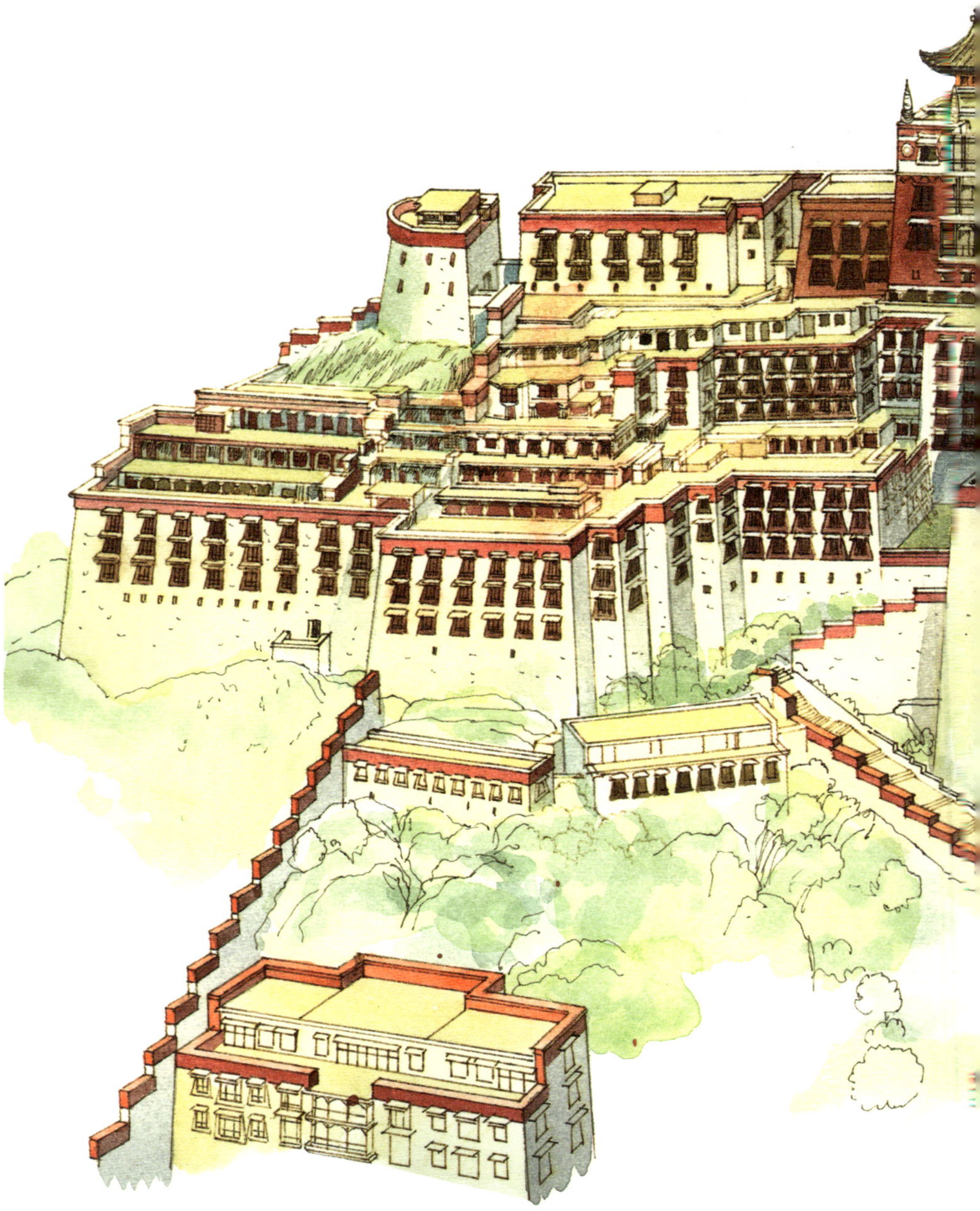

它是五世达赖灵塔殿的享堂，更是举行历代达赖坐床仪式和重要庆典的地方。殿内设有达赖宝座，四壁满绘壁画，近400平方米，主要内容有五世达赖像、释迦牟尼像、宗喀巴像、无量寿佛像、松赞干布像、顺治皇帝接见五世达赖图以及佛传故事等。壁画色彩艳丽，表现内容形象生动，富有藏传佛教装饰特色。

白宫主要分布在红宫的两侧，西白宫主要为僧舍，而东白宫则是达赖的冬宫，高七层。东白宫最大的殿堂是位于第四层的东有寂圆满大殿，它的作用与西有寂圆满大殿相同。东白宫的顶层有东、西日光殿，是达赖冬季时的起居宫，所以称为“冬宫”。

依山叠砌、楼宇重重的布达拉宫，不但是藏式建筑的重要典范，而且还是珍贵的文物与典籍的宝库。宫堡内除了几千平方米的壁画之外，还有千座佛塔、万尊佛像和万幅唐卡，以及大量的金银玉器和经文典籍等。

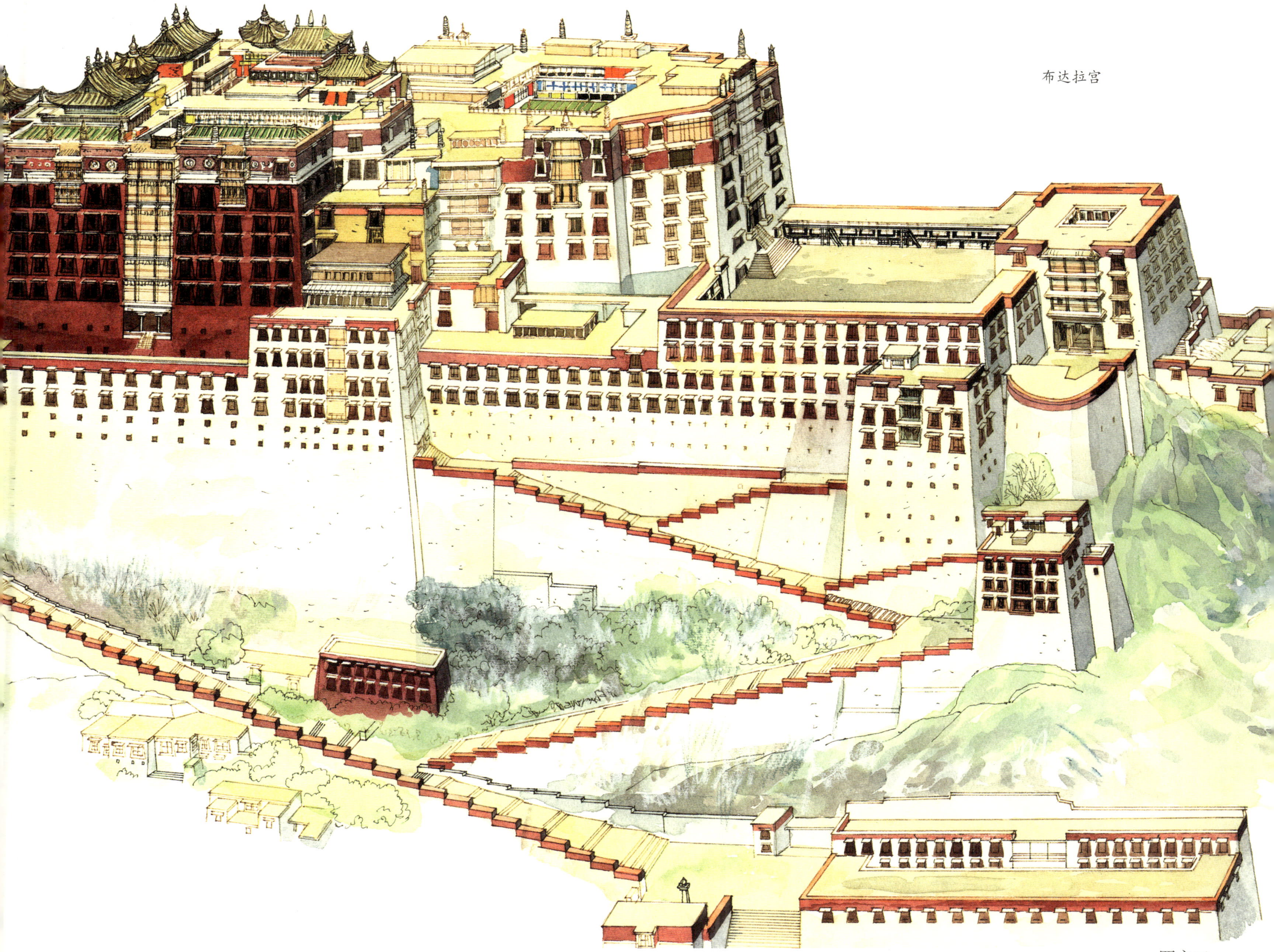

布达拉宫

达尔罕茂明安联合旗百灵庙

百灵庙，又称广福寺，位于内蒙古自治区包头市达尔罕茂明安联合旗百灵庙镇。百灵庙建于康熙四十一年（公元1702年），为喀尔喀右翼旗（通称“达尔罕旗”）贝勒所建，俗称“贝勒庙”，是藏族风格浓郁的藏传佛教寺庙。百灵庙系达尔罕贝勒庙的转音，亦称乌力吉套海（吉祥湾）召庙群。

整座庙宇由5座大殿、9座佛塔和36处藏式结构的院落组成，总占地面积8000多平方米。各处殿塔雕梁画栋、廊柱林立，墙壁上彩绘着佛经里的人物故事，造型生动，构图饱满。清代康熙皇帝御赐“广福寺”牌匾悬挂于大佛殿正门上方。

苏古沁大殿（大雄宝殿）是该寺最大的殿，它是三座连串

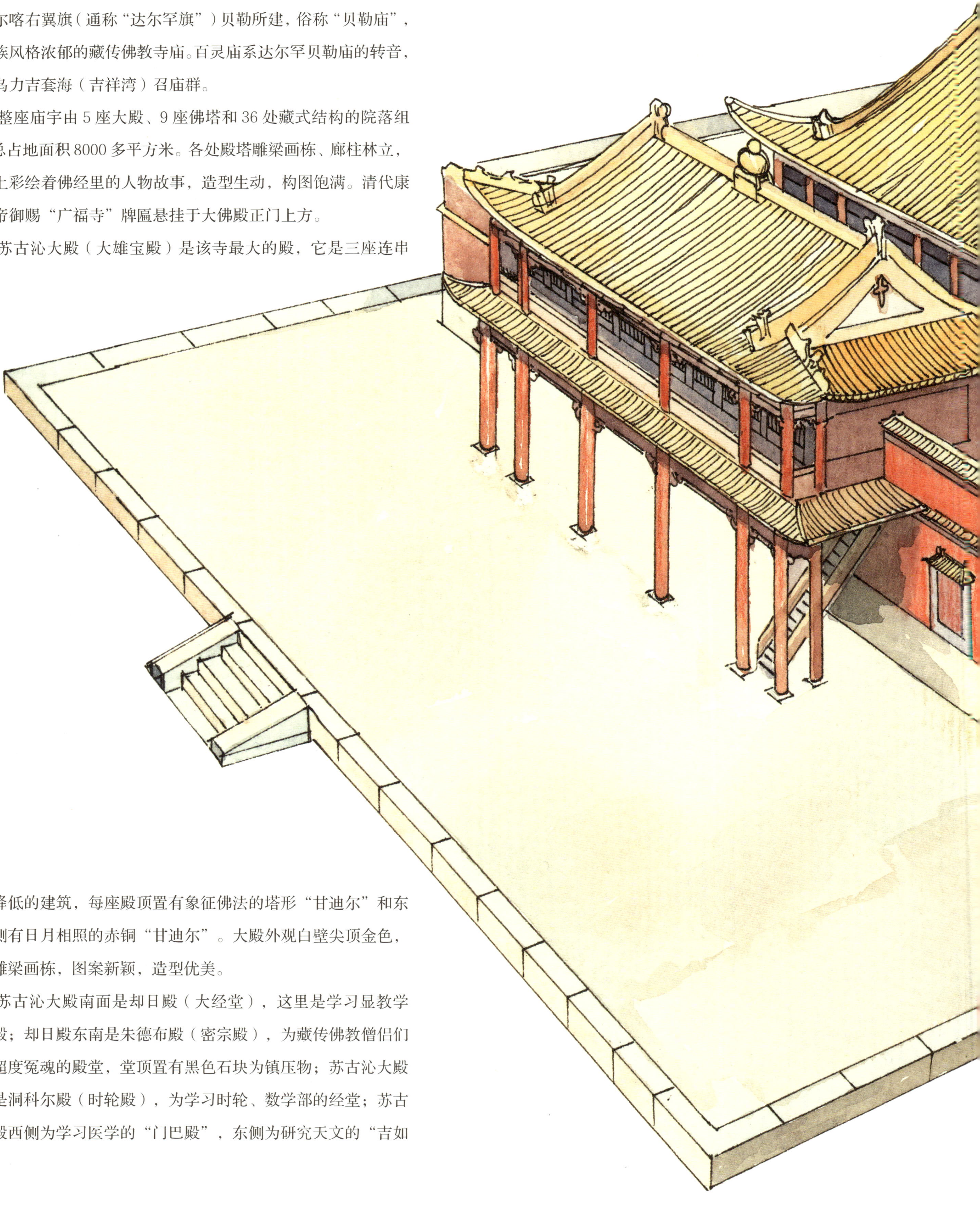

逐级降低的建筑，每座殿顶置有象征佛法的塔形“甘迪尔”和东西两侧有日月相照的赤铜“甘迪尔”。大殿外观白壁尖顶金色，内部雕梁画栋，图案新颖，造型优美。

苏古沁大殿南面是却日殿（大经堂），这里是学习显教学的经殿；却日殿东南是朱德布殿（密宗殿），为藏传佛教僧侣们诵经超度冤魂的殿堂，堂顶置有黑色石块为镇压物；苏古沁大殿东邻是洞科尔殿（时轮殿），为学习时轮、数学部的经堂；苏古沁大殿西侧为学习医学的“门巴殿”，东侧为研究天文的“吉如

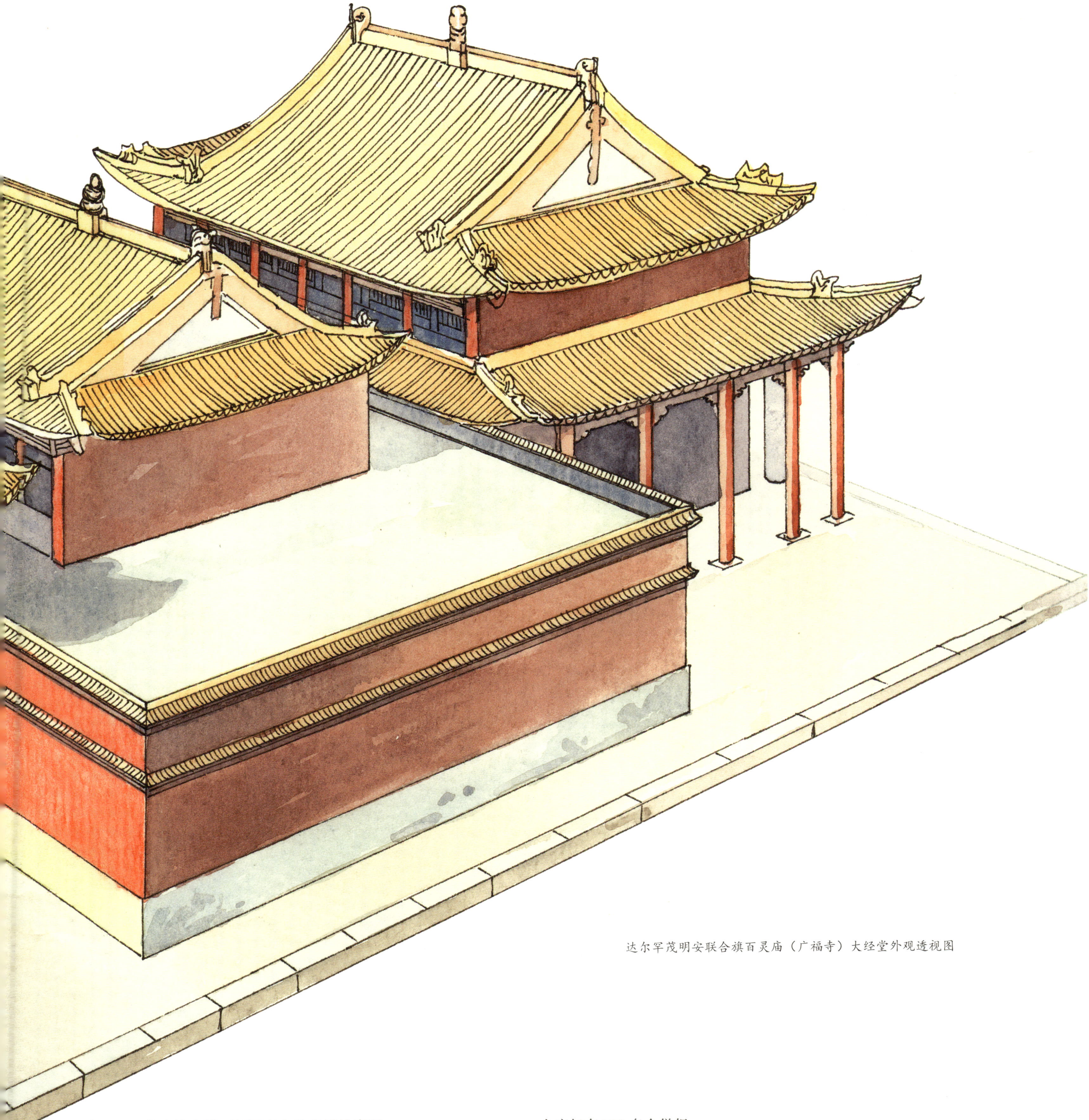

达尔罕茂明安联合旗百灵庙（广福寺）大经堂外观透视图

海殿”；苏古沁大殿西侧还有九世班禅的府邸。

初建时庙内人数很少，到了清代道光三十年（公元1850年）时，百灵庙的僧侣人数达到最高峰，共1500多人。据蒙古著名佛教史家达摩陀罗写的《白莲花念珠》记载，到公元19世纪末时，全庙仍有700多个僧侣。

在百灵庙建筑群中，有两座对峙并立的覆钵式双塔，双塔后面还有10余座小白塔，存放着经卷和僧侣的舍利。

喀什艾提尕尔清真寺

伊斯兰教寺庙称为清真寺，是伊斯兰教徒聚居处必不可少的建筑，主要作为教徒日常祈祷之处。清真寺内的主要建筑有礼拜殿、邦克楼、教长室、望月台、客房、办公房、宿舍、大门等。按教规规定：其主体建筑礼拜殿应该面东背西而建，以便教徒礼拜时能够面向圣城麦加。

清真寺建筑具有伊斯兰教建筑独有的特色，但是随着分布地域与发展时代的不同，清真寺在具体的建筑和细部装饰等方面也会有所差异。比如：在世界其他地区，伊斯兰教建筑装饰以平面为主，而极少使用高浮雕等较立体的手法表现，装饰图案也多为几何纹、文字纹和植物纹；而在我国的清代，伊斯兰教建筑的装饰，虽然其装饰性极强，也具有浓郁的生活气息，但它同时又结合了我国传统的艺术手法，使用了我国传统的浮雕、雕塑、彩画等的装饰艺术形式，创造和形成了具有中国特色的伊斯兰教装饰。此外，清代时清真寺中的礼拜殿的面积都变得比较庞大，同时，邦克楼的形式也更加多样化。

在我国现存的清代清真寺中，安徽寿县清真寺、四川成都鼓楼街清真寺、山东济宁的东西大寺、天津小伙巷清真寺、河北宣化清真北寺、宁夏韦州清真大寺、青海洪水泉清真寺、新疆喀什艾提尕尔清真寺等，都是比较著名的寺庙实例。而在这些清代的清真寺中，又可以按建筑形制分为两大类：一类是具有汉族传统的木构架回族建筑，一类是土木平顶的维吾尔族建筑。

艾提尕尔清真寺是新疆最大的清真寺，也是维吾尔族建筑艺术中的杰作，位于喀什市中心的广场，始建于明代1442年，建成之后又经过不断的扩建，最终形成今天的规模。寺庙坐西朝东，平面呈不规则的方形，建筑布局没有明显的中轴对称关系。寺内建筑主要有大门、邦克楼、拱伯孜、水池、礼拜殿、宿舍等。

艾提尕尔清真寺的大门具有浓郁的伊斯兰教建筑风情。它位于寺庙东部偏南位置，是一座立面方正的平顶带拱券门式建筑，但实际上门洞的形状还是方形的，尖券只是门洞上方的一个装饰或者说是一种特征呈现。大门两侧由相同材料砌成的矮墙体各连着一座塔楼式建筑，这就是邦克楼，楼高约10米。邦克楼是极具伊斯兰教特点的建筑，尤其是塔身上的异形砖拼砌的各色图案和塔上月牙形的塔刹顶。

大门内是一座圆拱顶的白色建筑，称为拱伯孜。它是伊斯兰教建筑群中常见的配属建筑，造型圆润优美，顶部也立有新月形装饰。艾提尕尔清真寺大门内拱伯孜的下面有一个过庭，可以通行。

寺庙中部是个开敞的大庭院，院内有两个大水池，供教徒们净手所用。大门即位于大庭院东南，而寺庙的南、北两面建有宿舍，西面则是寺庙主体建筑礼拜殿的所在。礼拜殿是专门供信徒做礼拜和听宣教的场所，平日内部比较空敞，不像佛教寺庙殿堂内一般供奉佛像。艾提尕尔清真寺礼拜殿是一座横长形的建筑，共有38间，全长140米，进深15米。大殿分为内外两部分以适

合不同季节使用，内殿10间由砖墙围护可以防风防寒，供冬季礼拜所用，而外殿为敞口厅的形式，密肋平顶构架，可以在其他季节使用。内外两殿可同时容纳六七千人做礼拜。

艾提尕尔清真寺不但具有伊斯兰教和新疆建筑特色，同样还受到了西藏等地建筑艺术的影响。显然，宗教建筑与宗教本身一样，其发展是一个不断交流与融合的过程。

新疆喀什艾提尕尔清真寺

太原崇善寺

崇善寺，位于太原市东南隅，初建于唐，名白马寺，后改称延寿寺、宗善寺，后来又叫新寺，明代时才更名崇善寺。寺内建筑于清代同治年间大部被毁，只有大悲殿仍完好无损。不过，崇善寺总体布局与建筑的情况可由明代成化年间所绘的该寺总图中形象地见到。

寺庙占地约 13 万平方米，建筑以轴线为中心呈左右对称布置，主体殿堂居于庙宇中轴线上中部略偏北位置。正殿面阔九开间，重檐歇山顶，体量宏伟。殿体四周围以回廊，廊内绘有明代常见的佛教经变图。正殿后以纵向穿廊连接着毗卢殿，两者形成工字形布局。两者相连使原本就体量高大的正殿较之其他个体建

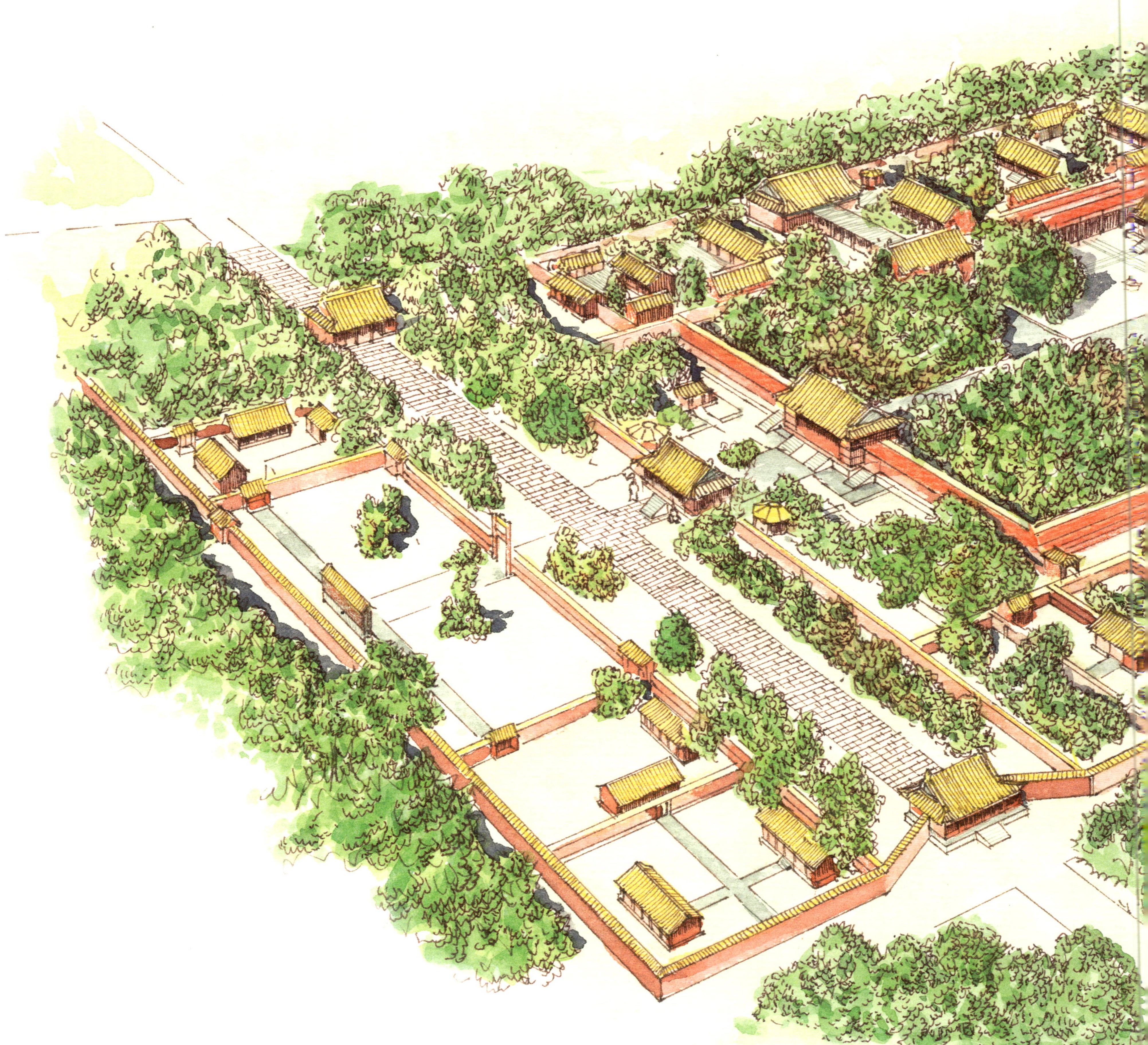

筑更显雄伟壮观。

工字殿后即是大悲殿，面阔七开间，重檐歇山顶，在体量与气势上仅次于正殿。殿内供有三尊明代菩萨像，主像为十一面千手观音，左右为文殊和普贤，像体高大，制作精致，是明代佛教造像中的杰作。大悲殿的木构架严整反映出明代官式建筑的严谨风格，而疏朗的斗拱则呈现出明代建筑的简约气质。

崇善寺的布局，尤其是主殿的布局，在明代寺庙中极为少见，但却和当时的宫殿有很多相似之处，都显示出其庙宇布局的非凡气势，也突显了庙宇建筑布局的严谨、庄重。

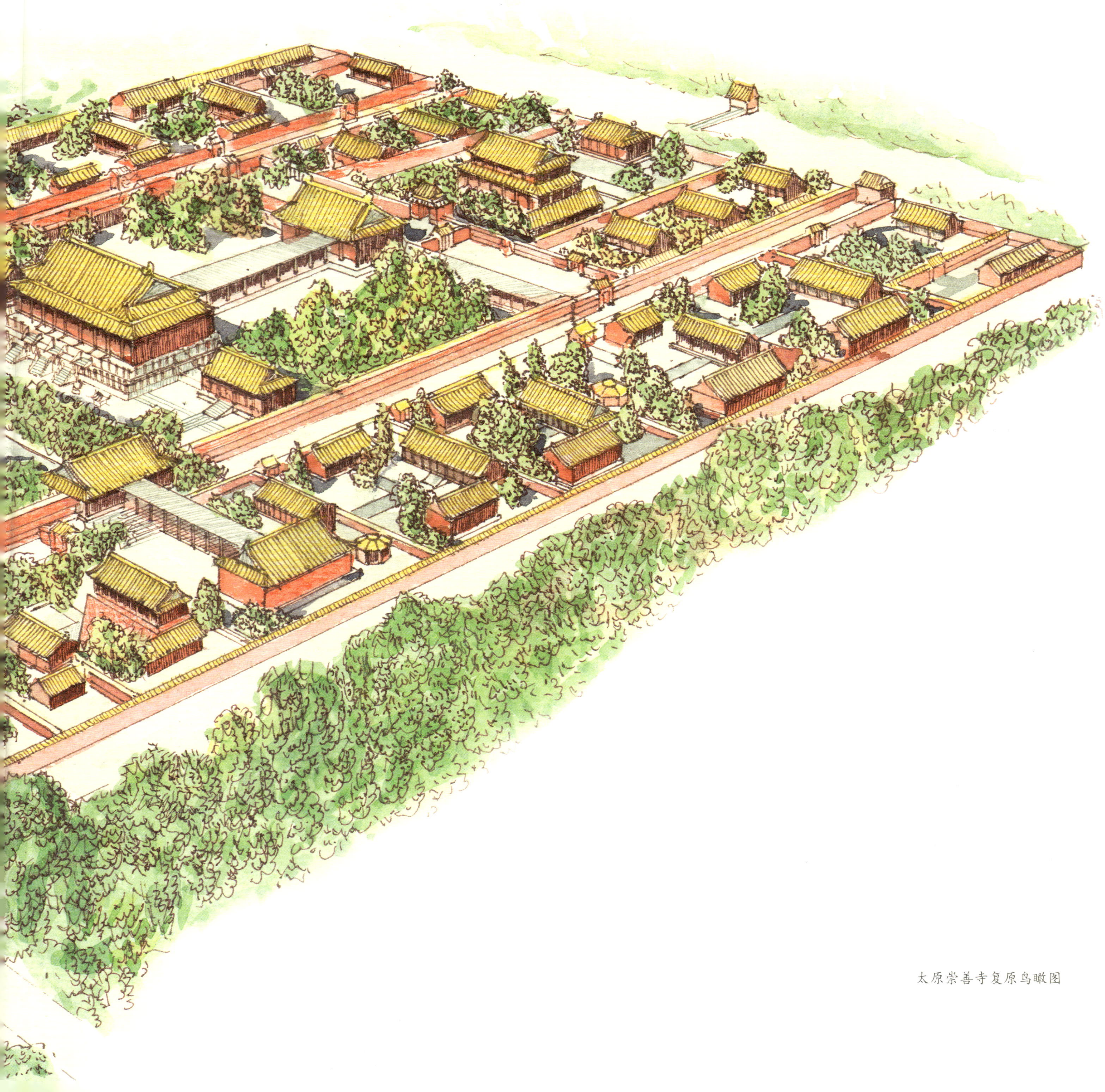

太原崇善寺复原鸟瞰图

太原崇善寺复原鸟瞰图局部

平遥镇国寺

中国历代统治者崇尚佛教，一方面希望得到佛教世界神灵的庇护，使江山永固、基业长青，另一方面佛教宣扬的“三世因果，六道轮回”可以有效地控制人们的精神世界，使其安分守己。

在山西平遥，就有这样一座皇家寺院，初名“京城寺”，据考证它是五代十国时期北汉皇室兴建的。明嘉靖十九年（公元1540年），改称“镇国寺”。据载，当时瓦剌人南下，烧杀抢掠，无恶不作，平遥一带饱受其害。战乱过后，当地老百姓出资重修残破的寺院，希望神灵护佑、镇国安邦，镇国寺由此得名。

整座寺院坐北朝南，由两进院落组成。镇国寺没有单独的山门。古代为了有利于僧人修行，把寺庙修建到了山上或一些偏僻的地方，避开市井尘俗，所以佛教寺院建筑的正门称山门。山门一般有三个门，中间一个大门，常盖成殿堂形式，两旁各配有一个小门，因此又称之为“三门”，是为了象征三解脱门之意，即空门、无相门、无作门。佛教中认为入三解脱门，即可得到解脱。

镇国寺以可穿堂而过的天王殿兼山门。左右置钟鼓楼，院落正中为万佛殿，始建于五代。殿宇造型独特，平面近正方形，屋顶为单檐歇山式，出檐深远，殿顶如伞状，是中国所存最古老的木构建筑之一。镇国寺不同于其他木构建筑的是，全寺没有一根钉子，所有结构都是木头与木头相互契合而成，是中国古代建筑中的一大瑰宝。

万佛殿内，中央为佛坛，正中设立须弥座，上塑释迦牟尼坐像。旁边站立迦叶、阿难二弟子。佛、弟子、菩萨、金刚、供养人共有11尊塑像。这些塑像面目丰满、腴润，身躯高大、健壮，躯干微曲，塑造手法近似唐塑风格，饱含五代时塑像的风韵。

镇国寺后院，东为观音殿，西为地藏殿，中为三佛殿，除观音殿外，各殿内塑像俱存，三佛殿内还存有明代壁画。

五代是割据战乱的时期，从那时保存至今的古代建筑全国仅有几座，彩塑作品更为罕见。除敦煌莫高窟中有少量五代彩塑外，镇国寺万佛殿内的彩塑是全国寺观庙堂中保存至今的唯一五代作品，数量不多，极为珍贵。

平遥双林寺

双林寺，位于山西省晋中市平遥县城西南六公里的桥头村，原名“中都寺”，因位于春秋战国时期赵国之中都，因而得名。北宋时为纪念佛祖释迦牟尼“双林入灭”之说，改为双林寺，直至明代。明景泰、弘治间，双林寺已经破败不堪，遂开始大规模整修，现有庙宇都是明清两代所构建营造。

双林寺坐北朝南，占地面积15000平方米，建筑面积3700多平方米，由风格迥异的10座殿堂组成前中后三进院落，左右分置钟楼，整体布局沿中轴线排布。前院为天王殿、释迦殿、罗汉殿、武圣殿、土地殿、阎罗殿；中院为大雄宝殿、千佛殿、菩萨殿；后院为娘娘殿、贞义祠。各殿内共保存了宋、元、明、清历代的2000余尊佛、菩萨、天王、金刚、罗汉、力士、供养人、珍禽异兽、山水花木等彩塑，色彩艳丽，造型生动。此外寺中的唐槐、宋碑、明钟、古建及壁画都十分珍贵。

券形山门正北第一座殿为天王殿，天王殿廊檐下塑四大金刚，每尊约高三米，一字排开，形神兼备，艺术价值极高，是稀世珍宝。殿内置六判官、十殿阎罗以及地藏王菩萨雕塑，均为明代制作，工艺精湛，是双林寺内塑像中的珍品。天王殿北面坐落着释迦殿，同两厢罗汉殿、武圣殿、阎罗殿和土地殿组成第一进院落。

中轴线上第二进院落为正北的大雄宝殿和东西厢的千佛、菩萨二殿，布局较为宽敞。大雄宝殿乃明初重建，是全寺中最高大的建筑，单檐歇山顶，面阔五间。东侧千佛殿，悬山式建筑，面宽七间。殿内彩塑达500余尊，占全寺四分之一。主像为自在观音，左右侧塑韦驮和夜叉立像。殿内四周为悬塑和壁塑，500尊菩萨分为五至六层，或驾祥云，或骑异兽，与主像联系照应，浑然一体。窗台和门两侧还塑有供养人像30多尊，这些塑像造型非常写实，他们的衣冠饰物是研究明代服饰发展演变的可贵资料。

娘娘殿为全寺中轴线上最后一座建筑，建于明正德年间，殿内“送子娘娘”塑像系根据民间传说所塑，清代曾重装。

双林寺最为人所知的是寺中2000多座彩绘泥塑。这些彩绘泥塑大多制作于明代，雕塑形式有浅浮雕、高浮雕、圆雕和壁塑。题材是佛教内容，如佛祖、菩萨、天王、神将等，古代艺术大师冲破宗教的限制，把神秘的佛国人物赋予人的特性，达到一种形神兼备、神人交融的境界。这些木胎泥塑继承了我国唐、宋、金、元彩塑的优良传统，是我国明塑中的佼佼者，被专家誉为“东方彩塑艺术宝库”。公元1997年双林寺与平遥古城墙、镇国寺等主要景点一同列入《世界遗产名录》。

山西平遥双林寺

山西平遥双林寺

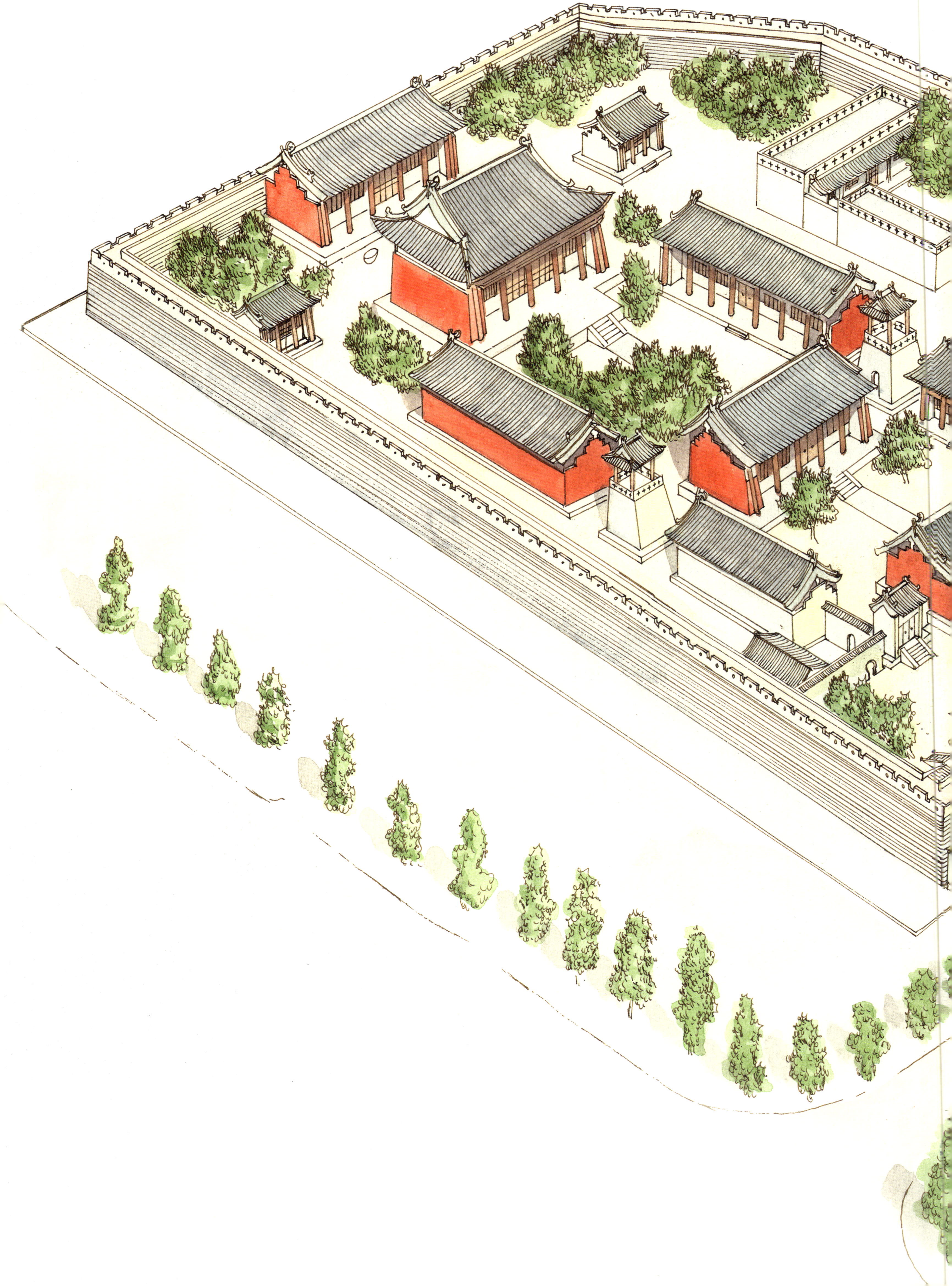

山西平遥双林寺

五台山南禅寺

李唐王室奉老子李耳为祖先，所以初唐佛教没有得到统治者的大力支持，而和道教产生了激烈矛盾，相互之间有互诽之举。至唐太宗晚年时，因与高僧玄奘交往而对佛教态度有所改观。而唐代佛寺的兴盛之起始则于唐高宗李治时，因李治为太子时即崇信佛教，继帝位后更是大力支持佛教发展，他曾为其母、太子、公主、诸王等建寺数十座，还凿建有石窟寺，致使佛教建筑的兴建蔚然成风。此后，只有玄宗朝对佛教略有抑止，而德、宪、穆宗等则崇佛无度，甚至有迎佛骨之举。

佛教受到如此大力的鼓吹，佛寺兴建如此之多而频繁，致使很多平常百姓也纷纷出家，对国家经济发展造成了不小的损害。因而终于发生了武宗会昌的“灭佛事件”，全国各地佛寺、佛像几近全部毁去，所有僧尼被勒令还俗回家，这是中国历史上最为严厉、涉及范围最广的一次灭佛运动，史称“会昌法难”。

“会昌法难”之后，虽有宣宗再次对佛教加以扶持，但因唐朝已近末期，帝王统治渐趋昏聩，致使战乱四起，无力再支持佛寺建筑。因此，唐代佛寺建筑的大盛期实际上至会昌法难已结束。

关于唐代的佛寺建筑，据记载已有明确的等级差别。从大的范围来看，唐代寺院有官方赐额、官方登记入册的正式寺院和未入官方载册的非正式寺院。而在正式寺院中又有皇帝敕建和奏请赐额两种。此外，唐代寺院因功能逐渐增多的原因，寺院也渐形成了一定的布局模式：有明确的中轴线，主要建筑都依轴线布置，并且以最中心的院落为主院，主院内建的是寺院的首位重要建筑。

总体来说唐代佛寺建造是很丰富的，所以佛寺实例很多。但是能留存至今的却仅仅是一些寺中的个体建筑，并且即使是这样的个体建筑也所剩无几，因此，所留存下来的也就更具有非同

五台山南禅寺大殿

寻常的意义。

唐代几座珍贵的佛教殿堂建筑留存，它们分别是山西五台山南禅寺大殿、山西五台山佛光寺东大殿、山西平顺天台庵大殿等。从这几座佛殿现处的位置来看，都是在唐代时期都城长安城的附近，这与文献记载唐代佛寺建筑兴盛时长安城附近兴建寺庙最多的情况相符，加之五台山这样天然形成的地理条件，又一直是我国著名的佛教名山之一，唐代佛寺在这里的留存最多也就不足为奇了。

五台山南禅寺大殿是南禅寺中仅存的一座主要殿堂，它的确切创建年代目前还未有考证，但据现存大殿梁架上的题记“因旧名旹（时）大唐建中三年岁次壬戌，月居戊申，丙寅朔，庚午日，癸未时，重修殿”内容可知，这座大殿至少在唐代建中三年（公元782年）即已修建。大殿构架基本保持唐代原貌，檐椽和屋顶虽经历代修补有所改变，但近年也重依唐制进行了复原修整。所以，它基本反映了唐代佛教殿堂建筑的特点，是研究唐代佛教建筑的重要实物资料。

南禅寺大殿面阔三开间，一门两窗，单檐歇山顶，正脊宽大。大殿的一门为双扇板门，两窗为直棂窗，其余为土坯墙；殿身外檐用柱共12根，但只有前檐四柱和后檐两侧角柱突出，其余柱子都半砌在墙内；殿内梁架中使用了驼峰、叉手、托脚等构件。这些都显示出了当时建筑的重要特征。

南禅寺大殿虽然体量不算大，但构架简洁，门窗形式古朴典雅，整体造型稳重，所以自有一种威严、雄健的气势。

五台山南禅寺

五台山佛光寺

五台山佛光寺东大殿和南禅寺大殿一样，也是一座极珍贵的唐代佛教殿堂建筑遗存。大殿面阔七开间，进深四间，比南禅寺大殿的体量大了很多。大殿的顶式为单檐庑殿式，也比南禅寺大殿的歇山顶更高一级。根据唐代建筑营造的等级规定，佛光寺大殿明显属于宫殿体制，而南禅寺大殿则属于等级稍低的厅堂体制。佛光寺大殿正面中央五间为门，两侧两间辟窗，其余三面为实墙体，虽然体量大了，屋顶形制也略高，但门扇却同样是双扇的板门，窗为直棂窗，同样显示出了唐时佛教殿堂建筑庄重的特点。

佛光寺东大殿殿内中部五间偏后位置设有佛坛，中央三坛奉三佛，三佛左右为文殊、普贤两菩萨，呈现出晚唐佛像设置的特点。而整个殿身由水平分层的柱网、斗拱、梁架组成，上下叠合，这也是唐代殿堂建筑的重要特征。

佛光寺东大殿元代仿唐螭吻

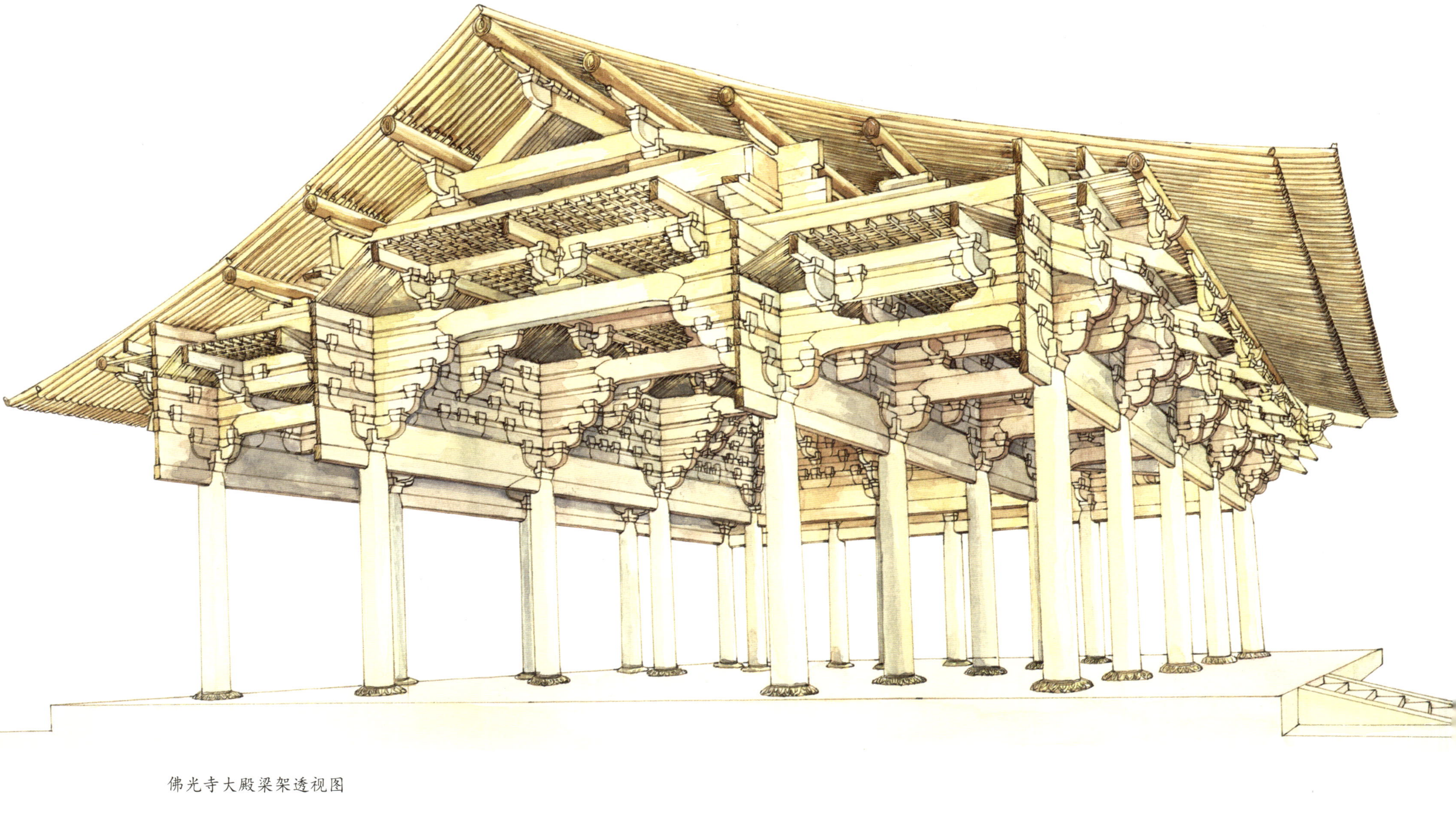

佛光寺大殿梁架透视图

金代佛光寺文殊殿立面图

唐代佛光寺东大殿立面图

五台山显通寺

位于五台山腹地台怀镇的显通寺是五台山规模最大的一座寺院，占地面积43000多平方米，有400多间房屋。

五台山显通寺的历史非常悠久，始建于东汉永平年间（公元69年），北魏扩建，唐贞观年间重建，明代洪武年间再重建，并更名为大显通寺。现存建筑基本为明代所建。全寺主要建筑均建于中轴线上，从南至北依次为观音殿、大文殊殿、大雄宝殿、无量殿、千钵文殊殿、铜殿、藏经楼。另有钟楼等附属建筑。

五台山是文殊菩萨的道场，因而其中的佛寺主供像都是文殊菩萨，显通寺也不例外。显通寺的大文殊殿和千钵文殊殿，仅从殿名即可看出其中主供为文殊菩萨，大文殊殿内供七尊文殊像，而千钵文殊殿供一尊千手托千钵的文殊铜像，造于明代，极为珍贵。显通寺中另外两件价同千手文殊铜像的珍品是铜殿和铜塔，都造于明代万历年间。铜殿内壁满雕佛像，外檐另装饰有二龙戏珠、丹凤朝阳和各种花鸟图案，精致而珍贵。铜塔在铜殿前方，原有五座以象征五台，现存两座，塔为八面13层形式。

无量殿是显通寺中一座比较特别的殿阁，它的面阔为七开间，进深四间。殿壁全部为砖砌，殿为上下两层，每层正面各有七个龛洞，洞门为拱券形，洞门大小不完全相同但呈左右对称形式。七个龛洞象征着佛祖释迦牟尼在七个地方九次讲完佛经，因此，无量殿又被称为“七处九会殿”。这座殿阁最特别之处在于，其殿内无梁无柱，四壁有一圈走廊，但殿外无廊无柱，出檐也非常短小。如此高大稳重的砖砌无梁殿在全国都是罕见的。

显通寺除了中轴线上的主要殿堂外，还附建有钟楼，其最珍贵之处在楼内所置明代铸造的一口重达9999斤的大铜钟。此外，在藏经楼内保存的宋、明两代经书和清代华严经字塔等，也都是难得一见的珍贵文物。

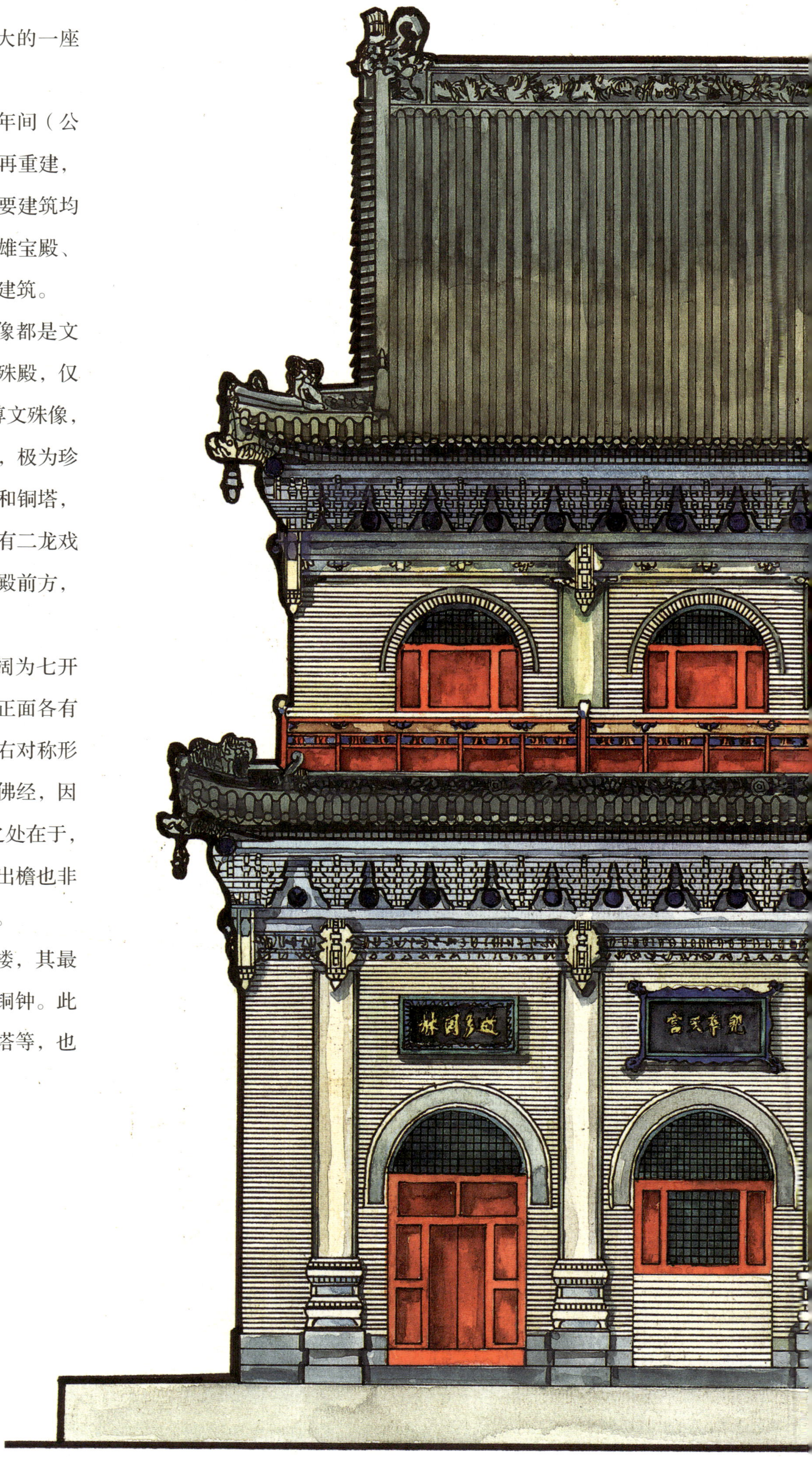

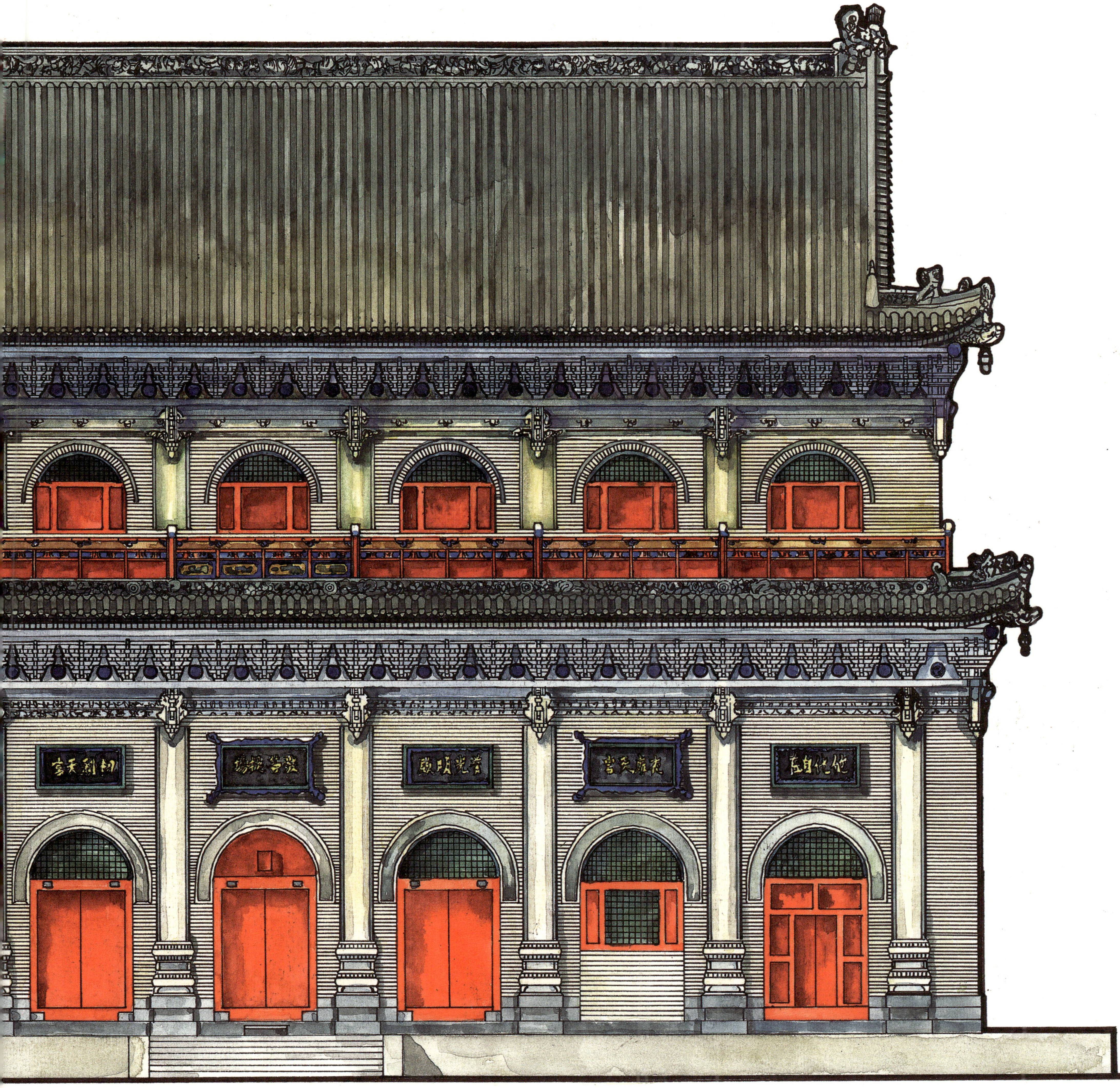

显通寺无量殿正立面图

五台山塔院寺

塔院寺也是五台山上一座重要的明代寺院，与显通寺毗邻。两寺原是一座庙宇，明代万历年间，将塔院分出单成一寺，寺以白塔为主要标志。白塔全名“释迦文佛真身舍利宝塔”，体量高大，通体洁白，是一座覆钵式的藏传佛塔，须弥座台基石砌，塔身砖砌，塔刹铜铸。此塔内原有元代所建石塔一座，明代永乐时改建为现存的砖塔，元代石塔被包在其中。

塔院寺除了具有标志意义的白塔之外，还有山门、天王殿、大雄宝殿、藏经楼、文殊发塔、禅堂、山海楼、伽蓝殿、祖师殿等各式建筑，类型丰富，数量众多。

五台山塔院寺牌楼南立面图

大同善化寺

善化寺始建于唐代开元年间，所以初名开元寺。现存寺庙建筑主要是金代重建，另有少数辽代遗存，因而是一座现存典型的辽金佛教建筑群。

善化寺位于山西大同城南，其布局整体看来为以轴线为中心的对称式，又因有廊墙围绕，所以也可称为廊院式。虽然采取坐北朝南和中轴对称布局，但与后世的伽蓝七堂式布局还有一定的差别，因此它是一座富有辽金布局特色的寺院。

善化寺内的现存建筑主要有山门、三圣殿、普贤阁、大雄宝殿、观音殿和地藏殿等。其中的山门、三圣殿、普贤阁等为金代建筑，而主体大雄宝殿则为辽代建筑。大雄宝殿面阔七开间，进深五间，开间大小由中间向两侧逐渐减小，并且是实墙体与隔扇门窗间隔设置，殿顶为单檐庑殿式。建筑等级颇高，而气势雄伟威武。大殿内供五尊佛像，即东方阿閦佛、西方阿弥陀佛、南方宝生佛、北方不空成就佛、中央毗卢遮那佛，合称五方佛。

三圣殿是金代遗物，是善化寺现存第二主体建筑，位于大雄宝殿前方的轴线上。三圣殿面阔五开间，进深四间，也是单檐庑殿顶。殿的内部采用减柱和移柱造法，因而空间比较开敞，便于置佛像与礼佛活动。殿内主供为释迦牟尼、文殊和普贤，三者合为“华严三圣”，所以殿名为三圣殿。

三圣殿作为寺庙第二等重要的殿宇，其建筑等级也表现出了其地位，因此殿的斗拱采用《营造法式》所记的二等材。斗拱主要用于殿的外檐，为六铺作式。

善化寺大雄宝殿佛像

善化寺大雄宝殿正立面图

善化寺三圣殿正立面图（分析图）

善化寺三圣殿正立面图

大同华严寺

华严寺也是一座位于山西大同的辽金寺庙，坐落于大同市城区西大街。寺庙分为上、下华严寺和海会殿三大部分。上、下华严寺的布局为坐西朝东式，与一般汉族寺庙坐北朝南的格局不同，这是辽金寺庙布局的重要特点之一。

华严寺现存主要建筑为上寺的大雄宝殿和下寺的薄伽教藏殿，其中的大雄宝殿为金代遗物，而薄伽教藏殿则为辽代遗物。华严寺上寺大雄宝殿建在高大的台基上，前部突出有宽敞的月台。大殿前部突出月台是辽金建筑的一个特点。大雄宝殿面东而建，面阔九开间，进深五间，单檐五脊顶（也就是庑殿顶）。屋顶坡度平缓，势态庄严，风格古朴稳重。正脊两端立有高大的鸱吻，也显示出了宋、辽、金建筑的特色。

大雄宝殿依旧址重建于金代天眷三年（公元1140年），殿内采用了减柱造法以形成宽敞的空间供奉佛像与礼佛。大殿内主供五方佛，左右则各有十大天王护法像，都是明代所塑。与下寺薄伽教藏殿内的塑像相比，在艺术上要差一些。

辽金时期大型的寺庙中都建有专供储经而用的经堂，华严寺下寺主体建筑为薄伽教藏殿，即是一座主要用来储藏经书的经堂，所以也被称为储经殿。

薄伽教藏殿的建筑风格独特，内部装修与雕塑也都堪称精绝。大殿面阔五开间，坐西朝东，单檐歇山顶，结构简单，比例

大同华严寺立面图

适当，是典型的辽代殿堂建筑。大殿殿檐伸出较长，檐角又微微上翘，更添其形象的壮丽、雄伟特征，而殿内为了让出供佛像的空间也采用了减柱造法。

薄伽教藏殿内共保存有30多尊辽代塑像，个个精美，各具姿态，佛、菩萨、天王、童子等共奉一室。主供像为居中而设的三身佛。其他塑像则分三组侍立围绕在三尊主像四周。其中一尊被誉为“东方维纳斯”的合掌露齿菩萨像最为精彩。她合掌立于莲花之上，面带微笑，并露出洁白的牙齿，温柔可人，端庄大方，身体略有倾斜，裙裾飘动，极具生命力与动感，有如活生生的尘世少女。

薄伽教藏殿内除了众多精美的塑像外，还有一件被称为“海内孤品”的辽代遗物。它就是造型独特精美的38间壁藏，分布于殿内四壁，其中在后壁中部断开处以拱桥楼阁相连，好像仙宫楼阁，壮观而华美，令人惊艳。这件用以藏经的壁藏，分为上、中、下三层，上为佛龛以供佛，中为经橱以藏经，下为基座以立身。整个壁藏为木构重楼形式，上有精美雕刻，花纹繁多，显示出艺匠精绝的技艺和灵巧独特的构思。

山西小西天

小西天又名千佛庵，位于山西省隰县，始建于明崇祯二年（公元1629年）。因大雄宝殿内有佛像千尊而得名，后因重门额题“道人西天”，又为区别城南另一座明代寺院“大西天”而更名“小西天”。

小西天是典型的佛教禅宗寺院。依山叠造，分上下两院。全寺建筑面积有1100多平方米。殿内梁架彩画富丽典雅，堪称中国雕塑艺术史上的“悬塑绝唱”，加之寺院所藏传世罕见的官版《明永乐北藏》，成为研究中国佛教史、藏经史、伦理道德乃至民俗的稀世珍宝。

上院正面是大雄宝殿，悬塑就保存在大雄宝殿之中。殿内正面排列的五个相互连通的佛龛。佛龛中药师、弥陀、释迦、毗卢、弥勒诸佛端坐莲台，十大弟子分站两旁，造型优美。殿内的墙壁、梁柱、顶棚上，都悬塑着佛教弟子和佛教故事中的飞禽走兽，造型优美，惟妙惟肖。这些彩塑高者达三米多，小者仅有拇指大小。殿内梁架上的彩绘是用沥粉贴金制作的近似宫廷规制的龙凤和玺，造价昂贵，在偏远山区实属罕见。整个殿内，粉彩妆銮，既呈现出仙宫佛国的迷人景象，又富有生活气息。

山西小西天佛像

山西小西天悬塑

山西普救寺

普救寺位于山西省运城市永济市蒲州古城东 3 公里的峨嵋塬头上，始建于唐武则天时期，是一座佛教十方禅院。元代王实甫《崔莺莺待月西厢记》中说的“红娘月下牵红线，张生巧会崔莺莺”的爱情故事就发生在普救寺内。年轻小生张生赴京赶考途中到普救寺避雨，在寺内偶遇扶送父亲灵柩回乡时滞留在寺内的崔莺莺，两人一见钟情。大雄宝殿的西侧是张生当年的读书处西轩。东侧是莺莺的居所梨花深院。寺中的古塔也称莺莺塔。

芮城永乐宫

永乐宫又名“大纯阳万寿宫”，因原建于山西省运城市芮城县的永乐镇而得名“永乐宫”，后迁至芮城县城北的龙泉村。永乐宫是为纪念八仙之一的吕洞宾而建，因吕洞宾号纯阳子，所以宫观名为“大纯阳万寿宫”。永乐宫是元代道教宫观的典型实例，是当时道教全真派的一个重要据点。

元代道教宫观的基本形制多模仿佛寺，这主要是因为当时有很多的道观是由佛寺改建而成，此外还有一个根本原因是我国传统的建筑模式即庭院式、木构架等，是我国众多类型建筑共有的特点。尤其是敕修宫观，大多布局规整、严谨，而私人募建的宫观则布局相对自由，建在山地处的多以建筑就地势，形成自然清幽的修道环境，更富有道家所向往的神仙意味。

道教宫观中的建筑都以供奉三清像的殿堂为主，称为无极殿或三清殿等。其次则为纯阳殿、重阳殿、邱祖殿等，分别供奉吕洞宾、王重阳、丘处机。其他配殿、小殿则不限。元代的道教宫观建筑也基本如此安排。不过，元代道教宫观中已有钟鼓楼的设置，只是多见于中原地区，并且楼的具体建造位置并不确定。直到明代才被固定在山门与三清殿之间的院落内，左右对峙建置。

元代修建这座永乐宫大约用了百余年时间，也就是说，修建永乐宫所用的时间几乎与元朝在中原的统治时间一样长。其主体宫殿群的建造大约用了 15 年时间，其后又营造一些附属建筑与山门等，再将各殿壁画绘制完成，以至前后相延达百年。那么，由这样长时间的修建我们也就不难想象其宫观气势的雄伟和规模的宏大。

永乐宫原有的规模确实很大，元中统三年（公元 1262 年）的《大朝重建大纯阳万寿宫之碑》中记载其主要殿堂有三：“曰无极，以奉三清；曰混成，以奉纯阳；曰袭明，以奉七真”，此外“三师有堂，真官有祠，凡徒众之所居，宾旅之所寓，斋厨、库厩、园圃、井湢”等各类功用的建筑尽皆有之，形成一座规模庞大、功能完善的宫观群。

永乐宫现存建筑主要有山门、无极门、三清殿、纯阳殿、重阳殿等，全部按中轴线排列，是元代所建永乐宫建筑群的主体部分，其中又以三清殿地位最高，是建筑群中的主殿。在这几座现存建筑中，除了山门为清代建筑外，其余四座殿堂都是元代原构。这四座殿堂不但保留了元代时的建筑原构，而且还保存了精美的元代壁画，这些壁画与殿堂建筑一样令人赞叹，或者说，正是有了这些不凡的壁画才使永乐宫建筑更为闻名遐迩，它们都是元代留存的珍贵遗产。

无极门是永乐宫原有的宫门，它是一座殿堂式的宫门，因为门殿内奉有青龙和白虎二神，所以也称“龙虎殿”。无极门面阔五开间，进深二间，单檐庑殿顶。屋顶四面出檐较长，态势庄严稳重，这也是现存四座殿宇共同的特点。此外，无极门还有一个特别之处，即在殿后的台基上留有企口，可以搭上门板作为演出的戏台使用。

而从无极门的木架结构上，我们可以看到元代殿堂建筑对于宋代的继承，同时也可以看到元代的发展与创新。如：檐柱具有明显的侧脚与生起，侧脚即柱体略向里倾，可以增强建筑整体的稳定性，而生起则是屋角檐柱比明间檐柱略高，使屋檐整体形成一条优美的曲线，这是宋代建筑用柱典型的手法；露明柱子的柱础都采用素覆盆形式，是宋代常用的柱础形式；梁架中使用搭牵、叉手、托脚等构件，也是对宋代木架构件的继承，这些构件在明清时则没有再被使用；椽头、柱头采用卷杀手法更是宋时遗制。

对前代建筑技术与方法的继承是事物发展的自然之理，而创新则是建筑焕发新生命力之所在。永乐宫无极门既有对宋代建筑的继承，也有大胆的创新与变革。其创新主要表现在：平梁结构的使用、四角柱选用粗材以增强构架刚度的方法、明间柱高大于明间之宽，打破了“柱高不逾间之广”的传统等。

其他三座殿堂和无极门一样，也都较突出地显示了它们对其前代建筑构架与技术手法的继承和自身变革。

五间的无极门殿，以中央三间作为前后通道设门，而最外侧两梢间为实墙体，所以殿内壁画只分布于两梢间墙壁上。壁画有元代原作，也有清代补画，元代原作所绘内容为神荼、郁垒、天兵、神将、土地、城隍等。

三清殿又名无极之殿，是永乐宫的中心与主体殿堂，因而体积最大，面阔七开间，进深四间，而其余三殿面阔都为五开间。同时，三清殿使用我国传统建筑中最高顶式的庑殿顶，其余三殿中只有作为宫门的无极门为庑殿顶，纯阳殿与重阳殿都是略次一级的歇山顶。三清殿殿体高大，其前部院落空间也最开敞。三清殿内主供道教最高尊神三清像，三清尊号分别为玉清元始天尊、上清灵宝天尊、太清道德天尊。

三清殿除殿堂本身之外，最为人称道的是殿内壁的壁画《朝元图》，它是永乐宫所有壁画中最精彩的部分，描绘了道教诸神朝拜元始天尊的场景。大殿除正面五开间和背面明间辟门装隔扇之外，其余均为实墙体，墙上满布壁画，面积达 400 多平方米。

画面以玉皇、地祇、勾陈、北极、南极、东极、木公、金母等八位尊神为主像，其余神像围绕着主像顺序排列，人物众多，画面丰富，而又井然有序。人物均大袖宽袍，系纤长的绶带，又采用传统的线描技法表现，让脚踩祥云的众仙更显飘逸出尘。而使用重彩勾填，则让画面更显热烈和富有生机。

三清殿后的纯阳殿是主供纯阳子的殿堂，也称混成殿、吕祖殿。殿内壁画主要内容为《纯阳帝君神游显化图》，它采用连环画的形式表现了吕洞宾一生的事迹。画面以山水、树木、建筑等作为背景和画幅与画幅之间的连接，使画幅内容彼此独立但又不完全割裂。每幅画上都有题记与说明，以便观者更清楚地了解画面内容。这组画中不但绘人物、讲故事，而且有优美的风景和各色的建筑，虽然讲的是吕洞宾神游显化的故事，但实际上真实地反映了当时的社会风俗与情态。因此，我们在欣赏其艺术美的同时，也能深切地感受到元代的社会生活情景。

重阳殿在纯阳殿之后，是主供王重阳和全真七子的殿堂。殿内壁画主要内容为《王重阳神话传记图》，采用了与纯阳殿壁画相同的手法，以连环画形式表现了道教全真派创始人王重阳生平的重要事迹。

三清殿壁画以人物为主，只小面积衬以祥云、点缀楼阁，营造了浓烈的神仙意境。而纯阳殿和重阳殿壁画则以生活场景与自然景观为主，虽然表现的是人物故事，但人物并不非常突出，所以总体内容更世俗化，显然呈现的是与三清殿神仙意境完全不同的人间生活情景。它们区分了不同殿堂的不同地位，也丰富了宫观中建筑艺术的内容。

永乐宫殿堂是我国传统建筑中重要的遗产，其殿内的壁画更是无价的艺术珍品。

芮城永乐宫无极门正立面图

芮城永乐宫三清殿正立面图

正定隆兴寺

隆兴寺位于河北正定，初建于隋代开皇六年（公元586年），其后各朝各代多有修建，这些建筑分别是影壁、石桥、山门、碑、大觉六师殿、摩尼殿与东西配殿、碑、戒坛、韦驮殿、慈氏阁、转轮藏、大悲阁（佛香阁）、御书楼、集庆阁、伽蓝殿、祖师殿、关帝庙、弥陀殿，其中的大部分建筑，尤其是主体建筑基本都是宋代所建。

摩尼殿是隆兴寺寺区前部的主要建筑，建成于北宋皇祐四年（公元1052年），至今已有近千年的历史，但依然保持宋代初建时的原貌，是极为难得的宋代佛教建筑遗构，也是我国现存建造最早的宋代木构建筑之一。

摩尼殿面阔七开间，进深也为七开间，重檐歇山顶，灰色筒瓦绿琉璃剪边，殿脊、鸱吻、走兽也都是由绿色琉璃件制成，博风板和墙体则为朱红色。摩尼殿的平面呈“十”字形，四面各出一个抱厦，抱厦皆为山花朝前形式，但抱厦大小不一，以正面的最宽。在色彩上稳重肃穆，而平面造型上则于方正中寓有变化，即使它不是一座宋代遗物，仅凭造型也颇值得关注。

摩尼殿内有一尊精彩的悬塑，这就是五彩悬塑观音，端坐在五彩悬山之间，左脚踏莲花，右腿置于左腿之上，双臂抱右膝，端然而坐，神情自然，动作潇洒。人物与海水、叠山组合，色彩、形状艳丽动人。

大悲阁位于隆兴寺寺区的后部，是隆兴寺内最重要的一座建筑，它与两侧的御书楼和集庆阁共同组成一个建筑组合，成为隆兴寺内宋代兴建的最大的一组殿阁。三座楼阁之间以凌空飞架的拱形桥相连，线条柔曲的空架桥有如飞虹，在稳重壮观的楼阁间显得越发轻灵优美。

大悲阁自从建成之后，至明清一直都有所修建，但其总体构架仍然保持宋代原貌，只是外檐装修中的斗拱、栏杆、槛等重修为明清样式。关于这一点，1933年梁思成先生在考察隆兴寺后曾有记述：“阁已破坏到不可收拾的地步，屋顶已完全坍塌，观音像露天已数十年，但就现存部分还可看见宋代原来的梁柱和斗拱，外部却完全是清式。”

根据记载推想，宋代时的大悲阁当为面阔七开间楼阁，上下四重檐带平座，带回廊，顶为单檐歇山式。公元20世纪重建时，其结构基本遵循宋代遗迹，而外观略有变化。20世纪40年代重修后为五重阁檐，之间建有两层平座，上为重檐歇山顶。而现今的大悲阁则为三重檐，并且只在第一层檐上带有一层平座，不过顶式仍为歇山式，为前几年仿唐代建筑的形式重建。

大悲阁内现存有珍贵的宋代铜制菩萨大像和石雕须弥座。这尊菩萨像为千手立像，当心两手合掌而握，其余各臂与手势各有不同，所持法器也不尽相同，代表着不同的寓意。菩萨身体高大，神情庄严而慈悲。这尊高大精彩的菩萨像被誉为“正定大菩萨”，是河北一宝，闻名遐迩。

慈式阁与转轮藏东西相对，位于大悲阁前方。两者造型相仿，都是两层檐中带平座的歇山顶楼阁，底层前部还建成带有抱厦的突出形式，使外观产生变化，也使底层阁檐显得宽大，阁体自然具有了极好的稳定性。两阁在内部结构上则各有特色。慈氏阁内主供弥勒菩萨像一尊，因弥勒译为慈氏，所以阁以佛名；转轮藏内则置一八角形木制转轮藏，它是一个可以转动的藏经橱。

隆兴寺摩尼殿剖透视图

定兴慈云阁

慈云阁又名大悲阁，位于河北省保定市定兴县城内中心地带，占地面积 150 平方米。建于元大德十年（公元 1306 年），明万历年间加以修葺，因阁内塑有大悲佛像“心慈为贵，贵慈如云”，故更名为慈云阁。清康熙五十二年（公元 1713 年）、嘉庆二十四年（公元 1819 年）迭次修葺，始具今日规模。

慈云阁原为一组建筑群，依据当时的测绘图可知寺院从南至北顺中轴线依次排列有山门、前殿、慈云阁、后殿；两侧分别布置东西配殿、东西配房。整体布局高低错落，排列有序。其中前殿、慈云阁、配殿、配房六座建筑的墙体紧密相连，不留一点空间。选择船形的布局形式，可能有慈航普度之意。这种布置格局在我国寺庙中较为罕见，可惜这些建筑均已毁，现仅存慈云阁。

慈云阁坐北朝南，平面近方形，面阔、进深各三间，南北长 12.6 米，东西宽 11.9 米，建筑面积 142 平方米，二层楼阁式，为重檐歇山灰瓦布顶建筑，通高 13.3 米。慈云阁从远处看像一座重檐歇山顶的两层建筑，实际阁内并无二层部分，天花也无藻井。构架及做法均很有特点，内外檐柱相距很近，均包于墙体之内。屋架只有东西两壁，都是利用下平博平梁，载于山面上檐昂尾上，四隅施垂柱及抹角梁。上檐斗拱五铺作双下昂，其中上昂为真昂，下檐四铺作。慈云阁工艺精巧，彩绘华丽，雄伟壮观，为元代建筑的典型作品。

定兴慈云阁立面图

蓟州独乐寺

独乐寺位于天津市蓟州区西大街路北，其创建年代已不可考，而已知最早的重建年代为辽代。这在清代朱彝尊的《日下旧闻》中有记载："独乐寺不知创自何代，至辽时重修，有翰林院学士承旨刘成碑，统和四年（公元 986 年）孟夏立，其文略曰：'故尚父秦王请谈真大师入独乐寺，修观音阁，以统和二年（公元 984 年）冬十月再建，上下两级，东西五间，南北八架大阁一所。重塑十一面观世音菩萨像'。"

独乐寺自辽代重建后，又有所毁损，经过多代重修，因此寺内建筑已不完全是辽代原物。不过，作为寺庙主体的观音阁和寺庙的山门殿却在多次重修后仍然保留了辽代特征，在构架、造型上基本没有什么改变，所以还是辽代建筑。山门与观音阁之间的距离非常近，进入山门后不久即达观音阁月台，而观音阁的体量又较为高大，因此更显两者关系密切，也更显观音阁的气势宏伟壮观。

山门殿面阔三开间，一门两窗，进深两间，单檐庑殿顶。门殿出檐较大，檐下斗拱也巨大，殿檐线条优美流畅，这些都是唐宋殿堂建筑的重要特点之一。这座造型优美的建筑，经过千年的风雨依然挺立，更显其非凡的魅力。

观音阁面阔五开间，外观两层，内部实为三层，上下两层皆有出檐，中间则突出一圈平座。观音阁不论在体量上还是整体造型上，都比前部的山门殿更突出，因而更精彩而富有魅力。观音阁是典型的宋、辽、金佛教建筑，它的典型性除了斗拱等之外，最突出的就是平座、暗层的使用，此外还有柱子的侧脚、生起。

观音阁内部有一尊与构架紧密相依的十一面观音像，阁内上下三层相通的空间就是为这尊佛像而备。观音像高大而精美，是我国现存最大的佛教寺庙造像之一。

独乐寺

独乐寺观音阁横剖面图

独乐寺观音阁纵剖面图

北京智化寺

北京智化寺是北京目前保存最为完整的明代木结构寺庙建筑群，位于北京东城区禄米仓东口。寺庙始建于明代正统八年（公元 1443 年），是当时的权臣王振为自己修建的家庙，明英宗敕名为“报国智化寺”。寺中主要建筑有山门、智化门、智化殿、如来殿（万佛阁）、大悲堂、万法堂等，它们都处于寺庙中轴线上，而在主殿智化殿前方两侧还建有两座配殿，东为大智殿、西为藏殿（转轮藏），山门内院落左右建钟楼和鼓楼。

汉族佛教寺庙布局在明代已形成定式，即伽蓝七堂式：寺庙建筑以南北为轴线布置，共有七座主要建筑称七堂，包括山门、佛殿、法堂、僧堂、厨库、浴室、西净（厕所），比较大型的寺庙还会另建有经堂、禅堂、塔、钟鼓楼等。伽蓝七堂布局形式在智化寺也有较好的表现。当然，因为智化寺是王振的家庙，所以建筑并不是非常严格地按宗教寺庙来布局，这也是这座寺庙本身的一个特色。

山门是寺庙的出入口，智化寺山门是一座砖石墙体建筑，中为拱券门，门洞上方嵌“敕赐智化寺”石匾，门殿顶为单檐歇山式，黑琉璃瓦覆盖，肃穆庄严。山门之后为寺庙第一进院落，院落左右为钟、鼓楼，正北为智化门。

智化门名门实为殿，面阔三开间，单檐歇山黑琉璃瓦顶，拱券门窗。智化门的位置就相当于一般寺庙中的天王殿，殿中曾供有弥勒佛、韦驮和四大天王像，现已无存。智化门前立有两座石碑，均为螭首龟趺碑，碑上面分别刻着《敕赐智化禅寺碑记》和《敕赐智化禅寺报恩碑记》，较为详细地记述了修建寺庙的原因和相关情况。

钟鼓楼东西相对而立，两楼造型几乎相同，都是两层的楼阁，下层体量较宽大，上层明显窄小，下层使用砖石墙体，上层使用木板墙体，上下两层皆有出檐。红墙和蓝绿色的彩画形成鲜明对比。钟鼓楼内分别设置有一钟一鼓，都是明代时制造。不过，目前鼓楼内的明代鼓已移至如来殿收藏，而另制了新鼓代替。

智化寺的主殿为智化殿，相当于大雄宝殿，位于第二进院落正北。大殿面阔三开间，单檐歇山黑琉璃瓦顶，檐下额枋绘青绿彩画，枋下装修木制菱花隔扇门窗。大殿内原供有金漆木雕的药师佛、释迦牟尼佛、阿弥陀佛等三世佛像，现已移于北京西山大觉寺无去来处殿，目前殿内的三世佛移自寺庙后面的大悲堂。除佛像外，大殿内墙壁上还存有精美的佛教题材壁画。

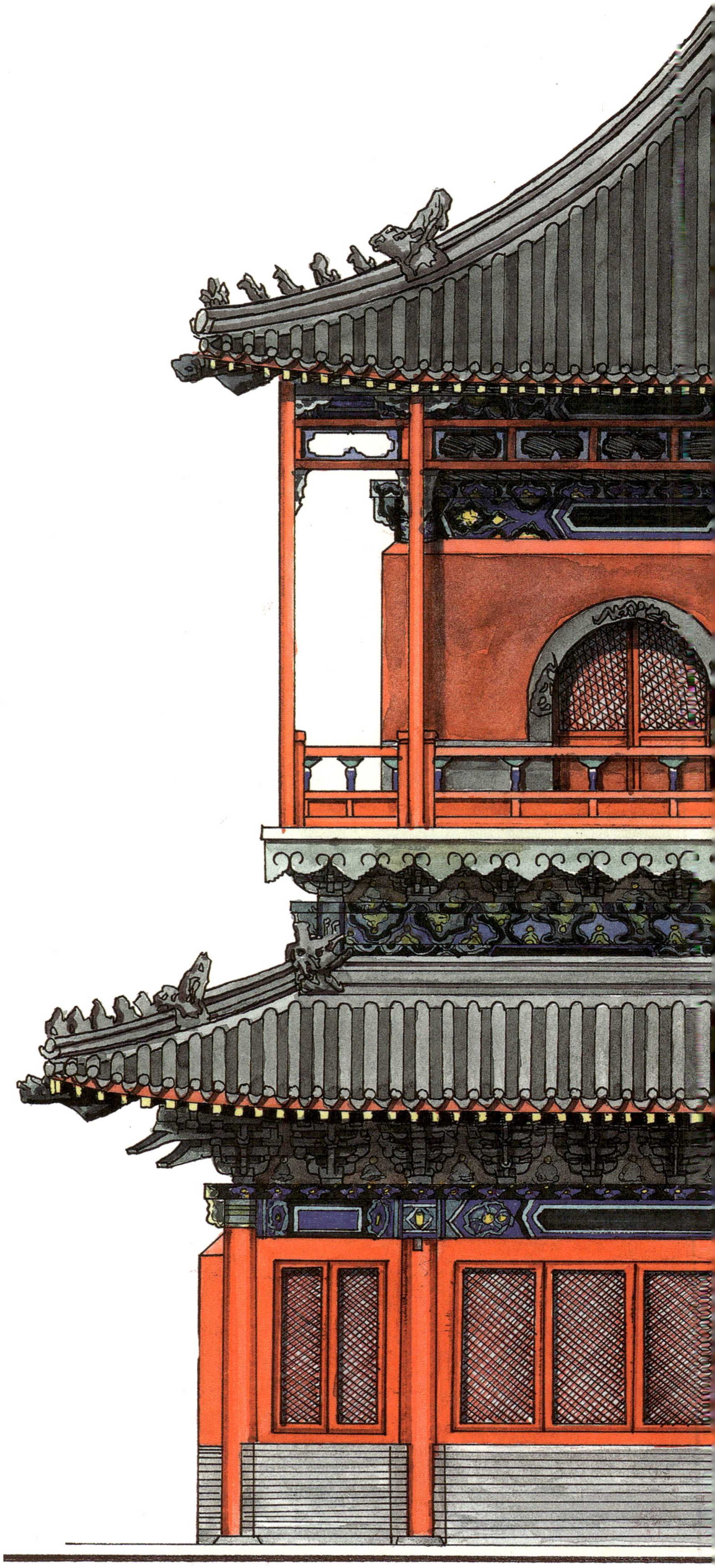

智化殿的配殿为大智殿和转轮藏殿，两殿在造型与结构上都相同，面阔三开间，进深七檩，单檐歇山黑琉璃瓦顶。大智殿内原供奉观音、文殊、普贤三菩萨，转轮藏殿内则至今保存一雕刻精美的明代八角转轮藏。

如来殿和万佛阁是一座建筑，它是一座两层的楼阁。上为万佛阁，下为如来殿；上层三间，下层五间；上层为实墙体上辟

北京智化寺万佛阁立面图

拱券门，下层为木制隔扇门、窗；下层殿内主供如来佛，上层阁内主供三身佛。檐下俱有精美斗拱、彩画层叠。此外，上下两层殿内壁均满布佛龛、供木雕金漆小佛像，这也是“万佛阁”之名的由来。

大悲堂是寺庙第四进院落的主殿，面阔三开间，单檐歇山黑琉璃瓦顶，殿内供千手木雕观音像。

智化寺殿堂全部为黑色琉璃瓦顶，是此寺建筑的一个特色，显示了寺庙的等级，既低于黄色琉璃瓦的皇家殿堂，又高于不能使用琉璃瓦的一般百姓用房。同时，智化寺殿堂的体量都相对较小，主殿只有三开间，也显示出其相对低的等级。不过，殿堂内外的雕刻、彩画等装饰却非常精致、华美，又显示出王振作为当时权臣的非常地位。

北京戒台寺

戒台寺是北京的一座著名寺院。戒台寺的创建年代为唐武德五年（公元622年），其现存建筑主要为明代重建，并至今保留明代特征。

戒台寺在唐代初建后不久即很兴盛，其后在辽金和元时再度兴盛，可惜元末毁于战火。明代帝王多崇信佛教，不但在明宣宗时进行了规模宏大的重建，而且其后又有过多次整修，因此，戒台寺建筑在明代达到了鼎盛，并最终形成今天所存布局。现存戒台寺有南北两条轴线，南轴线建筑主要有山门殿、天王殿、大雄宝殿、千佛阁、观音殿，北轴线建筑主要有山门殿、戒坛殿、大悲殿、罗汉堂等。

南轴线建筑群是寺庙的主体部分，其址是明代重建寺庙时新选基址。而北轴线建筑是在寺庙初建旧址上所建，这由辽塔、山门殿等建筑可以得到证实。从南轴线建筑布局来看，可以明显看出我们在前面所介绍的明代寺庙建筑的固定布局模式，即伽蓝七堂式。

南轴线建筑群的第一座殿是山门，是一座三间木结构殿堂，殿内供有高大威武的哼哈二将。门殿前置有两尊精雕石狮，是明代所制，堪称明代石雕中的精品。山门之后是一座遍植古松的幽静院落，院内左右两侧建钟、鼓楼，后部居中建天王殿。天王殿内供奉弥勒佛和四大天王，与当时一般寺庙无二。

天王殿之后是主殿大雄宝殿，面阔五间，进深三间，前带宽大的月台以彰显大殿的气势。大殿两侧又各建三间体量稍小的

配殿相衬托，左配殿为伽蓝殿，右配殿为祖师堂。大雄宝殿内主供三世佛，即释迦牟尼佛、药师佛、阿弥陀佛，均为明代所铸铜质漆金大像，结跏趺坐于莲台之上，莲台下为洁白的汉白玉石雕须弥座，更衬出铜佛的金光闪耀、高大辉煌。大雄宝殿后部轴线上建着寺中最为高大的殿阁千佛阁，始建于辽代，明代重建。它是一座三层木构的楼阁建筑，高达30多米，身姿雄伟。“千佛阁”之名来自于阁内的千佛阁：阁内有琉璃壁饰的砖墙，上面有10个大佛阁，每个大佛阁内有28个小佛阁，其内又各有三个小佛龛，龛内供小佛像，计有千余个。

北轴线建筑以戒坛大殿为主，大殿坐落在空间宽敞的院落中，大殿因殿内的戒台而名。戒坛大殿为重檐盝顶，殿的平面近于正方形，四面各五开间，另带一圈围廊，体态雄健稳重。大殿内以青石砌筑成的品字形高台，即为戒台，上下三层，递次上升。台面上设金帐，内供释迦牟尼佛像。戒台前方左右分设一钟一鼓，供受戒和诵经时敲击，以营造气氛、控制节拍。

北轴线除了戒坛大殿外，最引人注目、最为珍贵的建筑当数前部的辽塔。辽塔有两座，分别是辽代法均和尚的墓塔和衣钵塔，均建于辽代大康元年（公元1075年），明代有所修补。两塔都是密檐式，砖筑，分密檐部、塔身部、基座部三段。密檐下置清晰的仿木斗拱，须弥座式的基座上方以巨大的莲花瓣承托着塔身，塔身上雕刻有门、窗和如意卷草图案等。塔体稳固庄重，雕刻细致，是现存不多的辽代佛塔珍品。

北京戒台寺

北京雍和宫

雍和宫位于北京城北二环东北角，是北京规模最大的藏传佛教寺庙。雍和宫原来并不是宗教场所，而是康熙皇帝的第四子胤禛的府宅。当时胤禛的爵号是“多罗贝勒”，所以这所宅邸叫“禛贝勒府”。1708年胤禛的爵号晋升为“和硕雍亲王”，“禛贝勒府”也随之升为“雍亲王府”。后来胤禛当了皇帝，随即迁入皇宫，把原来居住的府邸改为他的行宫，赐名雍和宫。

雍正十三年（公元1735年）雍正驾崩，曾在此停放灵柩，因此雍和宫主要殿堂原绿色琉璃瓦改为黄色琉璃瓦。又因乾隆皇帝诞生于此，雍和宫出了两位皇帝，成了“龙潜福地”，所以殿宇为黄瓦红雕，与紫禁城皇宫一样规格。乾隆九年（公元1744年），雍和宫改为藏传佛教寺庙，特派总理事务王大臣管理本宫事务。可以说，雍和宫是清朝中后期全国规格最高的一座佛教寺院。由于雍和宫是乾隆的出生地，是清朝两代帝王的在潜之居，每年逢其诞辰、忌辰和五月夏至节，其后代各帝都要来雍和宫拜佛、祭祖。

雍和宫建筑布局完整，规制合乎梵宇伽蓝。寺院前端矗立牌坊，昭泰门前铺设辇道，显尽皇家敕建气势。前部的七座建筑——昭泰门、钟楼、鼓楼、雍和门、雍和宫、讲经殿、密宗殿，呈现中国佛教寺院“七堂伽蓝”式标准布局。后部各殿逐级升高，象征佛陀世界的庄严吉祥。

昭泰门是雍和宫的正门，中间有一间正门，两侧各有一旁门，黄琉璃筒瓦歇山顶，棋盘大门。门内两侧置钟鼓楼。

雍和宫殿是雍和宫最大的佛殿，也是原来王府的银安殿。明间上悬雕龙华带匾，中刻满、汉、蒙、藏四种文字所题“雍和宫”。殿内供有三尊青铜质泥金佛像，殿内两侧还有十八罗汉像。殿前东西有配楼，东为密宗殿，西为讲经殿。

永佑殿是原来王府的正寝殿。后因供奉雍正帝影像而改名为“神御殿”，乾隆九年（公元1744年）行宫改建寺庙后，改为永佑殿。殿内供奉着三尊高2.35米的白檀木雕无量寿佛、药师佛和狮吼佛。殿前有东西配殿，分别为药师殿（医学殿）和时轮殿（数学殿）。

法轮殿是举行法事的场所，建筑平面呈“十”字形，面阔七间。殿内供奉着高6.1米的黄教创始人宗喀巴大师的铜坐像，像背后有紫檀木雕成的五百罗汉山，整个山体层峦叠嶂、阁塔错落；五百个用金、银、铜、铁、锡铸制的罗汉置身其间。宗喀巴大师是藏传佛教的改革家，他创立了格鲁派。格鲁派也就是黄教，是清朝皇帝所信奉的教派。

北京雍和宫（戒台）

万福阁是雍和宫最后一座佛殿，也是最高的建筑。楼高三层，七间五进，重檐歇山顶，两旁有永康阁和延绥阁。三座楼阁之间有飞阁复道凌空连接，宛如仙宫楼阙。万福阁内巍然矗立一尊迈达拉佛（弥勒佛），这尊巨佛是用一棵白檀树的主干雕成的，高26米，地上18米（地下埋有八米），直径八米，全重约100吨，是中国最大的独木雕像，是七世达赖进贡的礼品。

北京雍和宫

北京云居寺

云居寺位于北京西南房山区境内，距市中心70公里。云居寺始建于隋末唐初，初名“智泉寺”，后改称“云居寺”。云居寺、石经山藏经洞、唐辽塔群构成我国佛教文化一大宝库。

整座寺院依山而建，坐西朝东，分为南、中、北三路，主要殿宇全部集中建在中轴线上。中路建筑共有六进殿宇，自山门起有毗卢殿、释迦殿、药师殿、弥陀殿、大悲殿及藏经阁和说法堂等。每座主殿的两侧都建有配殿及配房，形成了一组组封闭的院落。南路主体建筑有祖师殿和地藏殿。北路主体建筑仅有千佛殿一座，其余均为行宫或寺院用房。

云居寺是佛教经文聚集的地方。寺内珍藏着石经、纸经、木版经，号称“三绝”。石经是一位名叫慧思的高僧创立的。鉴于南北朝时期灭佛运动带来的惨痛教训，他发愿要将佛经刻在石头上，便于永久保藏，以防再遭不测。他死后，他的弟子承接了这一事业，历经隋、唐、辽、金、元、明几个朝代，直到明末清初才算告成，镌刻佛经1122部、3572卷、14278块。据了解，这每一块石经，其文端庄秀丽，荟萃了众多书写风格。它不仅包含佛教研究、政治史、社会经济、文化和艺术等方面极其丰富的历史资料，而且在书法艺术中具有重要的文化和艺术价值。

纸经以《大方广佛华严经》最为引人注目，寺内还为此特辟了一间屋用来陈放。此经乃妙莲寺的比丘祖慧在崇祯十三年（公元1640年），刺破自己的舌头，蘸血写成，共计80卷、60万字，尤为珍贵。

《龙藏》是如今世界上保存较为完整的木刻大藏经之一，在云居寺内，刻于清雍正十一年（公元1733年）至乾隆三年（公元1738年），共7160卷，由79000多块木板构成。这些木板经都是用上等的梨木雕刻而成，无论是文字还是图像，皆雕刻精美，版面规整，十分美观。

云居寺的塔是寺院的重要组成部分，在从属云居寺的范围内，建有南塔、北塔为首的各种类型、各种材质的塔十余座。北塔是辽代砖砌舍利塔，又称“罗汉塔”，始建于辽代天庆年间（公元1111—1120年），高30多米，塔身集楼阁式、覆钵式和金刚宝座三种形式为一体，造型极为特殊。南塔原称释迦佛舍利塔，是一座八角形11层密檐式砖塔，始建于辽天庆七年（公元1117年），因塔旁有藏经穴，故又称压经塔。后毁于战争，现存的塔为近年所建。

云居寺已经成为国内外著名的佛教寺院，著名的宗教活动场所，享有“北方巨刹”的盛誉。

北京碧云寺

碧云寺位于北京市海淀区香山东麓。始建于元至顺二年（公元 1331 年），由丞相耶律楚材的后裔阿勒弥（又说阿里吉）舍宅为寺，初名碧云庵。明正德年间由御马监太监于经扩建为寺，并在寺后营建了生圹，因而又名于公寺。明天启三年（公元 1623 年）权监魏忠贤又重修此寺，经过扩建，富有明代建筑特点的碧云寺已经成形。

清乾隆十三年（公元 1748 年），又进行了大规模的修建，并且在保存原有寺院的基础上，在寺后墓圹所在地建金刚宝座塔，在寺庙的右边增建罗汉堂，寺左增建行宫院。因为此次修建对原有建筑无较大变动，所以该寺建筑和文物仍然保留了明代风格。

碧云寺占地四万余平方米，坐西朝东，依山势从山门至寺顶共有六进院落，逐进升高。建筑呈明显南北对称轴线式布局，分为中路主要建筑、水泉院建筑和罗汉堂建筑三大部分。中路主要建筑有山门、山门殿、弥勒殿、大雄宝殿、菩萨殿、孙中山纪念堂、金刚宝座塔；罗汉堂建筑有禅堂、罗汉堂、藏经阁；水泉院建筑为乾隆帝行宫，有涵碧斋、含青斋、洗心亭、清净心、试泉悦性山房、龙王庙等 。

水泉院有一处水泉，称“卓锡泉”。泉水自石缝中缓缓流出，汇而为池，泉水旁边为太湖石堆叠而成的假山。花木、泉水、假山构成了一座优美、幽静的庭院花园。

北京香山碧云寺

北京香山碧云寺

泉州开元寺

泉州开元寺是岭南地区一座著名的寺庙，寺庙以两座现存的宋代石塔而闻名，但实际上庙内的现存殿堂建筑几乎都是明代遗物，主要有山门、大殿、戒坛等。

泉州开元寺始建于唐代，建成后历经兴衰，尤以元末毁坏最为严重，其木构建筑全部被毁。明代洪武年间在原址上重建了大殿、戒坛、山门等殿堂，万历时又在山门前增建照壁一座以增气势。主体大殿居于寺庙中心，体量巨大：面阔九开间，进深九间，重檐歇山顶，四周围廊，是现存岭南佛教殿堂的代表实例。这座大殿的突出特色主要表现在两个方面：一是，明代复建围廊时利用了原有的宋代平面和柱础；二是，殿内枋上斗拱之间极为突出地雕刻着飞天圆雕，顺序排列，工艺精湛而设计独特，与一般寺庙殿堂内采用浮雕、壁雕的同类装饰有着极大差别，堪称一绝。

大殿的内部装饰设计比较别致，而戒坛则是仅从外观看即颇为独特，它是一座重檐攒尖顶亭阁，上檐八角形，下檐方形，四周围廊，另在正面增建抱厦，使整个戒坛的造型无论平面上还是从立面上都极复杂而富变化。戒坛殿内中心设石砌方坛，上供佛像以祭。

从这里的实例，我们可以更清晰地领略明代的佛教寺庙建筑，形象地感受明代佛教建筑的特色。同时，通过对明代留存的不同地区的寺庙分析，可以看出明代寺庙具有共同的布局与建筑特色，但各地区寺庙又或多或少地具有自己的地方特色。这是明代佛教建筑丰富性的表现，是寺庙建筑发展到成熟阶段的必然现象，既有定式又具多样性与变化性。

泉州开元寺戒坛侧立面图

泉州开元寺大殿纵剖面图

泉州开元寺戒坛南立面图

平武报恩寺

平武报恩寺是一处环境清幽的寺庙，地处四川省绵阳市平武县龙安镇东北山麓，靠山临江，寺区更有松柏遍布，正是适合僧众潜心静修的佳处。也正因为寺庙地处偏僻幽静之地，所以能至今保存完整。

平武报恩寺始建于明代正统五年（公元 1440 年），建筑建成之后又制作壁画，整个工程前后延续近 20 年。寺庙坐西朝东，建筑布置基本以中轴为主左右对称，轴线建筑有山门、石桥、天王殿、大雄宝殿、万佛阁，另有两座较重要的殿宇为大悲殿和华严藏殿，余下则是一些附属建筑，诸如钟楼、罗汉殿、拜台、碑亭等。

全寺以大雄宝殿为中心与主体建筑，以万佛阁作为建筑群的收尾，这与当时一般的寺庙相近。但全寺在建筑与布局上也有很多自己独具的特色。

大雄宝殿是一座三开间的重檐歇山顶建筑，两侧配有明代庙宇、宫殿常用的斜廊，但在现存建筑中这样的实例已不多见，珍贵而富有意义。大殿内塑有三世佛像，佛像后面墙壁上有“三大士”彩塑，都是精美珍贵的明代佛教艺术品。在两层三重檐的高阁万佛阁内，还存有大面积的明代壁画，与寺内的明代佛像、壁塑等共同构成了这座装饰非凡的艺术殿堂。

在大雄宝殿和万佛阁之间的院落内，轴线两侧建着两座碑亭以护庙碑。两座碑亭造型相仿，都是重檐攒尖顶，并且重檐为上八角、下四方形式，造型富有变化，亭内精巧的构架显示出明代建筑技术的高超与精湛。寺庙内设庙碑、建碑亭是一般现象，但将碑亭如此突出地建在主殿后院内却较为少见，也算是寺庙的

平武报恩寺大雄宝殿立面图

一个特色。

寺庙的最前方是一个大的广场，广场上只立有经幢两座，因而空间开阔，利于仪式时僧众聚集。广场后部是建在三层高台基上的山门，虽然门殿只是一座单层建筑，但下有高大的台基、两侧有“八”字形的琉璃影壁墙，构成了气势雄伟、庄严壮观的寺庙山门，超出一般山门。

寺庙内建筑使用木构架是我国古代建筑最常见的构架形式，四川平武这座报恩寺也是采用木构架，但这里各殿的木构架上下有别，天花之上采用穿斗式，而天花之下则采用抬梁式，是四川地区常见的木构架处理手法，达到了功能性与经济性的完美结合。

平武报恩寺御碑亭立面图

平武报恩寺万佛阁立面图

峨眉山华藏寺

佛教自东汉传入中国后，在中国发展鼎盛。而山西五台山、浙江普陀山、四川峨眉山、安徽九华山四座名山被称为中国佛教四大名山，自古以来寺庙林立，是佛教徒朝拜或是游客游览的首选之地。峨眉山作为中国四大佛教名山之一，是举世闻名的普贤菩萨道场，佛教又称为光明山。有山峰相对如峨眉，因而得名，包括大峨眉、二峨眉、三峨眉、四峨眉，素有“峨眉天下秀”之称。山上建有仙峰寺、万年寺、报国寺、伏虎寺、洪椿坪、华藏寺、清音阁、遇仙寺等众多寺庙建筑。

华藏寺，全称为永明华藏寺，位于峨眉山金顶，海拔高度 3077 米，是中国海拔最高的汉传佛教寺院，也是峨眉山建造最早的寺院之一。华藏寺始建于东汉，时称普光殿。唐宋之际更名光相寺。

明万历三十年（公元 1602 年），山西五台山僧妙峰，携潞安沈王朱模赐金数千来蜀，于寺后高处铸造大峨山铜殿，万历帝朱翊钧题名“永明华藏寺”，从此，即统称永明华藏寺。

金殿是华藏寺的其中一殿，所处位置最高，与华藏寺合二为一，统称华藏寺，俗称“金顶”。金殿 274 平方米，是目前全国最大的金殿。金殿采用金瓦，大雄宝殿采用铜瓦，梁栓、门窗、斗拱等均为铜铸，称为铜殿。大雄宝殿殿门正中是黑底金字的“大雄宝殿”匾额，两侧有“愿王圣地”“灵山一会”“银色世界”“梵宇重光”等匾。殿中供奉着铜质金身的三身佛，高三米。殿内还有铜磬、铜钟等法器以及铜铸像、铜普贤像等佛教文物。

金顶上立有高达 48 米的十方普贤像，正对大雄宝殿，这是峨眉山作为普贤菩萨道场的特征。华藏寺内文物荟萃，金殿与铜殿交相辉映，凸显出金顶厚重的佛教历史文化地位。

峨眉山万年寺

峨眉山万年寺，为峨眉山最早的六大古寺之一。相传为汉代采药老人蒲公礼佛处。东晋隆安五年（公元401年）创建时名普贤寺。唐乾符三年（公元876年）慧通禅师来山驻锡，因山形像火，寺院屡建屡毁，改“三云二水”压抑火星，将普贤寺改为白水寺。宋称白水普贤寺；明万历二十八年（公元1600年）重修时，神宗赐额“圣寿万年寺”，沿称至今。

万年寺原规模宏大，有殿宇13重，因多次失火，除无梁砖殿外，古建幸存无几。万年寺现存建筑山门、钟鼓楼、弥勒殿、大雄宝殿、砖殿、巍峨宝殿、毗卢殿及行愿楼等多为近代扩建增修。

无梁砖殿后侧有著名的“行愿楼”，内供万年寺三宝：佛牙、贝叶经和御印。佛牙为明代国外友人所赠，据科学家鉴定，为古代剑齿象化石。贝叶经为明代暹罗（今泰国）国王所赠，上书梵文（古印度文字）《法华经》。御印为明神宗朱翊钧赐建无梁砖殿时所赐，这枚方印13厘米见方，重四公斤，刻有“大明万历，敕赐峨山，御题砖殿，普贤愿王之宝”的文字。

无梁砖殿原名无梁殿，因其全部为砖结构，才被称作无梁砖殿。它建于明万历二十八年（公元1600年），是万历皇帝为母亲祝寿所建，仿印度、缅甸建庙技术和风格。全殿高17.12米，面阔15.79米，进深16.06米，穹窿形拱顶，上面绘有手持琵琶、签筷、笛子，仙袂飘飘的四天女。殿内供奉普贤菩萨像。

万年寺位于海拔1020米的狮子岭。寺庙建在群山之中凸起的一座山峰上，诸峰相映，景色宜人。到了秋高气爽之时，峨眉山下夏暑尚存，金顶三峰已初飘白雪，位于山区中部的万年古刹，正处在金秋时节。林中色彩斑斓，寺内的白水池碧波荡漾，丹桂飘香，因而称之为“白水秋风”，为万年寺一大胜景。

峨眉山万年寺无梁砖殿

峨眉山万年寺（左）巍峨宝殿剖面图，（右）大雄宝殿剖面图

峨眉山万年寺巍峨宝殿正立面图

峨眉山万年寺无梁砖殿

峨眉山万年寺无梁砖殿正立面图

峨眉山万年寺无梁砖殿侧立面图

峨眉山万年寺无梁砖殿正立面图

峨眉山万年寺大雄宝殿侧立面图

峨眉山万年寺大雄宝殿正立面图

峨眉山报国寺

峨眉山报国寺

峨眉山伏虎寺

伏虎寺古称龙神堂，位于四川省峨眉山市西南峨眉山，在报国寺西约一公里处。伏虎寺是峨眉山旅游景区八大寺庙之一。这座千年古刹矗立在森林深处，稳如泰山。伏虎寺原为一小庙，旧名药师殿，唐代行僧心庵主持修建，南宋绍兴年间再次修建。因伏虎寺的后山形如伏虎而取寺名沿用至今。寺院曾几度兴废，清顺治十年（公元1653年）重建，共有13重殿宇，气势巍峨。寺院为典型的汉传佛教建筑风格，中轴线上依次为山门、弥勒殿、大雄宝殿、五百罗汉堂御书楼，以及禅房僧舍等。

峨眉山伏虎寺

峨眉山清音阁

清音阁位于峨眉山牛心岭下，始建于唐朝。初名牛心寺，后又改名卧云寺。明洪武年间广济禅师改名为清音阁。“清音”取晋诗人左思《招隐诗》“何必丝与竹，山水有清音”之意。峨眉山十景之一的“双桥清音”就在此处。从九龙洞下涧潭中流出的涧水，黑如浓墨，涧水流经洪椿坪左侧，过积善桥，形成一股汩汩溪流。白水源自雷洞坪下的一条峡谷，水绕仙峰外，流经大坪、牛心二山，与黑水交汇于牛心山东北山麓。

峨眉山清音阁

峨眉山清音阁

峨眉山仙峰寺

仙峰寺，位于四川省峨眉山仙峰岩下，正对华严顶，背倚九老峰。寺院初建于元代至元十八年（公元1281年），时称延庆寺。明代万历四十年（公元1612年）本炯禅师重建，名仙峰禅林，后毁于火灾。清代乾隆四十四年（公元1779年）再度重建，名仙峰寺。

寺庙建筑由仙皇台、弥勒殿、大雄殿、舍利宝殿、餐秀山房组合而成。寺前有九莲池，建于清末，民国年间加以重修，用来储备饮用和防火用水。前行有座六角亭台，名仙皇台，又称天皇台，此处视野开阔，可瞭望峨眉平原沃野。

弥勒殿，原为财神殿，后因殿内供奉弥勒菩萨改称弥勒殿。弥勒殿石柱重檐，大殿匾额“仙峰禅林”。殿门有联语“问九老何处飞来，一片碧云天影静。悟三乘遥空望去，四山明月佛光多”等。

大雄殿内供奉释迦牟尼佛，两旁立十八罗汉像，背面供奉阿弥陀佛、文殊菩萨、普贤菩萨、地藏王菩萨、观世音菩萨、日光遍照菩萨、月光遍照菩萨。

舍利宝殿又称贝叶殿，殿中供奉汉白玉雕刻的药师佛像，有舍利铜塔一座，通体敷金，金光闪闪。上海龙华寺僧清福留赠仙峰寺舍利三枚、贝叶经二卷，建造舍利殿存放，可惜后来被毁，现舍利殿重建于中华人民共和国成立初期。

峨眉山仙峰寺

峨眉山洪椿坪

峨眉山洪椿坪

峨眉山洗象池

峨眉山洗象池

峨眉山洗象池

峨眉山飞来殿

飞来殿俗称“大庙”，位于四川省峨眉山市东北的飞来岗上。飞来殿原为祭祀东岳大帝的道观，称齐天五行庙。宋淳化四年（公元 993 年）重修改称东岳庙。元代多次修葺，明崇祯八年（公元 1635 年）改名为飞来殿。飞来殿是一座单檐歇山顶的木构建筑，正面檐柱三开间，明间左右两柱上塑有全身泥胎蟠龙各一条，造型生动，栩栩如生。殿内保存有《宋淳化四年重修庙记》和《元泰定四年重修东岳庙记》碑，由此可知大殿在宋淳化四年（公元 993 年）之前就已经存在。

峨眉山飞来殿正立面图

武当山金殿

武当山，又名太和山、谢罗山、参上山、仙室山，古有“太岳”“玄岳”“大岳”之称。

武当山被世人尊称为“仙山”“道山”。《太和山志》记载“武当”的含义源于“非真武不足当之”，意谓武当乃中国道教敬奉的“真武大帝”的发迹圣地。因此，千百年来，武当山作为道教福地、神仙居所而名扬天下。道教徒之所以选择武当山为真武大帝修道的圣地，是由于武当山自唐末五代以来，已成为道教的仙境福地之一，再加上武当山的名字与真武大帝都有“武”字，便附会真武大帝曾修炼于武当山。

从唐代开始，武当山上道教逐渐繁盛，以官方投资的方式在武当山兴建道观，则始于唐代贞观年间，此后各朝代不断延续。明代皇帝朱棣即位后大兴土木，北修故宫，南修武当，后者便是为了酬谢神灵，巩固统治。朱棣还把真武帝钦定为皇室的主要保护神，这些举动为武当道教的鼎盛拉开了序幕。以后明朝诸帝一直把武当作为专为朝廷祈福禳灾的家庙，扶持武当道教，加封武当，扩建宫观，使其成了“天下第一山”。

武当山现存建筑规模宏大、构造严谨、装饰精美，在中国道教建筑中占有重要地位。金殿俗称“金顶”，在武当山主峰天柱峰的顶端，始建于明代永乐十四年（公元 1416 年），是中国现存最大的铜铸建筑物。金殿相传是真武坐镇指挥天下的地方，因此采用了建筑等级中的最高规格——重檐庑殿、九踩斗拱、黄色等皇帝专用形式。金殿面阔、进深各三间，仿木构建筑，重檐叠脊，翼角飞翘，殿脊装饰有仙人禽兽，造型生动逼真。下设圆柱 12 根，宝装莲花柱础，斗拱檐椽，结构灵巧精美。额枋及天花板上雕铸流云、旋子等装饰图案，线条柔和流畅。殿基为花岗岩砌筑的石台，周绕石雕栏杆。殿内神像、几案、供器都是铜铸的，殿中供奉着真武帝君，两侧立有金童、玉女像。金殿是分件铸造，榫卯拼焊，连接精密，浑然一体，毫无铸凿之痕，历经数百年风霜雪雨和雷电的侵袭，至今仍金碧辉煌，绚丽如初，堪称中国古代建筑和铸造工艺中的一颗明珠。

武当山金殿立面图

武当山金殿建筑群示意图

中国

古代

公共建筑

中国古代公共建筑包括廊桥、牌坊和戏台等。廊桥又称风雨桥，是在桥上加盖廊屋的特殊桥梁，有遮阳避雨、供人休憩、交流和聚会等作用。廊桥一般选址于村落风水布局的水口、水尾处或是连接山涧古道，融入了山地人居的传统风水布局、祭祀信仰以及聚会集市等多种功能。北宋画家张择端所画的《清明上河图》中的汴水虹桥，就是历史上最具代表性的廊桥之一。廊桥主要有木拱廊桥、石拱廊桥、木平廊桥、风雨桥、亭桥等。2005 年末，浙江庆元、泰顺、景宁和福建寿宁、屏南、福鼎等县市联合将廊桥向国家申报世界文化遗产预备名单。2009 年 9 月 30 日，由福建省屏南县、寿宁县、周宁县和浙江省泰顺县、庆元县联合申报的『中国木拱桥传统营造技艺』被列入联合国教科文组织『急需保护的非物质文化遗产名录』。

第八章
DI-BA ZHANG

屏南万安桥

万安桥，又称“彩虹桥”，坐落于福建省屏南县长桥镇。是全国现存最长的木拱廊桥。传说在一次重建中一个工匠从拱桥上跌落水中却安然无恙，因此又名为“万安桥”，又因其长度闻名，所以又称“长桥”。

万安桥为五墩六孔木拱廊桥。始建于北宋元祐五年（公元1090年），清乾隆七年（公元1742年）重建，桥长98.2米，宽4.7米，桥面距水高8.5米，五墩六孔，38开间156柱，穿斗式木构架，双坡顶，两侧设木凳。正中桥墩上有一嵌入桥墩的石碑。桥东端有10级石阶，桥西端有36级石阶，桥屋内檐下有13副楹联。桥西北建有重檐桥亭。穿斗式梁架飞檐走梭，顶盖双披青瓦，工艺堪称巧夺天工，气势雄伟，古朴端庄，不愧为中国木拱廊桥之最。木拱廊桥也被称为贯木拱风雨桥，以梁木穿插别压形成拱桥，形似彩虹，是中国传统木结构桥梁中技术含量最高的一个品类。

屏南万安桥

屏南万安桥

屏南万安桥

屏南万安桥

屏南千乘桥

千乘桥，位于屏南县棠口乡棠口村，是屏南境内第二长木拱廊桥。该桥始建于南宋理宗年间，明末清初毁于火灾，清康熙五十四年（公元1715年）重建，雍正七年（公元1729年）落成。嘉庆十四年（公元1809年）被大水冲毁，嘉庆二十五年（公元1820年），秀才周大权等人再次募建，并召集能工巧匠精工勘察设计，把桥梁建成形似一只昂首展翅的公鸡形象。

千乘桥长62.7米，宽4.9米，桥面至水面高度9.7米，一墩二孔，单孔跨度27米，桥面和桥墩以块石砌筑，墩船形，墩尖雕成鸡喙形状。桥屋建24开间99柱，九檩穿斗式构架，悬山飞檐翘角顶，桥面以木板铺设。桥中设神龛，祀五显灵官大帝。桥东端有石阶37级，西端有石阶20级，桥西端有四通碑记，其中三通记载着捐款人姓名和金额。

屏南千乘桥

屏南千乘桥

屏南千乘桥

三江程阳风雨桥

侗族村寨大多依山傍水而建，而桥就成了必不可少的通道。这种风雨桥不仅可以方便行人过往，桥上的亭子还可以成为人们避风挡雨的好地方，而且这里还是平时人们休息、聚会的好场所。每逢节日，侗家乡亲们从四面八方走来，侗家青年则走上桥来，敬拦路酒、唱拦路歌，以表示对客人的欢迎。侗家的风雨桥和侗家的歌一样，都充满着侗家优美、和谐、淳朴的乡情乡意。

侗族风雨桥是中国古代廊桥中的一种类型。清代初期，中央集权为强化对少数民族地区的文化同化，汉族廊桥文化与其他文化传播到西南少数民族地区。清代中期至清代后期，风雨桥建筑在平面和立面的造型上发生了较大的变化：一方面是内部活动空间的变化；一方面是鼓楼建筑造型融入风雨桥建筑的营造之中，形成了（桂北侗族）广西三江地区独特的风雨桥建筑造型风格。

程阳风雨桥，又叫永济桥，位于广西柳州市三江县城北面20公里处林溪河上，建于公元1912年。据当地的老人讲，当年这座桥是由程阳八寨的村民捐资出力修建，耗时十几年才建成。

整座桥横跨林溪河，为石墩木结构楼阁式建筑，由桥、塔、亭组成，是三江最大的风雨桥。整座桥墩为青石砌，桥身为杉木造。程阳风雨桥不但是保存最好、规模最大的风雨桥，而且构思奇特，是这种架桥艺术的典范。桥长77.6米，宽3.75米，高20米，桥中间部分为密布式悬臂托间柱支梁木质桥面，共19间桥廊。桥中有五座塔阁式桥亭，亭廊相连。桥身墩底用生松木铺垫，用油灰黏合料石砌成菱形墩座，桥亭飞檐翘角。与其他侗族风雨桥一样，整座桥梁不用一颗钉子，大小条木全部以榫卯连接，靠当地称作“香杆”的木角尺度量而成，结构之间接合紧密，丝毫不差。

穿斗木结构建筑是中国南方传统建筑中常用的结构形式，在山区的民族地区中使用比较普遍。程阳风雨桥便是采用了这种结构，它既有古代百越族干栏式的建筑色彩，又有汉族宫殿式的工艺成分。

走入桥中，壁柱和瓦檐上都有雕花或绘画，各种人物山水、花鸟虫鱼十分细致精美，顶端则有宝葫芦和千年鹤等木刻装饰。桥头的石碑上，刻有当年修建风雨桥时，各村各寨捐款和参与建造者的姓名。程阳八寨人不仅踊跃，也有智慧。桥墩的六角船形设计可以减少洪水冲击力，多年来护卫桥身。

三江程阳风雨桥

牌坊

牌坊是一种中国传统的纪念性建筑，多与道路、坛庙、陵墓、礼制、园林等建筑相配合建造，具有纪念性标志物的性质。早期牌坊多采用木构，元明之后砖构、砖贴琉璃造，以及砖石混合材料的牌坊开始增多，纯石构牌坊的建造数量也随之增加。此时的石构牌坊都仿造木构牌坊形象而建，而且这些石牌坊大多细致地模仿木结构的形象，对木构额枋、斗拱、屋檐等形象的模仿无论尺度还是比例都相当精准。

在中国民间，尤其是明清时期，修造石牌坊已经成为一种社会风气，按照功能来分，大致可分为德政坊、节孝坊、贞节坊、孝子坊、百寿坊、山门坊和观赏坊七大类。

四川省隆昌市旧时是六条古驿道的交会处，因此经济文化发达。据 1954 年的文物调查统计，该地沿六条古驿道建有石牌坊 69 座，另外还有 171 座庙观的山门坊。隆昌牌坊现存 17 座，形制多为四柱三门三重檐五滴水的仿木构形式。

除了四川地区以外，徽州牌坊也颇具代表性。走进徽州村落，在通往乡村的小路上，一座座造型别致的石牌坊巍然耸立，有金

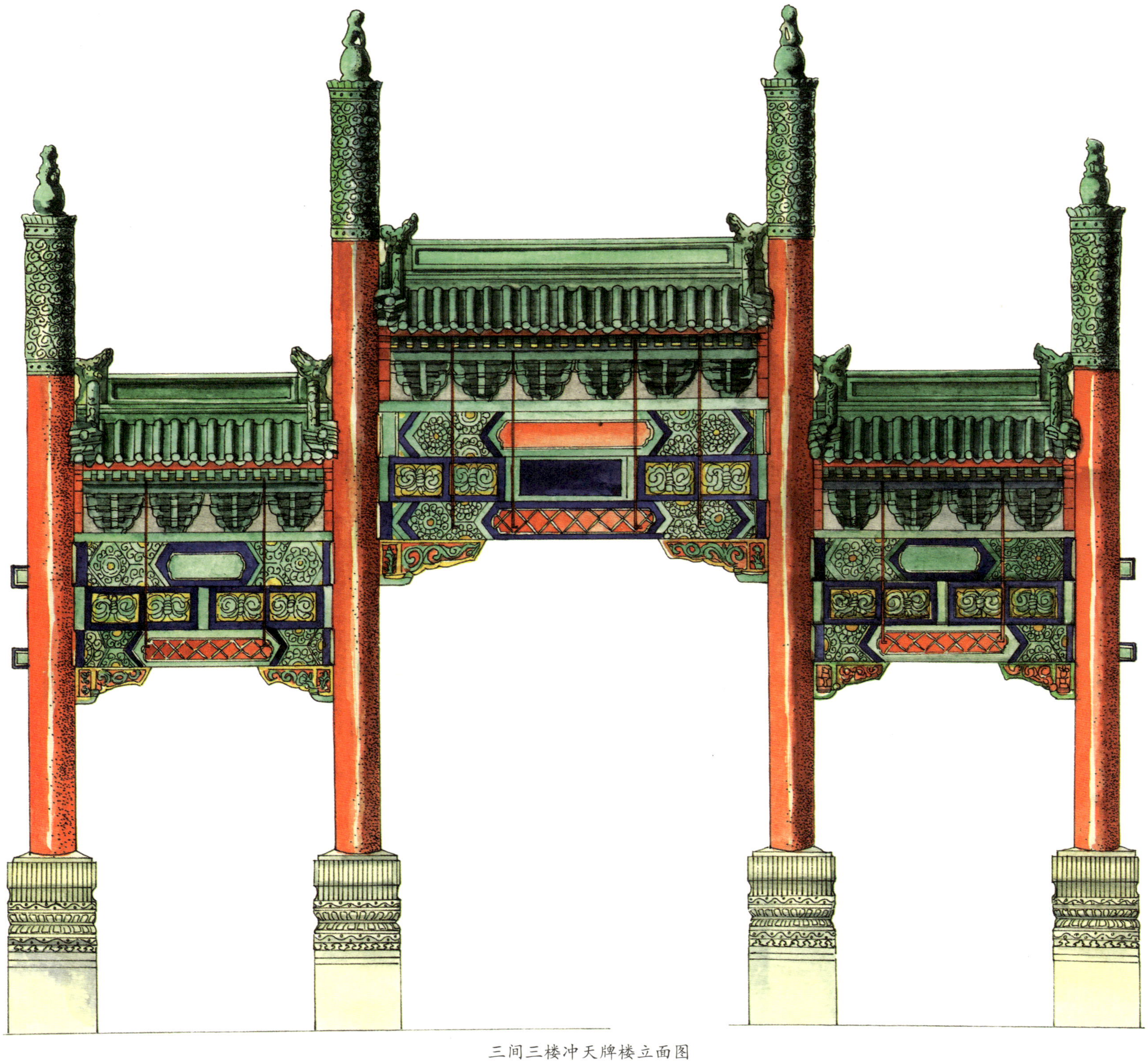

三间三楼冲天牌楼立面图

三间三楼冲天牌楼剖面图

黄色的油菜花相衬，石牌坊更显俊秀挺拔。这些牌坊是皖南的标志性和纪念性建筑。每座牌坊的建造大都有一定的来历，每一座牌坊都记录了一段动人的往事，极大地丰富了当地的人文景观，给这纯朴的古乡村平添了多姿多彩的文化内涵。

歙县的棠樾村是一个有七座牌坊的村落。棠樾牌坊群由依次设立在一条弧形大道上的七座牌坊组成，其中两座建于明代，五座建于清代。牌坊都为四柱三间形式，而且有五座牌坊的石柱在牌坊顶部向上突出于屋檐之上，被称为“冲天式”牌坊。这七座牌坊是一组，每座牌坊上分别刻有一字，使人们无论从哪一端的牌坊开始，都能顺序看到“忠、孝、节、义”这几个字。

黟县西递村荆藩首相坊为代表的石构牌坊，则表现出徽州石牌坊精美的雕刻特色。这些石牌坊与北方官式牌坊不同，除了柱子与屋顶之外，在横向的枋间以及枋间的垫板上，都雕刻精美的纹饰。尤其是枋间垫板和雀替等细部，采用高浮雕和镂雕相结合的手法雕刻八仙过海、狮子舞绣球等纹饰，以及文武人物的雕像。牌坊上的复杂纹饰，一般都位于柱间设置的横向垫板上。垫

二柱常跨楼柱出头牌楼立面图

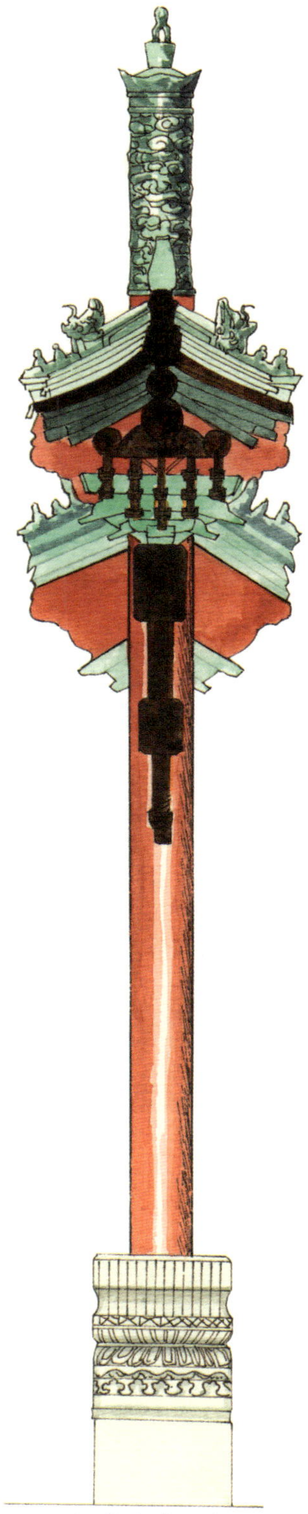

二柱常跨楼柱出头牌楼剖面图

板一般都是整块石板，可以预先雕刻好图案，待组装时安插入上下石枋件之间的凹槽中。

牌坊与牌楼是有显著区别的，牌坊没有“楼”的构造，即没有斗拱和屋顶，而牌楼有屋顶，能烘托气氛。牌楼同牌坊一样，是用于表彰、纪念、装饰、标识和导向的一种建筑物，建于宫苑、寺观、墓、祠堂、衙署和街道路口等地方。从结构上分，牌楼可分为木牌楼、琉璃牌楼、石牌楼、水泥牌楼、彩牌楼和铜牌楼几种形式。

北京的古牌楼，在数量上是全国乃至全世界最多的，据统计多达300多座。每一座古牌楼都有它的来历和故事。在众多的牌楼中，琉璃牌楼造价最高。北京现存琉璃牌楼，东岳庙、国子监、颐和园、卧佛寺、香山昭庙、北海西天梵境各一座，北海的

排云殿云辉玉宇牌楼立面图

小西天有四座。这些牌楼均是三门七楼式。除了东岳庙琉璃牌楼为明代所建，其余都是清乾隆年间建成的。

东岳庙牌楼是唯一一座明万历年间修建的琉璃牌楼，也是规格最大的琉璃牌楼。东岳庙琉璃牌楼为三间四柱七楼歇山顶，黄绿琉璃砖嵌砌面，威严壮观。牌楼匾额北面书“永延帝祚”，南面书“秩祀岱宗”，相传是明代严嵩所写。

歙县尚宾坊正立面图

歙县许国坊正立面图

北京东岳庙琉璃牌楼侧立面图

安徽歙县棠樾村慈孝里坊正立面图

北京东岳庙琉璃牌楼南立面图

戏台

戏台又叫戏楼，是供演戏使用的建筑。戏曲表演最初是为了酬神娱神，但随着社会发展，人们开始追求身心愉悦的倾向日益旺盛，从明代开始出现了用于娱乐自身的会馆戏台、庭院戏台和酒楼戏台。这些戏台并不是像寺庙内的戏台那样定期进行表演，而是更加经常化、生活化。

戏曲的演出场地也不断演变。最原始的演出场所是广场、厅堂、露台，进而有庙宇乐楼、瓦肆勾栏、宅第舞台、酒楼茶楼、戏园等。就其分布来看，也极为广泛，从城市到农村，从平原到山区，大凡有人群聚集的地方，几乎都设有或大或小，或今或古，或繁或简的戏台。

中国古戏台三面敞开，一面留作后台，舞台台面空间简单，但外延空间较大。在中国，北是正位，南为下位，戏楼的建筑都是避开正位而建造，大多坐南朝北，或东西向，面对主体建筑。但由于建造年代和地形等因素，在处理方式上也有不同。台口多面北坐南或面东坐西，忌讳面西坐东，台口朝南、朝东的戏台为阳台，朝北的为阴台，朝西的为白虎台。

戏台的空间处理具有空灵通透的特点，广场、厅堂、厢房、回廊等都可以融入观演空间。中国戏台建筑十分注重细部装饰，在戏台前立柱上刻上或挂上对联，在建筑屋脊、壁柱、梁枋、门窗、屏风及其他细小构件上雕饰彩绘。彩绘多运用青绿彩、土朱单彩，雕刻则有浮雕、透雕等，而且和彩绘结合，甚至贴金、洒银，在整体上营造一种鲜艳灿烂的效果。

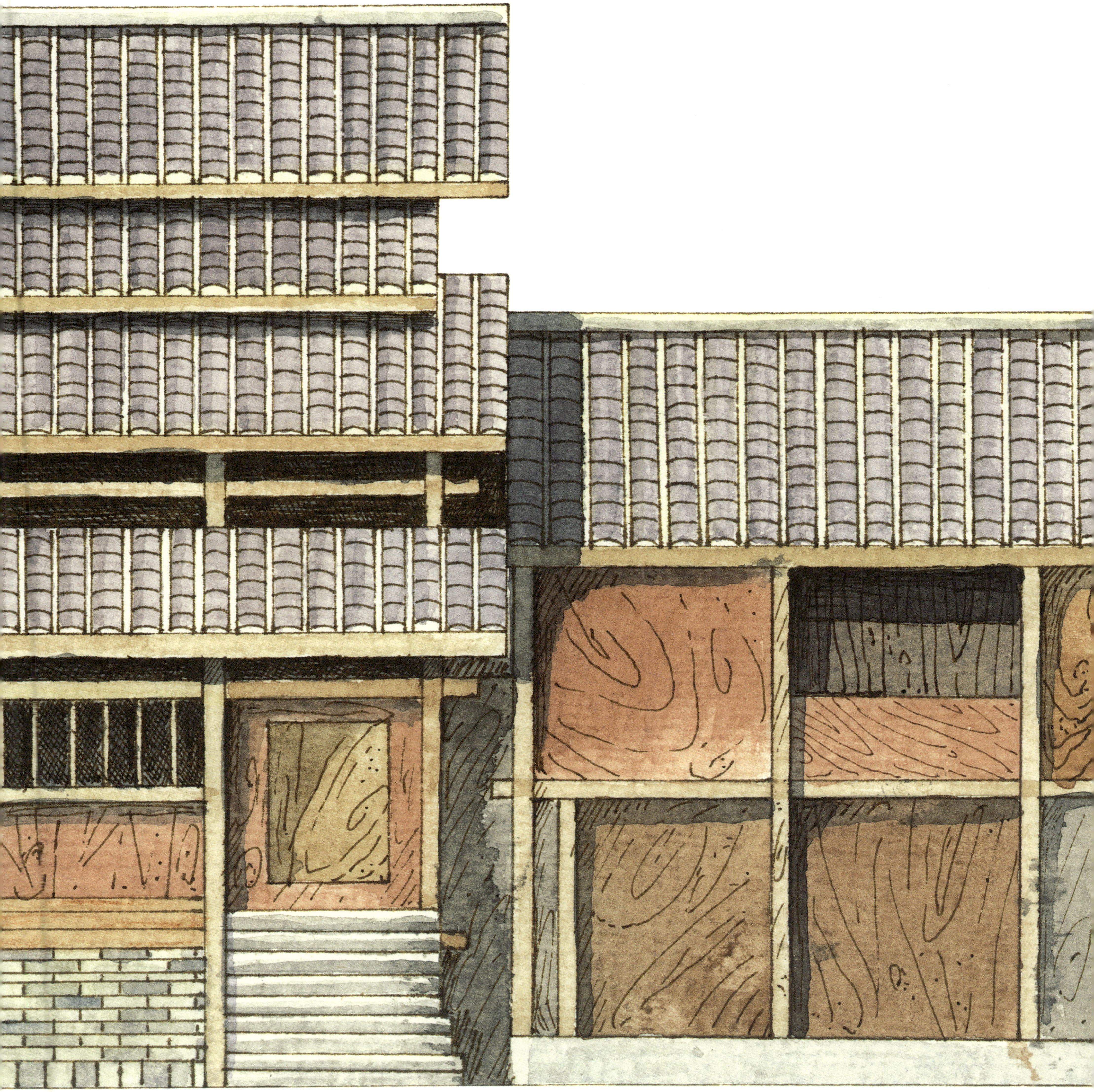

程阳戏台侧立面图

雾峰林家戏台（古戏台看戏的场面）

索引

B

C

D

J

K

L

M

N

P

Q

R

S

T

后记

我的第一本介绍建筑的书籍是《中国民居》，1991 年由上海人民美术出版社出版。那是 1988 年我在重庆建筑工程学院建筑系（现重庆大学建筑与城规学院）攻读硕士研究生时精心从事的一项个人创作计划。书中的插图都是我用毛笔勾线，也就是传统白描的方式表现的。这本书 2006 年又由中国建筑工业出版社出版，书名叫作《白描画典藏——中国民居》。2021 年，这本书再次由中国画报出版社出版，书名叫作《民居线条之美》。在 30 多年里，这本书多次被出版和重印，已成为国内建筑学学生学习建筑线描画的临摹范本。

这本书创作于 20 世纪 80 年代，正值后现代主义流行的鼎盛时期。当时美国的后现代主义大师迈克尔·格雷夫斯（Michael Graves）是世界上著名的建筑师之一。后现代主义的标志之一，就是反对现代主义建筑千篇一律的所谓国际主义风格，强调从传统、地域出发设计建筑。我当时就读的重庆建筑工程学院建筑系就请来美国加州州立理工大学（Cal Poly）教授白格勒（James R. Bagnall）讲课。白格勒对重庆临江门的大片传统民居、沙坪坝附近的磁器口古镇的民间建筑赞不绝口，常常去这些区域行游。我以前也一直觉得中国民居很美，但对于它们美的认知仅止于早期创作的一些连环画作品。而白格勒在行游中，将中国传统民居的美上升到理论的高度，这对我产生了很大的触动和启发。中国传统民居这才成为我的一个研究课题。

从重庆建筑工程学院毕业以后，我在北京的中国建筑工业出版社工作。1993 年我考取清华大学建筑学院，师从吴焕加教授。与我同年入校的同门师兄弟王贵祥，后来担任清华大学建筑学院古建研究所所长。在他们的帮助下，我从研究中国民居，转为全面学习与研究中国古代建筑。我利用各种条件，在 20 世纪 90 年代对中国古代建筑进行了全面的考察，足迹遍布多个省（区、市）和香港。我拍摄了两万多张反转片（用了 600 多个胶卷）作为研究素材。

由于我在台湾南天书局出版的《中国传统民间建筑》1993 年在台湾获金鼎奖，所以 20 世纪 90 年代末期我曾经应邀在台湾的大地地理出版社工作过，任务是撰写介绍中国古代建筑的书籍。其后，我创作和积攒表现建筑的插图。这些插图用德国红环牌针管笔，灌英国温莎牛顿牌的不溶水墨水绘制线条，再用透明水彩罩染，这也是《最美中国古建筑》这本书中的插图的绘制模式。随着时间的延续，我的插图的种类和数量也不断增加。插图与照片相得益彰，使读者能够以最简洁的图文形式理解建筑艺术。

这些年来，我出版了一些介绍建筑的书籍，而且重印的很多。尤其是改版改名再版后，就显得我出版的书数量很多。但是我重视的不是数量，而是每一本书的质量。要让读者喜爱、让读者容易理解书的内容。我撰写的"图解词典系列"——《中国建筑图解词典》《中国园林图解词典》《中国古代艺术珍品图解词典》和"建筑的故事系列"——《木构架的奇迹：伟大的中国古建筑》《触摸西方建筑：秩序与统一》《家的记忆：了不起的中国民居》2023 年被选为"中国建筑学会科普系列图书"，我还是倍感欣慰的。因为我的付出得到了回报。

我的书籍，已经被翻译成了英、法、德、日、韩、俄、拉丁等多种语言。我自己用英文撰写的《中国古建筑》（*Chinese Architecture*）也在美国纽约出版。我希望读者也能喜欢上这本《最美中国古建筑》。

王其钧

2023 年 10 月于北京